简明电动力学

刘 绘 刘 鹏 编

科 学 出 版 社

北 京

内 容 简 介

本书从描述电磁场基本理论所需的数学工具(第 1 章)出发，先从电磁学的唯象规律中总结出电磁场的基本方程(第 2 章)，然后依次讨论静态电磁场(第 3 章)、随时间变化的电磁场(第 4、5 章)，以及电荷高速运动时的辐射电磁场(第 8 章)等具体问题. 由于高速运动问题需要在狭义相对论的框架下讨论，本书第 6、7 章分别介绍了狭义相对论的时空观和物理规律的协变性问题. 本书的一大特色是在闵可夫斯基时空采用时空图的方法阐述狭义相对论，这是现代物理学研究工作中更通用的表述方式，对于今后有志于从事物理学研究的读者来说，可以实现学习和研究工作的无缝衔接. 鉴于电动力学教学长久以来存在的两个难点——数学难、物理图像抽象，本书配套提供了一套用 Mathematica 软件编写的演示程序，帮助读者进行数学推导，直观理解电磁场的基本图像.

本书可作为物理学相关专业本科生的教材和教学参考书，也可以供相关领域的读者学习使用.

图书在版编目(CIP)数据

简明电动力学/刘绘，刘鹏编. —北京：科学出版社，2024.4

ISBN 978-7-03-077613-6

Ⅰ. ①简…　Ⅱ. ①刘…　②刘…　Ⅲ. ①电动力学-高等学校-教材　Ⅳ. ①O442

中国国家版本馆 CIP 数据核字(2024) 第 015932 号

责任编辑：罗　吉　郭学雯 / 责任校对：杨聪敏

责任印制：赵　博 / 封面设计：蓝正设计

科学出版社 出版

北京东黄城根北街 16 号

邮政编码：100717

http://www.sciencep.com

北京天宇星印刷厂印刷

科学出版社发行　各地新华书店经销

*

2024 年 4 月第　一　版　开本：720×1000　1/16

2025 年 1 月第二次印刷　印张：14 1/2

字数：292 000

定价：49.00 元

(如有印装质量问题，我社负责调换)

前 言

本书旨在为对电磁场的基础理论感兴趣的读者, 特别是物理学专业和工程学科相关的本科生, 提供一个简明且有针对性的教材.

编写这本教材的动机源自笔者在电动力学课程教学过程中的经验和反思. 学生一提到“四大力学”往往第一反应就是难, 而且电动力学还经常被排在物理系“最难课程”的榜首, 这与笔者自己的认知是不相符的. 在笔者眼中, 电动力学结构清晰、界限分明、理论凝练、应用广泛, 向下可以解释包括电磁学和光学在内的诸多唯象理论, 向上与量子场论和相对论等基本物理学的理论框架紧密联系. 沉浸其中, 既能充分感受物理学理论的简洁、对称之美, 又会对理论本身的普适性和包容性赞叹不已. 而学生之所以只感受到“难”, 究其根本原因, 可能是因为要欣赏电动力学的内涵之美, 还是有一些门槛的. 首先必须掌握一些必要的数学基础; 在此基础之上, 还要能够将抽象的数学语言表述与直观的物理图像在头脑中进行“互译”, 就如同音乐家能将乐谱与旋律互译一样. 而作为初学者, 可能对数学工具的应用并不熟练, 所以“互译”过程也不顺畅, 而且对于相对论时空观等与经验直觉相违背的理论, 要重新建立物理直觉, 这些都不是能够一蹴而就获得的能力, 但正是应在学习过程中培养的能力. 笔者希望通过本书在帮助学生掌握课程内容的同时, 也能帮助学生理解理论物理的思维方法, 欣赏物理理论之美.

笔者收集了很多学生的反馈, 结合自己的专业背景, 对教学内容进行了有针对性的优化. 本书有两个重要的特色, 其一是将数学基础放在全书的首章, 让读者能够以较低的基础开始学习, 并对数学工具的物理应用背景做了相应的阐释; 其二是在狭义相对论的表述中, 采用了与科研工作接轨的闵可夫斯基时空语言, 用时空图更直观地描述狭义相对论时空观. 除此之外, 笔者还利用 Mathematica 软件编写了一些辅助程序（可扫描文末的二维码下载）, 帮助读者更好地克服数学障碍, 建立物理图像. 我们鼓励读者利用书中所提供的 Mathematica 程序进行相关的计算和可视化操作, 对于有一定 Mathematica 编程基础的读者来说, 这也是一个很好的实践机会. 本书每一章的开头都配备了思维导图, 以便帮助读者更好地了解该章节的全貌.

本书的结构分为三大板块. 第一个板块（第 1 章）做了前序数学知识回顾，强调了张量分析的重要性, 也强调了协变性的核心观念. 第二个板块（第 2~5 章）主要介绍了电磁场的基本规律及其在不同条件下的应用, 从静场问题中的静电场和静磁场开始, 进阶到含时问题, 包括无源时的电磁波的传播和有源时的电磁波的激发问题. 第三个板块（第 6~8 章）从电磁理论的参考系普适性讨论出发, 引入狭义相对论内容, 包括狭义相对论的时空观问题、新时空观下的物理学, 以及在狭义相对论的框架下讨论高速运动电荷激发的辐射场问题. 这样的结构安排使得本书在内容上循序渐进, 为读者建立了由浅入深的学习框架. 对于初学者, 在使用本书时, 建议从第 1 章开始, 按顺序阅读.

本书的顺利出版得到了暨南大学教务处和物理与光电工程学院物理学系的大力支持, 在此表示深切的感谢. 本书的撰写得到了陈向军教授的悉心指导, 他对我们使用 Mathematica 进行辅助教学给出了很多建设性的建议, 为课程思政建设也提供了很多优秀的素材, 在此也表示衷心的感谢. 感谢北京师范大学梁灿彬教授对于本书相对论部分给予的指导意见. 本书初稿从 2018 年开始已在暨南大学物理系本科生中试用了六届, 感谢这六届同学的反馈, 是你们让这本书更加完善.

由于时间仓促、笔者水平有限, 书中难免存在一些不妥之处, 恳请读者批评指正.

作　者

2023 年 12 月 20 日

程序下载

目　录

第 1 章　数学准备

本章的思维导图如图 1.1 所示.

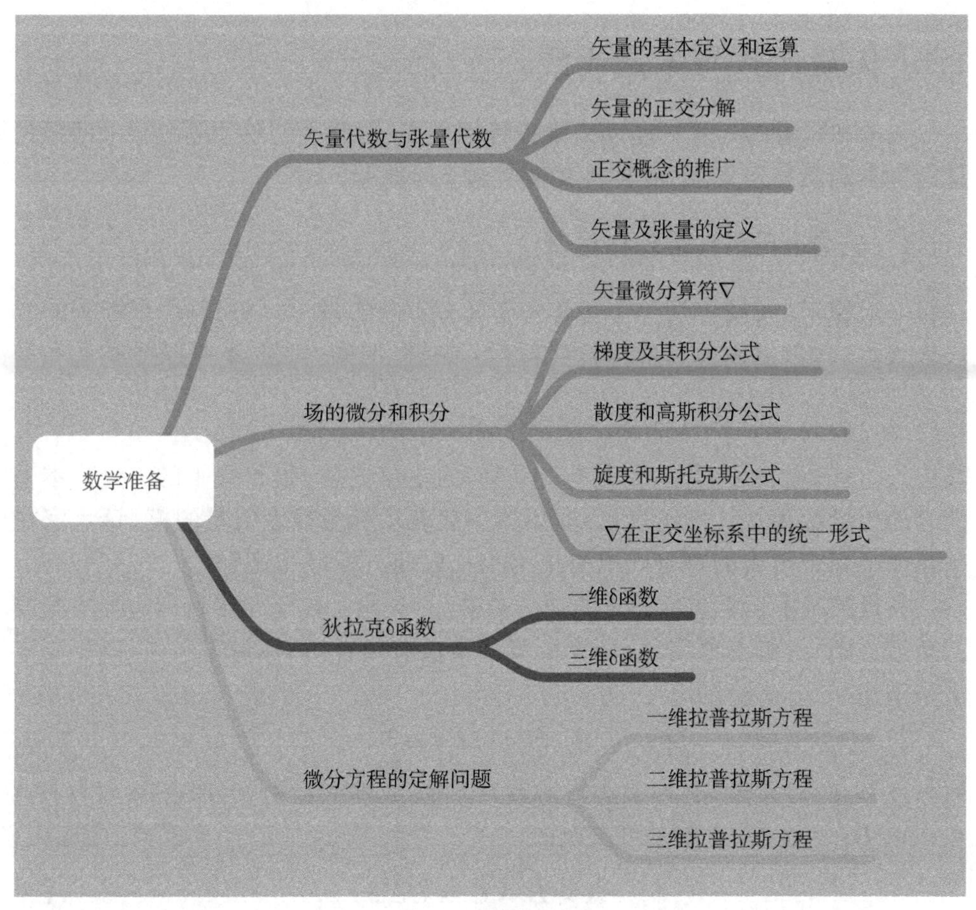

图 1.1　思维导图

在正式学习电动力学之前, 有必要对相关数学知识作一个系统的总结. 从经验看来, 很多初学者学习这门课程时最大的障碍就是数学. 鉴于此, 我们单独把课程中涉及的数学问题先作一个介绍, 以便学习和查阅. 本章的内容主要涉及高等数学、线性代数、数学物理方法等, 这些是电动力学的前序课程, 相信读者都已经学过. 为帮助大家专项复习有关知识, 我们并未将这部分内容作为新课程进行讲解, 而是让读者自主复习准备. 不必一次将本章所有的内容都看懂再学习后面的章节, 推荐读者先大致浏览一遍, 把学过但已经忘掉的数学知识先捡回来, 而对那些没有学过不熟悉的部分, 可以先建立一个初步的印象, 到具体的问题中再来钻研. 希望本章能帮助读者解决学习这门课程时遇到的所有数学困难, 从而在讨论物理的时候能够更专注于物理思想和图像, 而不会被数学分散了精力.

1.1 矢量代数与张量代数

矢量和张量的运算在电动力学中特别重要, 因此我们单独用一节来回顾矢量的基本定义和运算, 然后再将其推广到高阶张量.

1.1.1 矢量的基本定义和运算

一般说来, 矢量就是一个既有大小又有方向的量, 可以用一个带箭头的线段来表示. 代数上用模和单位矢量来表示矢量, 例如, 矢量 $\boldsymbol{A}$ 可以写成

$$\boldsymbol{A} = A\hat{\boldsymbol{e}}_A \tag{1.1}$$

其中, A 是矢量 $\boldsymbol{A}$ 的模; $\hat{\boldsymbol{e}}_A$ 是与 $\boldsymbol{A}$ 同向的单位矢量 (模长为 1 的矢量). 本书所有的矢量都用黑体字符表示, 非黑体一般表示标量或者矢量的模. 请大家在手写体中用带箭头的符号表示矢量, 如 $\vec{A}$, 以便与标量相区别.

矢量的基本运算包括矢量的加法和乘法. 矢量加法满足平行四边形法则或三角形法则, 这里不再赘述. 两个矢量的乘法有两种, 即标量积和矢量积, 其定义分别为

$$\boldsymbol{A} \cdot \boldsymbol{B} = AB\cos\theta \tag{1.2}$$

θ 是 $\boldsymbol{A}$ 和 $\boldsymbol{B}$ 的夹角. 这种乘法的结果为标量, 故称标量积, 也称点积, 读作“$\boldsymbol{A}$ 点乘以 $\boldsymbol{B}$”. 显然, 点乘是可交换的.

$$\boldsymbol{A} \times \boldsymbol{B} = \boldsymbol{C} \equiv C\hat{\boldsymbol{e}}_c, \tag{1.3}$$

其中 $C = AB\sin\theta$, $\hat{\boldsymbol{e}}_c$ 的方向由从 $\boldsymbol{A}$ 到 $\boldsymbol{B}$ 的右手螺旋方向确定. 这种乘法的结果为矢量, 故称矢量积, 也称叉积, 读作“$\boldsymbol{A}$ 叉乘以 $\boldsymbol{B}$”. 叉乘不可交换, 交换前后结果互为相反数.

三个矢量的乘法也有两种: 混合积和三矢量叉乘. 混合积, 顾名思义, 是标量积和矢量积的混合, 它的一个重要性质是轮换对称

$$\boldsymbol{A}\cdot(\boldsymbol{B}\times\boldsymbol{C})=\boldsymbol{C}\cdot(\boldsymbol{A}\times\boldsymbol{B})=\boldsymbol{B}\cdot(\boldsymbol{C}\times\boldsymbol{A}) \tag{1.4}$$

三矢量叉乘的结果仍是一个矢量, 可以证明

$$\boldsymbol{A}\times(\boldsymbol{B}\times\boldsymbol{C})=(\boldsymbol{C}\cdot\boldsymbol{A})\boldsymbol{B}-(\boldsymbol{A}\cdot\boldsymbol{B})\boldsymbol{C} \tag{1.5}$$

而根据叉乘的反对易性可知 $(\boldsymbol{A}\times\boldsymbol{B})\times\boldsymbol{C}=-\boldsymbol{C}\times(\boldsymbol{A}\times\boldsymbol{B})$, 再根据式(1.5)可以得到计算结果为 $(\boldsymbol{C}\cdot\boldsymbol{A})\boldsymbol{B}-(\boldsymbol{C}\cdot\boldsymbol{B})\boldsymbol{A}$.

1.1.2 矢量的正交分解

在三维空间中, 利用矢量的平行四边形法则, 可以把一个矢量在正交坐标系中投影成三个相互正交的分矢量. 常见的正交坐标系有三种, 除了我们熟悉的直角坐标系外, 还有球坐标系和柱坐标系, 如图 1.2 所示.

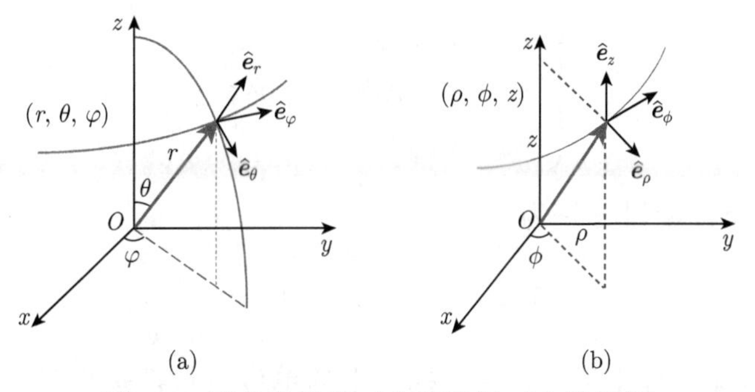

图 1.2 正交坐标系: (a) 球坐标, (b) 柱坐标

球坐标系的三个正交变量为 (r,θ,φ), 它们与直角坐标系的 (x,y,z) 之间的关系满足

$$\begin{cases} x=r\sin\theta\cos\varphi \\ y=r\sin\theta\sin\varphi \\ z=r\cos\theta \end{cases} \tag{1.6}$$

球坐标系的三个正交基矢分别为 $(\hat{\boldsymbol{e}}_r,\hat{\boldsymbol{e}}_\theta,\hat{\boldsymbol{e}}_\varphi)$, 称为球坐标的**基底**, 定义如图 1.2(a) 所示. 利用这套基矢, 任意矢量都可分解为①

① 请注意: 基底的标记采用下标, 而相应的矢量分量的标记采用上标. 请牢记这种约定方式, 因为它具有明确的含义, 并且在矢量的变换过程中提供了更加方便和统一的表示方法. 我们将在后续讲解中详细介绍这种约定的意义和具体用法.

$$\boldsymbol{A} = a^r \hat{\boldsymbol{e}}_r + a^\theta \hat{\boldsymbol{e}}_\theta + a^\varphi \hat{\boldsymbol{e}}_\varphi \tag{1.7}$$

球坐标基矢与直角坐标基矢之间也有变换关系 (证明过程作为练习题1, 请读者完成)

$$\begin{cases} \hat{\boldsymbol{e}}_r = \sin\theta\cos\varphi\hat{\boldsymbol{e}}_x + \sin\theta\sin\varphi\hat{\boldsymbol{e}}_y + \cos\theta\hat{\boldsymbol{e}}_z \\ \hat{\boldsymbol{e}}_\theta = \cos\theta\cos\varphi\hat{\boldsymbol{e}}_x + \cos\theta\sin\varphi\hat{\boldsymbol{e}}_y - \sin\theta\hat{\boldsymbol{e}}_z \\ \hat{\boldsymbol{e}}_\varphi = -\sin\varphi\hat{\boldsymbol{e}}_x + \cos\varphi\hat{\boldsymbol{e}}_y \end{cases} \tag{1.8}$$

在柱坐标系中, 三个正交坐标为 (ρ, ϕ, z), 相应的基底为 $(\hat{\boldsymbol{e}}_\rho, \hat{\boldsymbol{e}}_\phi, \hat{\boldsymbol{e}}_z)$, 其定义如图 1.2(b) 所示, 它们与直角坐标之间的关系是

$$\begin{cases} x = \rho\cos\phi \\ y = \rho\sin\phi \\ z = z \end{cases} \tag{1.9}$$

$$\begin{cases} \hat{\boldsymbol{e}}_\rho = \cos\phi\hat{\boldsymbol{e}}_x + \sin\phi\hat{\boldsymbol{e}}_y \\ \hat{\boldsymbol{e}}_\phi = -\sin\phi\hat{\boldsymbol{e}}_x + \cos\phi\hat{\boldsymbol{e}}_y \\ \hat{\boldsymbol{e}}_z = \hat{\boldsymbol{e}}_z \end{cases} \tag{1.10}$$

矢量 $\boldsymbol{A}$ 在柱坐标中可分解为

$$\boldsymbol{A} = A^\rho \hat{\boldsymbol{e}}_\rho + A^\phi \hat{\boldsymbol{e}}_\phi + A^z \hat{\boldsymbol{e}}_z \tag{1.11}$$

直角坐标系、球坐标系、柱坐标系中的单位矢量都是相互正交的, 故称为正交坐标系. 一般地, 在任意正交坐标系中, 矢量 $\boldsymbol{A}$ 都可以分解为

$$\boldsymbol{A} = A^1 \hat{\boldsymbol{e}}_1 + A^2 \hat{\boldsymbol{e}}_2 + A^3 \hat{\boldsymbol{e}}_3 \tag{1.12}$$

虽然不同的坐标系在描述物理系统时具有不同的优势, 但物理事实本身并不依赖于我们选择的坐标系. 物理定律和现象是独立于坐标系的, 它们在不同的坐标系下具有相同的形式和表达方式. 这是因为物理定律是基于物理规律和对称性原理建立的, 而不是取决于我们如何选择描述它们的坐标系. 在物理学或其他使用矢量空间的学科中, 基底指的是最小的一组线性独立矢量, 可以用来表示该空间中的任何其他矢量. 虽然我们通常使用坐标基底来描述物理过程, 但一组矢量成为基底的要求并不是它们必须来源于坐标系. 基底的唯一要求是基矢量必须线性独立. 换句话说, 虽然我们通常出于方便使用坐标基底 (因为它

通常与我们对空间的直观感觉或特定问题设置相一致), 但本质上, 矢量空间的基底并不一定是坐标基底.

将矢量做正交分解后, 矢量的乘法相应也可以用分量来表示, 容易证明

$$\boldsymbol{A}\cdot\boldsymbol{B}=A^1B^1+A^2B^2+A^3B^3 \tag{1.13}$$

$$\boldsymbol{A}\times\boldsymbol{B}=(A^2B^3-A^3B^2)\hat{\boldsymbol{e}}_1+(A^3B^1-A^1B^3)\hat{\boldsymbol{e}}_2+(A^1B^2-A^2B^1)\hat{\boldsymbol{e}}_3 \tag{1.14}$$

其中式 (1.14) 亦可记为行列式的形式

$$\boldsymbol{A}\times\boldsymbol{B}=\begin{vmatrix}\hat{\boldsymbol{e}}_1 & \hat{\boldsymbol{e}}_2 & \hat{\boldsymbol{e}}_3\\ A^1 & A^2 & A^3\\ B^1 & B^2 & B^3\end{vmatrix} \tag{1.15}$$

值得注意的是, 矢量的乘法也可以借助一些特殊符号来定义, 例如标量积 (1.2) 和矢量积 (1.3) 分别可以写成

$$\boldsymbol{A}\cdot\boldsymbol{B}=\sum_{i,j=1}^{3}A^iB^j\delta_{ij} \tag{1.16}$$

$$\boldsymbol{A}\times\boldsymbol{B}=\sum_{i,j,k=1}^{3}\varepsilon_{ij}{}^{k}A^iB^j\hat{\boldsymbol{e}}_k \tag{1.17}$$

其中, δ_{ij} 叫作克罗内克 (Kronecker) 符号; $\varepsilon_{ij}{}^{k}$ 叫作莱维–齐维塔 (Levi-Civita) 符号①, 它们分别是二阶对称张量和三阶反对称张量

$$\delta_{ij}=\begin{cases}0, & i\neq j\\ 1, & i=j\end{cases} \tag{1.18}$$

$$\varepsilon_{ij}{}^{k}=\begin{cases}+1, & (ijk)=(123),\ (312)\text{ 或 }(231)\\ -1, & (ijk)=(213),\ (132)\text{ 或 }(321)\\ 0, & i=j\text{ 或 }i=k\text{ 或 }j=k\end{cases} \tag{1.19}$$

克罗内克符号有一个经常用到的性质

$$\sum_{i=1}^{n}a^i\delta_{ij}=a_j \tag{1.20}$$

---

① 注意到, 指标分为上标和下标, 且其水平方向亦有顺序. 上、下指标的意义和指标的水平顺序的意义请阅读第 9 页.

其证明是显而易见的, 但请注意不要忘记前面的求和符号. 这两个特殊符号之间还有一个重要的联系, 常被称为 ε 缩并恒等式

$$\sum_{i=1}^{3} \varepsilon_{ijk}\varepsilon^{imn} = \delta^{m}{}_{j}\delta^{n}{}_{k} - \delta^{n}{}_{j}\delta^{m}{}_{k} \tag{1.21}$$

这个恒等式的证明可以采用遍历法. 根据 ε_{ijk} 的三个指标 ijk 的互异性可知: $\varepsilon_{ijk}\varepsilon^{imn}$ 中的 i 相等, 故当 $j=m$ 时必有 $k=n$. 而当 $j=n$ 时必有 $k=m$, 且因为位置不同会相差一负号. 这一说法翻译成表达式, 便是式 (1.21) 等号右边部分. 利用这个恒等式, 可以证明三矢量叉乘公式 (1.5).

1.1.3 正交概念的推广

在物理学中, 人们总是喜欢将矢量做正交分解. 这种分解的好处显而易见——每个分量都相对独立. 如果两个矢量相等, 即 $\boldsymbol{A}=\boldsymbol{B}$, 则它们在同一组基矢下分解得到的正交分量也对应相等, 即 $a^1=b^1, a^2=b^2, a^3=b^3$. 这一结论根源于基矢的正交性[①]

$$\hat{\boldsymbol{e}}_i \cdot \hat{\boldsymbol{e}}_j = \delta_{ij}. \tag{1.22}$$

很显然并非所有的分解形式都满足这个性质, 例如, 若 $3\boldsymbol{A}+4\boldsymbol{B}=c\boldsymbol{A}+d\boldsymbol{B}$ ($\boldsymbol{A}$、$\boldsymbol{B}$ 是任意矢量), 则并不能给出 $c=3, d=4$ 的结论 (比如 $\boldsymbol{A}/\!/\boldsymbol{B}$). 但如果 $\boldsymbol{A}$、$\boldsymbol{B}$ 正交则不同. 同样是这个例子, 将 $\boldsymbol{A}$、$\boldsymbol{B}$ 换成 $\hat{\boldsymbol{e}}_1$、$\hat{\boldsymbol{e}}_2$, 即 $3\hat{\boldsymbol{e}}_1+4\hat{\boldsymbol{e}}_2=c\hat{\boldsymbol{e}}_1+d\hat{\boldsymbol{e}}_2$, 等式两边同时点乘 $\hat{\boldsymbol{e}}_1$

$$3\hat{\boldsymbol{e}}_1\cdot\hat{\boldsymbol{e}}_1+4\hat{\boldsymbol{e}}_2\cdot\hat{\boldsymbol{e}}_1=c\hat{\boldsymbol{e}}_1\cdot\hat{\boldsymbol{e}}_1+d\hat{\boldsymbol{e}}_2\cdot\hat{\boldsymbol{e}}_1 \tag{1.23}$$

根据正交性 (1.22) 可知 $\hat{\boldsymbol{e}}_1\cdot\hat{\boldsymbol{e}}_1=1, \hat{\boldsymbol{e}}_2\cdot\hat{\boldsymbol{e}}_1=0$, 故 $c=3$. 同理两边点乘 $\hat{\boldsymbol{e}}_2$ 可证 $d=4$. 可见, 用一组正交基矢展开两个相等的矢量, 它们的分量应该对应相等, 这是由基矢之间线性独立保证的. 而正交性则保证了矢量在基矢方向的分量大小可以通过点乘该基矢来方便地获得. 若没有正交性, 矢量沿基矢分量的计算则相对烦琐.

从式(1.22)可知, 我们实际上是通过内积来定义矢量的正交性. 其实, 矢量的点乘只是乘积定义方法的一种. 若能给出其他类型的乘积定义, 则可以将矢量的正交性推广. 比如, 正交性可以推广到函数空间中. 数学物理方法课程中讲过, 一组正交完备的函数基矢可以张成一个函数空间. 在这个空间中, 任意

---

① 其实只需要基矢线性独立即可, 正交性是更高的要求. 但正交基底可以更方便地表示矢量及其内积.

函数都可以在这组正交完备基上做分解. 常见的函数基矢有正弦函数、余弦函数、勒让德函数和贝塞尔函数. 以勒让德函数为例, 它的正交关系可以写成

$$\int_{-1}^{1} \mathrm{P}_m(x)\mathrm{P}_n(x)\mathrm{d}x = \frac{2}{2n+1}\delta_{mn} \tag{1.24}$$

以上正交关系其实就是通过 $f(x)$ 与 $g(x)$ 的"点积"

$$\int_{-1}^{1} f(x)g(x)\mathrm{d}x \tag{1.25}$$

来定义的. 若两个函数 $f(x) = g(x)$, 将它们用勒让德函数基矢展开

$$f(x) = \sum_{n=0}^{\infty} a^n \mathrm{P}_n(x) = g(x) = \sum_{m=0}^{\infty} b^m \mathrm{P}_m(x) \tag{1.26}$$

两边同乘以 $\mathrm{P}_l(x)$ 并对 x 积分, 利用式 (1.24) 可得 $a^n = b^n$. 也就是说, 如果两个函数相等, 则它们用勒让德函数展开后的系数也一定对应相等, 这是由函数基的正交性保证的. 这一结果对于利用边界条件确定拉普拉斯方程解的系数特别重要.

最常用的勒让德级数的前几项为

$$\begin{aligned}
\mathrm{P}_0(x) &= 1 \\
\mathrm{P}_1(x) &= x \\
\mathrm{P}_2(x) &= \frac{1}{2}(3x^2 - 1) \\
\mathrm{P}_3(x) &= \frac{1}{2}(5x^3 - 3x) \\
&\cdots\cdots
\end{aligned} \tag{1.27}$$

1.1.4 矢量的定义

以上矢量定义虽然熟悉但却并不严格, 矢量的严格定义要从其变换入手. 例如, 质量为 $m = 3$ kg 的质点, 在 $t = 2$ s 内移动了一段距离, 那么 $\boldsymbol{N} = m\hat{\boldsymbol{e}}_x + t\hat{\boldsymbol{e}}_y$ 是不是一个矢量呢? 看起来很像, 但并不是. 问题出在哪里? 这要从矢量的变换入手.

我们来看一个真正的矢量在基底变换下应该具有什么性质. 考虑一个矢量 $\boldsymbol{A}$, 它在某一基底 $\hat{\boldsymbol{e}}_i (i = 1, 2, 3)$ 中的分量是 $A^i (i = 1, 2, 3)$. 当基底变换时, $\boldsymbol{A}$

的分量也要发生变化. 但是**物理学中的矢量是一个客观存在的对象, 不应依赖于基底的选择**, 但我们通常会选择基底来描述物理量, 所以这里存在一个矛盾. 解决矛盾的方法是, 在给出矢量 $\boldsymbol{A}$ 在某一基底中的分量 A^i 时, 同时也给出基底变换时相应的分量的变换规律. 基底可以任意选择, 假设给定两组基底 $\hat{\boldsymbol{e}}_i$ 和 $\hat{\boldsymbol{e}}'_i$, 那么它们之间的变换关系就是确定的, 设为

$$\hat{\boldsymbol{e}}'_i = \sum_{j=1}^{3} \hat{\boldsymbol{e}}_j R^j{}_i \tag{1.28}$$

我们称带 $'$ 的基底为新基底, 且称 R 为变换矩阵. 请注意基底的变换矩阵指标有左、右、上、下之分. 我们将自左向右的 i、j 约定为矩阵的第 i 行、第 j 列的矩阵元, 即 $R^i{}_j$ 代表 R 矩阵的第 i 行、第 j 列的矩阵元. 对于 R 矩阵区分上、下标同样具有特殊的意义, 相关的约定请参看区分上、下标的意义.

矢量的本质是不随基矢的变化而变化的, 这就意味着在新的或旧的坐标系里, 它始终是同一个矢量, 只是表达方式有所不同. 这给出了以下表达式:

$$\begin{aligned} \boldsymbol{A} &= \sum_{i=1}^{3} A^i \hat{\boldsymbol{e}}_i = \sum_{j=1}^{3} A'^j \hat{\boldsymbol{e}}'_j \\ &= \sum_{j=1}^{3} A'^j \sum_{i=1}^{3} \hat{\boldsymbol{e}}_i R^i{}_j = \sum_{i=1}^{3} \hat{\boldsymbol{e}}_i \sum_{j=1}^{3} R^i{}_j A'^j \end{aligned} \tag{1.29}$$

据此有

$$A^i = \sum_{j=1}^{3} R^i{}_j A'^j \tag{1.30}$$

两边同时乘以 $(R^{-1})^k{}_i$ 可得

$$A'^k = \sum_{i=1}^{3} (R^{-1})^k{}_i A^i \tag{1.31}$$

这样, 我们定义, 在基底变换 (1.28) 下, 其分量变换满足式 (1.31) 的量称为矢量①. 因此, 基底变换时, 其分量必须要进行对应的逆变换. 这是由矢量本身与基底的选择无关这一性质决定的. 在后续的推导中, 为了保证矢量与基底的无关

① 在严格的数学定义中, 矢量和矢量空间必须满足七个特定的规则, 例如, 加法的交换律或数乘分配律等 [1]. 我们并不打算在这里深入讨论这些严格的定义, 相反, 我们从直观的理解以及物理需求的层面去给出矢量的含义.

性, 我们将反复利用这个思想, 并推导基底变换时分量的变换关系. 在这个条件下, 矢量被视为客观存在的对象, 其性质不受基底选择的影响. 比如, 位矢 $\boldsymbol{x}$ 可以写为

$$\begin{aligned}\boldsymbol{x} &= x\hat{\boldsymbol{e}}_x + y\hat{\boldsymbol{e}}_y + z\hat{\boldsymbol{e}}_z \\ &= x'\hat{\boldsymbol{e}}'_x + y'\hat{\boldsymbol{e}}'_y + z'\hat{\boldsymbol{e}}'_z\end{aligned} \tag{1.32}$$

在基底变换时, 满足

$$x'^k = \sum_{j=1}^{3} (R^{-1})^k{}_j x^j \tag{1.33}$$

其中, $(R^{-1})^i{}_j = \dfrac{\partial x'^i}{\partial x^j}$, $R^i{}_j = \dfrac{\partial x^i}{\partial x'^j}$. 将式(1.33)等号左右同时对 x^i 求偏导, 可以发现 R 以及 R^{-1} 能用偏导数矩阵来表示. 我们约定坐标系 x^i 的指标为上标. 注意到, 式 (1.33) 中 $R^i{}_j$ 为新、旧坐标之间的偏导关系, 从这里可以看到上、下标意义的区别: 上、下标分别代表偏导表达式中分子、分母中的坐标的指标. 在这种约定下, 我们可以看出, 进行坐标变换时, 上标和下标的变换刚好相反.

为什么要区分偏导中分子、分母的坐标指标呢? 这是因为在进行坐标变换, 坐标被置于分子和分母时, 其变换方式是有所不同的. 下面讨论坐标变换时 $\dfrac{\partial x^i}{\partial t}$ 和 $\dfrac{\partial f}{\partial x^i}$ 的变换

$$\begin{aligned}&\text{分子变换 } x^i \to x'^j: \quad \frac{\partial x'^j}{\partial t} = \sum_{i=1}^{3} \frac{\partial x'^j}{\partial x^i}\frac{\partial x^i}{\partial t} = \sum_{i=1}^{3} (R^{-1})^j{}_i \frac{\partial x^i}{\partial t} \\ &\text{分母变换 } x^i \to x'^j: \quad \frac{\partial f}{\partial x'^j} = \sum_{i=1}^{3} \frac{\partial f}{\partial x^i}\frac{\partial x^i}{\partial x'^j} = \sum_{i=1}^{3} \frac{\partial f}{\partial x^i} R^i{}_j\end{aligned} \tag{1.34}$$

因此, 通过区分上标和下标, 我们可以清楚地表示, 当讨论对象的分子和分母部分的坐标发生变换时, 它们的方式是不同的. 当上标 (即分子项) 进行坐标变换时, 使用 R^{-1} 矩阵操作; 而当下标 (即分母项) 进行坐标变换时, 使用 R 矩阵操作. 因此, 我们可以观察到上标和下标的操作是互逆的, 这与我们讨论的矢量分量变换和基底变换互逆的概念是一致的. 这也是我们将矢量和基底的指标分别表示为上标和下标的两个原因之一.

为了更具体地展示坐标变换, 我们以二维矢量为例. 在一个二维坐标系中有一个位置矢量 $\boldsymbol{r} = (x, y)$, 当坐标系绕原点旋转 ϕ 角后, 在新的坐标系中它变成了矢量 $\boldsymbol{r} = (x', y')$, 根据几何关系容易得到

$$
\begin{aligned}
x' &= x\cos\phi + y\sin\phi \\
y' &= -x\sin\phi + y\cos\phi
\end{aligned} \tag{1.35}
$$

表示为矩阵形式

$$
\begin{pmatrix} x' \\ y' \end{pmatrix} = \begin{pmatrix} \cos\phi & \sin\phi \\ -\sin\phi & \cos\phi \end{pmatrix} \begin{pmatrix} x \\ y \end{pmatrix} \tag{1.36}
$$

此时, 其变换矩阵为

$$
R^{-1} = \begin{pmatrix} \cos\phi & \sin\phi \\ -\sin\phi & \cos\phi \end{pmatrix} \tag{1.37}
$$

前面我们用质量和时间构造的 $\boldsymbol{N}$ 是不是矢量呢? 当然不是. 因为它的分量 m 和 t, 无论坐标系如何变换, 都不可能把质量变成时间, 所以 $\boldsymbol{N}$ 不满足类似于式 (1.31) 的变换, 因此它不是矢量.

1.1.5 逆变矢量与协变矢量

接下来我们来仔细考察两种我们熟知的矢量在坐标变换下的变换性质.

1. 速度 $\boldsymbol{v}$

速度的定义为 $v^i = \dfrac{\mathrm{d}x^i}{\mathrm{d}t}$. 由变换坐标系 $x \to x'$ 可知

$$
v^i = \sum_{j=1}^{3} \frac{\partial x^i}{\partial x'^j} \frac{\mathrm{d}x'^j}{\mathrm{d}t} \Rightarrow v'^i = \sum_{j=1}^{3} \frac{\partial x'^i}{\partial x^j} v^j = \sum_{j=1}^{3} (R^{-1})^i{}_j v^j \tag{1.38}
$$

满足式(1.38)这种变换关系的矢量称为**逆变矢量**, 按式(1.34)可知其指标为**上标**.

2. 电场 $\boldsymbol{E}$

电场的定义为 $E_i = -\dfrac{\partial \varphi}{\partial x^i}$. 由变换坐标系 $x \to x'$ 可知

$$
E_i = \sum_{j=1}^{3} -\frac{\partial \varphi}{\partial x'^j} \frac{\partial x'^j}{\partial x^i} \Rightarrow E'_i = \sum_{j=1}^{3} E_j \frac{\partial x^j}{\partial x'^i} = \sum_{j=1}^{3} E_j R^j{}_i \tag{1.39}
$$

满足式(1.39) 这种变换关系的矢量称为**协变矢量**, 按式(1.34) 可知其指标为**下标**.

可以看到, 我们熟知的矢量按照**坐标变换下其分量的变换方式**可以分为逆变矢量和协变矢量这两种. 为了保证矢量与基底的无关性, 可以将逆变和协变矢量写为

$$\boldsymbol{v} = \sum_i v^i \hat{\boldsymbol{e}}_i, \quad \boldsymbol{E} = \sum_i E_i \hat{\boldsymbol{e}}^i \tag{1.40}$$

此处, 逆变矢量的基底以下标 $\hat{\boldsymbol{e}}_i$ 标记, 而相应的协变矢量的基底以上标 $\hat{\boldsymbol{e}}^i$ 标记. 可以推导出, 进行坐标变换时, 逆变基底和协变基底变换规则分别为

$$\hat{\boldsymbol{e}}'_i = \sum_{j=1}^{3} \hat{\boldsymbol{e}}_j R^j{}_i, \quad \hat{\boldsymbol{e}}'^i = \sum_{j=1}^{3} (R^{-1})^i{}_j \hat{\boldsymbol{e}}^j \tag{1.41}$$

协变基底 $\hat{\boldsymbol{e}}'^i$ 的变换规律证明留作练习题. 本书中仅以坐标基底为例展开说明, 对于更一般的基底, 同样有式(1.41)的变换关系. 更一般的基底变换关系的证明请参看文献 [1].

尽管矢量在许多物理问题中非常有用, 但它们并不能完全地描述复杂的物理对象. 为了更全面地描述这些对象, 我们需要引入张量. 通过引入张量, 我们可以更准确地描述物理对象的性质和行为, 从而更深入地理解物理现象. 张量在物理学的各个领域中都起着重要的作用, 包括相对论、电磁学、流体力学等. 因此, 对于学习物理学的学生来说, 理解和掌握张量的概念和应用是非常重要的.

1.1.6 张量的定义

为了更好地理解引入张量的必要性以及张量的性质, 我们首先从大家已经学过的应力张量开始, 通过分析一个简单的案例来掌握张量的概念.

物体内部存在相互作用力时, 为了清晰地描述其受力情况, 我们以其中的一个微元为例. 如图 1.3 中所示微元的某个平面, 其法向为虚线所指方向, 但其所受的力则为实线所指方向. 所以, 为了描述该处的受力情况, 我们首先需要两个方向: 通过法向 $\boldsymbol{n}$ 来指定该平面, 然后再给出该平面的受力方向 $\boldsymbol{F}(\boldsymbol{n})$. 因此, 单个矢量无法完全描述某点受力情况. 能够描述物体内部某点受力情况的量叫作**应力张量**

$$\sigma \equiv \begin{pmatrix} \sigma_{xx} & \sigma_{xy} & \sigma_{xz} \\ \sigma_{yx} & \sigma_{yy} & \sigma_{yz} \\ \sigma_{zx} & \sigma_{zy} & \sigma_{zz} \end{pmatrix} \tag{1.42}$$

应力张量具有两个指标, 其中 σ_{ij} 代表法向沿 $\hat{\boldsymbol{e}}_i$ 的平面所受的沿 $\hat{\boldsymbol{e}}_j$ 方向力的分量. 因此, 法向为 $\boldsymbol{n}$ 的面所受力为

$$\boldsymbol{F}(\boldsymbol{n}) = \sigma \boldsymbol{n} \tag{1.43}$$

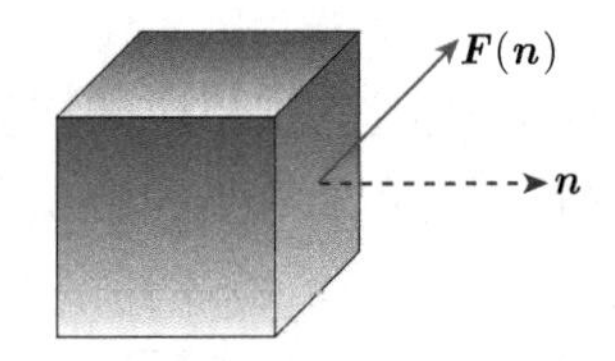

图 1.3　某微元表面受力示意图

物体内部受力情况是客观事实, 不依赖于观察者. 因此, 应力张量也具有类似矢量的客观性. 旋转基底时, 应力张量的分量变换遵循

$$\begin{pmatrix} \sigma'_{11} & \sigma'_{12} & \sigma'_{13} \\ \sigma'_{21} & \sigma'_{22} & \sigma'_{23} \\ \sigma'_{31} & \sigma'_{32} & \sigma'_{33} \end{pmatrix} = \begin{pmatrix} R^1{}_1 & R^1{}_2 & R^1{}_3 \\ R^2{}_1 & R^2{}_2 & R^2{}_3 \\ R^3{}_1 & R^3{}_2 & R^3{}_3 \end{pmatrix} \begin{pmatrix} \sigma_{11} & \sigma_{12} & \sigma_{13} \\ \sigma_{21} & \sigma_{22} & \sigma_{23} \\ \sigma_{31} & \sigma_{32} & \sigma_{33} \end{pmatrix} \begin{pmatrix} R^1{}_1 & R^2{}_1 & R^3{}_1 \\ R^1{}_2 & R^2{}_2 & R^3{}_2 \\ R^1{}_3 & R^2{}_3 & R^3{}_3 \end{pmatrix} \tag{1.44}$$

为什么应力张量的分量会按照式(1.44)的规则进行变换呢? 接下来, 我们将给出张量更严格的定义, 并解释这一变换规则的原因.

为了引入张量, 我们先从大家学习过的并矢的概念入手. 两个矢量 $\boldsymbol{A}$ 和 $\boldsymbol{B}$ 并列放在一起称为**并矢**, 记为 $\boldsymbol{AB}$. 在很多资料中, 这种量通常用双箭头表示, $\overleftrightarrow{G} = \boldsymbol{AB}$. 此外, 还有一种特殊的并矢, 称为单位并矢, 它的定义如下:

$$\overleftrightarrow{\boldsymbol{I}} = \hat{\boldsymbol{e}}_1\hat{\boldsymbol{e}}_1 + \hat{\boldsymbol{e}}_2\hat{\boldsymbol{e}}_2 + \hat{\boldsymbol{e}}_3\hat{\boldsymbol{e}}_3 \tag{1.45}$$

由并矢的运算规则可以证明, 单位并矢左乘或者右乘一个矢量, 都等于该矢量本身, 它的作用就像代数运算里的数字 1, 或者线性代数里的单位矩阵元 $\mathbb{1}$.

$$\boldsymbol{A} \cdot \overleftrightarrow{I} = \overleftrightarrow{I} \cdot \boldsymbol{A} = \boldsymbol{A} \tag{1.46}$$

从基底 $\{\hat{\boldsymbol{e}}_1, \hat{\boldsymbol{e}}_2, \hat{\boldsymbol{e}}_3\}$ 中取 2 个基矢构成并矢, 总共有 $3^2 = 9$ 种取法, 并构成一个 9 维的矢量空间

$$\{\hat{\boldsymbol{e}}_1\hat{\boldsymbol{e}}_1,\ \hat{\boldsymbol{e}}_1\hat{\boldsymbol{e}}_2,\ \hat{\boldsymbol{e}}_1\hat{\boldsymbol{e}}_3,\ \hat{\boldsymbol{e}}_2\hat{\boldsymbol{e}}_1,\ \hat{\boldsymbol{e}}_2\hat{\boldsymbol{e}}_2,\ \hat{\boldsymbol{e}}_2\hat{\boldsymbol{e}}_3,\ \hat{\boldsymbol{e}}_3\hat{\boldsymbol{e}}_1,\ \hat{\boldsymbol{e}}_3\hat{\boldsymbol{e}}_2,\ \hat{\boldsymbol{e}}_3\hat{\boldsymbol{e}}_3\} \tag{1.47}$$

在这个 9 维的矢量空间中取一个矢量 $\boldsymbol{T}$

$$\boldsymbol{T}=\sum_{i,j=1}^{3}T^{ij}\hat{\boldsymbol{e}}_i\hat{\boldsymbol{e}}_j \tag{1.48}$$

这里 $\boldsymbol{T}$ 的分量 T^{ij} 有两个上标 i、j, 总共有 9 个自由分量. 在坐标变换下, 各 $\hat{\boldsymbol{e}}_i$ 仍按照 R 矩阵变换. $\boldsymbol{T}$ 被称为**二阶张量**.

类似于矢量本身及其表达的规律不依赖于基底的选择, 我们可以同样要求**张量本身及其表达的规律也不依赖于基底的选择**. 这意味着我们希望无论选择何种基底, 张量的性质和行为都保持不变. 这种要求的动机在于物理规律本身应该独立于我们选择的参考系或基底, 而只取决于空间和时间的固有性质.

基底变换时, 张量的分量如何变换? 基底按式(1.28)变换时, 要求 $\boldsymbol{T}$ 不变, 那么有

$$\begin{aligned}\boldsymbol{T}&=\sum_{i,j=1}^{3}T^{ij}\hat{\boldsymbol{e}}_i\hat{\boldsymbol{e}}_j=\sum_{i,j=1}^{3}T^{ij}\sum_{m,n=1}^{3}\hat{\boldsymbol{e}}'_m(R^{-1})^m{}_i\hat{\boldsymbol{e}}'_n(R^{-1})^n{}_j\\&=\sum_{m,n=1}^{3}\left(\sum_{i,j=1}^{3}(R^{-1})^m{}_i(R^{-1})^n{}_jT^{ij}\right)\hat{\boldsymbol{e}}'_m\hat{\boldsymbol{e}}'_n\\&=\sum_{m,n=1}^{3}T'^{mn}\hat{\boldsymbol{e}}'_m\hat{\boldsymbol{e}}'_n\end{aligned} \tag{1.49}$$

这说明, 该二阶张量的分量在基底变换时按

$$T'^{mn}=\sum_{i,j=1}^{3}(R^{-1})^m{}_i(R^{-1})^n{}_jT^{ij},\quad \text{写成矩阵关系为}\quad T'=R^{-1}T\left(R^{-1}\right)^{\mathrm{T}} \tag{1.50}$$

变换. 我们可以从这个例子中再次得出结论: 基底变换时, 为了保持张量的不变性, 必须对张量的分量进行基底变换的逆变换. 如果 $\hat{\boldsymbol{e}}_i$ 和 $\hat{\boldsymbol{e}}'_i$ 均为正交基底, 则 R 为正交矩阵, 即有 $R^{\mathrm{T}}=R^{-1}$. 于是式 (1.50) 可以表示为 $T'=R^{\mathrm{T}}TR$. 具体可展开为

$$\begin{pmatrix}T'^{11}&T'^{12}&T'^{13}\\T'^{21}&T'^{22}&T'^{23}\\T'^{31}&T'^{32}&T'^{33}\end{pmatrix}=\begin{pmatrix}R^1{}_1&R^2{}_1&R^3{}_1\\R^1{}_2&R^2{}_2&R^3{}_2\\R^1{}_3&R^2{}_3&R^3{}_3\end{pmatrix}\begin{pmatrix}T^{11}&T^{12}&T^{13}\\T^{21}&T^{22}&T^{23}\\T^{31}&T^{32}&T^{33}\end{pmatrix}\begin{pmatrix}R^1{}_1&R^1{}_2&R^1{}_3\\R^2{}_1&R^2{}_2&R^2{}_3\\R^3{}_1&R^3{}_2&R^3{}_3\end{pmatrix} \tag{1.51}$$

当 $\boldsymbol{A}$ 和 $\boldsymbol{B}$ 分别为逆变、协变矢量时, 同样可以构成并矢. 类似地, 可以通过逆变基底空间 $\{\hat{\boldsymbol{e}}_1, \hat{\boldsymbol{e}}_2, \hat{\boldsymbol{e}}_3\}$ 和协变基底空间 $\{\hat{\boldsymbol{e}}^1, \hat{\boldsymbol{e}}^2, \hat{\boldsymbol{e}}^3\}$ 来构成 9 维的并矢空间. 在这个 9 维的矢量空间中取一个矢量 $\boldsymbol{T}$ 则有

$$\boldsymbol{T} = \sum_{i,j=1}^{3} T^i{}_j \hat{\boldsymbol{e}}_i \hat{\boldsymbol{e}}^j \tag{1.52}$$

考虑式 (1.52) 中的 $\boldsymbol{T}$ 的基底变换下的表达式

$$\begin{aligned}\boldsymbol{T} &= \sum_{i,j=1}^{3} T^i{}_j \hat{\boldsymbol{e}}_i \hat{\boldsymbol{e}}^j = \sum_{i,j=1}^{3} T^i{}_j \sum_{m=1}^{3} \hat{\boldsymbol{e}}'_m (R^{-1})^m{}_i \sum_{n=1}^{3} R^j{}_n \hat{\boldsymbol{e}}'^n \\ &= \sum_{m,n=1}^{3} \left(\sum_{i,j=1}^{3} (R^{-1})^m{}_i T^i{}_j R^j{}_n \right) \hat{\boldsymbol{e}}'_m \hat{\boldsymbol{e}}'^n = \sum_{m,n=1}^{3} T'^m{}_n \hat{\boldsymbol{e}}'_m \hat{\boldsymbol{e}}'^n\end{aligned} \tag{1.53}$$

这说明在基底变换下, $\boldsymbol{T}$ 的分量满足如下变换关系:

$$T'^m{}_n = \sum_{i,j=1}^{3} (R^{-1})^m{}_i T^i{}_j R^j{}_n, \quad \text{写成矩阵关系为} \quad T' = R^{-1} T R \tag{1.54}$$

同理, 根据式 (1.53) 的推导过程, 可给出基底均为协变的张量的分量在基底变换过程中的变换规律. 如果 $\hat{\boldsymbol{e}}_i$、$\hat{\boldsymbol{e}}'_i$ 均为正交基底, 则 R 为正交矩阵 $\left(R^{\mathrm{T}} = R^{-1}\right)$, 于是有

$$T' = R^{\mathrm{T}} T R \tag{1.55}$$

其矩阵形式可以写成

$$\begin{aligned}\begin{pmatrix} T'^1{}_1 & T'^1{}_2 & T'^1{}_3 \\ T'^2{}_1 & T'^2{}_2 & T'^2{}_3 \\ T'^3{}_1 & T'^3{}_2 & T'^3{}_3 \end{pmatrix} &= \begin{pmatrix} R^1{}_1 & R^2{}_1 & R^3{}_1 \\ R^1{}_2 & R^2{}_2 & R^3{}_2 \\ R^1{}_3 & R^2{}_3 & R^3{}_3 \end{pmatrix} \begin{pmatrix} T^1{}_1 & T^1{}_2 & T^1{}_3 \\ T^2{}_1 & T^2{}_2 & T^2{}_3 \\ T^3{}_1 & T^3{}_2 & T^3{}_3 \end{pmatrix} \\ &\quad \begin{pmatrix} R^1{}_1 & R^1{}_2 & R^1{}_3 \\ R^2{}_1 & R^2{}_2 & R^2{}_3 \\ R^3{}_1 & R^3{}_2 & R^3{}_3 \end{pmatrix}\end{aligned} \tag{1.56}$$

为了方便, 我们经常使用正交基底. 而且, 常用的平移、旋转坐标变换对应的变换矩阵为正交矩阵. 这时我们可以忽略上标和下标的区别, 因为在这些变换中

它们的变化方式相同. 然而, 如果变换涉及非正交矩阵, 上标和下标的变化就不再一样了.

二阶张量可以进一步推广至三阶. 比如, 三阶逆变张量可以由基底 $\{\hat{\boldsymbol{e}}_1, \hat{\boldsymbol{e}}_2, \hat{\boldsymbol{e}}_3\}$ 中任取 3 个, 构成 $3^3 = 27$ 维矢量空间来展开

$$\boldsymbol{A} = \sum_{i,j,k=1}^{3} A^{ijk} \hat{\boldsymbol{e}}_i \hat{\boldsymbol{e}}_j \hat{\boldsymbol{e}}_k \tag{1.57}$$

相应的分量组成 $3 \times 3 \times 3$ 的矩阵. 由于此时分量具有 3 个指标, 则变换关系不能完全写为矩阵的乘法, 而需要用更通用的指标求和来表达

$$A'^{ijk} = \sum_{m,n,t=1}^{3} (R^{-1})^i{}_m (R^{-1})^j{}_n (R^{-1})^k{}_t A^{mnt} \tag{1.58}$$

类似地, 其他类型的三阶张量可以从逆变基底空间 $\{\hat{\boldsymbol{e}}_1, \hat{\boldsymbol{e}}_2, \hat{\boldsymbol{e}}_3\}$ 和协变基底空间 $\{\hat{\boldsymbol{e}}^1, \hat{\boldsymbol{e}}^2, \hat{\boldsymbol{e}}^3\}$ 中抽取基矢来构成. 请读者推导其他类型三阶张量的变换规则.

以此类推, 任意 n 阶张量的分量有 n 个指标, 需要 n 个 R 矩阵或 R^{-1} 矩阵对其进行变换. 任意的 n 阶逆变张量则可以写为

$$\boldsymbol{B} = \sum_{i_1, i_2, i_3, \cdots, i_n=1}^{3} B^{i_1 i_2 i_3 \cdots i_n} \hat{\boldsymbol{e}}_{i_1} \hat{\boldsymbol{e}}_{i_2} \hat{\boldsymbol{e}}_{i_3} \cdots \hat{\boldsymbol{e}}_{i_n} \tag{1.59}$$

相应的分量组成 $\underbrace{3 \times 3 \times \cdots \times 3}_{\text{共 } n \text{ 个}}$ 的矩阵. 相应的分量变换关系为

$$B'^{i_1 i_2 i_3 \cdots i_n} = \sum_{j_1, j_2, j_3, \cdots, j_n=1}^{3} (R^{-1})^{i_1}{}_{j_1} (R^{-1})^{i_2}{}_{j_2} (R^{-1})^{i_3}{}_{j_3} \cdots (R^{-1})^{i_n}{}_{j_n} B^{j_1 j_2 j_3 \cdots j_n} \tag{1.60}$$

从变换的角度看, 张量的含义实质上包含了标量和矢量. 当 $n = 0$ 时, 其变换不需要 R 矩阵参与, **0 阶张量就是标量**; 当 $n = 1$ 时, 其变换需要 1 个 R 矩阵参与, 因此, **一阶张量就是矢量**. 以上讨论基于三维矢量空间, 均可以推广至更高维的空间. 比如, 第 6 章将介绍的狭义相对论时空即是四维的闵可夫斯基空间.

1.1.7 张量积和张量缩并

我们从前面的讨论中看到, 两个逆变矢量结合形成的并矢 $\boldsymbol{T} = \boldsymbol{AB}$ 是二阶逆变张量的一个特例. 具体的分量关系可以表示为

$$T^{ij} = A^i B^j \tag{1.61}$$

这个过程我们称为**张量积**, 并矢便是该概念的一个具体例子.

不仅如此, 张量积的概念可以更进一步推广, 适用于任意类型的张量间的乘积. 例如, 由二阶逆变张量 $\boldsymbol{T}$ 和二阶协变张量 $\boldsymbol{M}$ 构成的四阶张量 $\boldsymbol{S}=\boldsymbol{TM}$, 其具体的分量关系可以表示成

$$S^{ij}{}_{mn}=T^{ij}M_{mn} \tag{1.62}$$

张量积提供了一种方法, 用来从低阶张量构建出高阶张量.

此时有一个问题: 能否有一种操作, 使我们能将高阶张量转化为低阶张量? 答案是肯定的. 这种操作我们称为张量缩并.

张量缩并的过程涉及对张量的一个逆变指标和一个协变指标进行求和. 每进行一次缩并操作, 都会去掉一对协变和逆变指标. 例如, 对于拥有逆变和协变指标的二阶张量, 我们可以如下进行缩并:

$$\boldsymbol{T}=\sum_{i,j=1}^{3}T^{i}{}_{j}\hat{\boldsymbol{e}}_i\hat{\boldsymbol{e}}^j \quad \text{通过缩并, 我们可以得到} \quad T\equiv\sum_{i=1}^{3}T^{i}{}_{i} \tag{1.63}$$

经过这样的操作后, 二阶张量 $\boldsymbol{T}$ 便被转化成了一个标量 T. 那么问题来了, T 这样的结果真的是一个标量吗? 因为我们知道, 标量的特性在于, 随着基底变化, 它的值应为常数. 因此, 我们在基底变化时有

$$\begin{aligned}\sum_{i=1}^{3}T^{i}{}_{i}&=\sum_{i=1}^{3}\sum_{m,n=1}^{3}T'^{m}_{n}(R^{-1})^{i}{}_{m}R^{n}{}_{i}\\&=\sum_{m,n=1}^{3}\left(\sum_{i=1}^{3}R^{n}{}_{i}(R^{-1})^{i}{}_{m}\right)T'^{m}{}_{n}=\sum_{m,n=1}^{3}\delta^{n}{}_{m}T'^{m}{}_{n}\\&=\sum_{m=1}^{3}T'^{m}{}_{m}\end{aligned} \tag{1.64}$$

以上公式表明, 在任何基底变换下, 张量缩并得到的结果都是相同的——也就是说, 二阶张量经缩并后确实得到了一个标量. 同理, 我们可以推断, 对于更高阶张量, 其缩并后的结果也都会是低阶张量. 比如

$$A^{i}{}_{n}\equiv\sum_{j=1}^{3}S^{ij}{}_{jn}=\sum_{j=1}^{3}T^{ij}M_{jn},\quad B^{i}{}_{m}\equiv\sum_{j=1}^{3}S^{ij}{}_{mj}=\sum_{j=1}^{3}T^{ij}M_{mj},\quad\cdots \tag{1.65}$$

给出的例子为四阶张量缩并为二阶张量的例子. 要证明缩并之后确为二阶张量, 我们只需要验证缩并后的结果仍然满足张量的定义即可. 这一证明的方法与式 (1.64) 是类似的. 对于高阶张量还可以进行多次张量缩并

$$C \equiv S^{ij}{}_{ij} = \sum_{i,j=1}^{3} T^{ij} M_{ij}, \quad D \equiv S^{ij}{}_{ji} = \sum_{i,j=1}^{3} T^{ij} M_{ji} \tag{1.66}$$

需要注意的是, 式(1.66) 中的 C、D 都是标量, 虽然它们都是由四阶张量经过两次缩并后得到, 但 $C \neq D$. 原因是缩并时操作的指标并不相同.

根据张量积和张量缩并的意义, 我们来考察一下矢量的点积 $\boldsymbol{v} \cdot \boldsymbol{E}$, 它可以理解为逆变矢量 $\boldsymbol{v}$ 和协变矢量 $\boldsymbol{E}$ 的并矢再缩并

$$\boldsymbol{v}, \boldsymbol{E} \xrightarrow{\text{并矢}} B^{i}{}_{j} \equiv v^i E_j \xrightarrow{\text{缩并}} \sum_{i=1}^{3} B^{i}{}_{i} = \sum_{i=1}^{3} v^i E_i \tag{1.67}$$

然而, 速度与自身的点积 $\boldsymbol{v} \cdot \boldsymbol{v}$ 或电场与自身的点积 $\boldsymbol{E} \cdot \boldsymbol{E}$ 该如何定义? 显然, 我们无法直接按照式 (1.67) 来理解, 因为同类矢量的张量积的指标无法进行张量缩并. 实际上, 我们通常理解的矢量平方需要引入度规张量来定义. 这是因为度规张量赋予了数学对象几何意义, 使我们能在矢量之间量化长度和角度等属性.

1.1.8 度规张量

接下来, 我们更仔细地考察矢量的点积运算. 在我们熟知的三维空间的正交归一基底 $\{\boldsymbol{e}_i\}$ 中的逆变矢量 $\boldsymbol{A}$、$\boldsymbol{B}$ 有

$$\boldsymbol{A} \cdot \boldsymbol{B} = \sum_{i=1}^{3} A^i B^i = \sum_{i,j=1}^{3} A^i B^j \delta_{ij}$$

因此, 逆变矢量的点积事实上是通过二阶协变张量, 称为**度规张量**, 与 A 和 B 的并矢的缩并来定义的. 度规张量在正交归一基底 $\{\boldsymbol{e}_i\}$ 下的分量恰好为 δ_{ij}, 而在更一般的基底 $\{\boldsymbol{e}'_i\}$ 下则有

$$\boldsymbol{A} \cdot \boldsymbol{B} = \sum_{i,j=1}^{3} A^i B^j \delta_{ij} = \sum_{i,j,n,m=1}^{3} R^{i}{}_{m} A'^{m} R^{j}{}_{n} B'^{n} \delta_{ij} = \sum_{m,n=1}^{3} g'_{mn} A'^{m} B'^{n}$$

其中

$$g'_{mn} \equiv \sum_{i,j=1}^{3} \delta_{ij} R^{i}{}_{m} R^{j}{}_{n} \tag{1.68}$$

是度规张量在基底 $\{\boldsymbol{e}_i'\}$ 下的分量①.

从度规张量本身出发可以定义逆度规张量, 记作 $\hat{g}^{ij}$, 是原度规张量 g_{ij} 的逆. 这里的 "逆" 指的是, 度规张量与逆度规张量缩并会得到一个恒等张量, 其具体表达为

$$\sum_{j=1}^{3}\hat{g}^{ij}g_{jk}=\delta^{i}{}_{k}$$

简便起见, 我们把 $\hat{g}^{ij}$ 简记作 g^{ij}. 显然, g^{ij} 也同样是一个张量, 满足张量的定义要求. 利用逆度规可以定义两个协变矢量的点积. 具体来说, 一个协变矢量 $\boldsymbol{A}$ 与另一个协变矢量 $\boldsymbol{B}$ 的点积可以通过逆度规张量定义, 其公式为

$$\boldsymbol{A}\cdot\boldsymbol{B}=\sum_{i,j=1}^{3}A_iB_jg^{ij}$$

此外, 我们可以用度规张量和逆度规张量来转换张量的类型. 比如, 将一个逆变矢量转换为协变矢量. 更具体地说, 逆变矢量 A 在度规张量作用下变为协变矢量, 其转化过程可以表示为

$$\hat{A}_i=\sum_{j=1}^{3}g_{ij}A^j$$

而为了方便起见, 我们之后将其简记为 A_i. 同样, 协变矢量 A_i 也可以通过逆度规的缩并来得到 A^i

$$A^i=\sum_{j=1}^{3}g^{ij}A_j$$

有一种方便的记忆方式: 利用协变形式的度规张量可以降低指标, 而利用逆变形式的度规张量则可以提升指标.

如果空间中定义了度规张量场, 则这个度规可以用来定义几何性质, 比如长度、角度等. 如果空间中存在整体的正交归一化的坐标基底, 在该基底中度规张量的分量为 δ_{ij}, 则这一度规定义的几何称为欧几里得几何, 也就是我们熟知的欧几里得空间. 因此, 在欧几里得空间中, 当采用整体正交归一基底时, 我们可不区分协变矢量和逆变矢量. 原因是, 度规分量和逆度规分量都由单位矩阵表示

---

① 更严格的定义和要求请参看文献 [1].

$$A_i = \sum_{j=1}^{3} \delta_{ij} A^j, \quad A^i = \sum_{j=1}^{3} \delta^{ij} A_j \tag{1.69}$$

由式(1.69)可知, 尽管 A_i 和 A^i 的矢量性质不同, 但其分量完全相同. 这就解释了为什么我们通常不会区分速度和电场这两种矢量. 我们熟知的矢量点乘实质上来源于欧几里得度规 $g_{ij} = \delta_{ij}$. 同时, 我们可以采取一种新的观点来理解矢量的内积

$$\sum_{i,j}^{3} \delta_{ij} A^i B^j = \sum_{i=1}^{3} A^i B_i = \sum_{i=1}^{3} A_i B^i \tag{1.70}$$

度规不仅可以定义矢量的点乘, 还可以定义空间中的线元的长度, 这正是度规张量场能定义几何结构的原因. 平面几何中我们已经熟知, 线长 $\mathrm{d}l^2$ 是绝对的, 称为一个**几何量**. 考虑二维空间中有一长为 $\mathrm{d}l$ 的线元, 其一端点在 $(0,0)$, 另一端点在两个不同直角坐标系 (相差一个旋转, 见图 1.4) 下的分量分别为 $(\mathrm{d}x, \mathrm{d}y)$ 与 $(\mathrm{d}x', \mathrm{d}y')$, 满足

$$\begin{pmatrix} \mathrm{d}x' \\ \mathrm{d}y' \end{pmatrix} = \begin{bmatrix} \cos\theta & -\sin\theta \\ \sin\theta & \cos\theta \end{bmatrix} \begin{pmatrix} \mathrm{d}x \\ \mathrm{d}y \end{pmatrix} \tag{1.71}$$

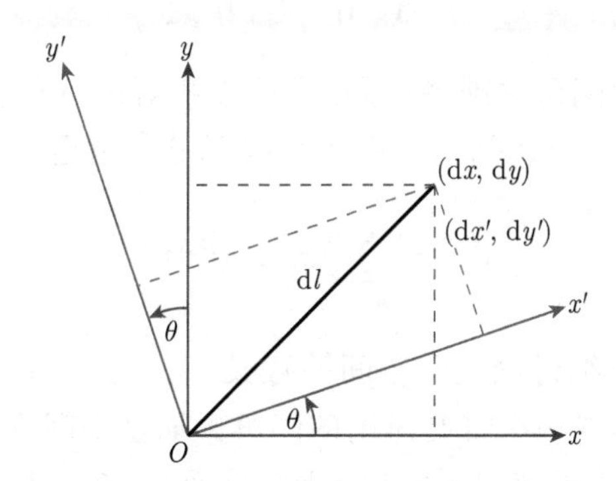

图 1.4　二维欧几里得空间中一线元在直角坐标系变换下的表示

根据勾股定理可知线长为

$$\begin{aligned} \mathrm{d}l^2 &= \mathrm{d}x^2 + \mathrm{d}y^2 = \sum_{i,j=1}^{3} \mathrm{d}x^i \mathrm{d}x^j \delta_{ij} \\ &= \mathrm{d}x'^2 + \mathrm{d}y'^2 = \sum_{i,j=1}^{3} \mathrm{d}x'^i \mathrm{d}x'^j \delta_{ij} \end{aligned} \tag{1.72}$$

式(1.72)表明, $\mathrm{d}l^2$ 是 $\mathrm{d}x^i$ 矢量的一种点积, 这种点积对应的几何即为欧几里得几何. 方程还说明, 从一个直角坐标系变换到另一个直角坐标系时, 其度规张量 δ_{ij} 的形式保持不变 (严格的证明留作习题). 然而, 当从直角坐标系变换到非直角坐标系时, 度规张量可能不再具有 δ_{ij} 的形式. 通过度规 δ_{ij}, 我们不仅可以测量长度, 还可以定义正交性. 两个矢量 A^i 和 B^i 相互正交, 如果满足以下条件:

$$\sum_{i,j=1}^{3} A^i B^j \delta_{ij} = 0$$

除了欧几里得空间以外, 更一般的空间中长度的度量为

$$\mathrm{d}l^2 = \sum_{i,j=1}^{3} g_{ij}\mathrm{d}x^i\mathrm{d}y^j \tag{1.73}$$

其中 g_{ij} 可以是任意非退化的张量. 在四维空间中的正交归一基底下具有

$$\eta_{\mu\nu} = \begin{pmatrix} -1 & 0 & 0 & 0 \\ 0 & 1 & 0 & 0 \\ 0 & 0 & 1 & 0 \\ 0 & 0 & 0 & 1 \end{pmatrix} \tag{1.74}$$

形式度规的空间称为**闵可夫斯基空间**, 是狭义相对论时空度规. 其中, $\eta_{\mu\nu}$ 称为闵可夫斯基度规. 闵可夫斯基空间中的某线元 $\mathrm{d}s^2$ 满足

$$\mathrm{d}s^2 = \sum_{\mu,\nu=0}^{3} \eta_{\mu\nu}\mathrm{d}x^\mu\mathrm{d}x^\nu \tag{1.75}$$

我们将在第 6 章中详细讨论这一空间的意义.

欧几里得空间和本书中将要讨论的闵可夫斯基空间都属于平直空间, 在这些空间中, 存在整体的正交归一坐标基底. 然而, 存在更复杂的度规张量场, 可以用来描述弯曲的空间. 以球面为例, 它是一个二维弯曲空间. 在球面坐标系 (θ,ϕ) 中, 球面上的线元表达式为

$$\mathrm{d}l^2 = r^2\mathrm{d}\theta^2 + r^2\sin^2\theta\mathrm{d}\phi^2 \tag{1.76}$$

其相应的度规可以表示为

$$g_{ij} = \begin{pmatrix} r^2 & 0 \\ 0 & r^2\sin^2\theta \end{pmatrix} \tag{1.77}$$

这个度规无论在哪个坐标系下都不能以单位阵的形式表示, 这正是它的弯曲性质的体现. 广义相对论认为, 引力本身并非一种力, 而是时空弯曲的结果. 因此, 将平直空间的度规推广到更一般的弯曲空间的度规, 可以用于讨论广义相对论. 鉴于篇幅和难度的限制, 本书仅讨论欧几里得空间和闵可夫斯基空间这两种平直空间.

1.1.9 张量的指标记号规则

张量的计算过程涉及分量以及各种复杂的求和过程. 这里我们引入张量指标记号方法, 这种方法可以更快捷高效地表达各种张量指标运算过程. 下面介绍张量指标记号的几项要求.

(1) 矢量 $\boldsymbol{A}$ 用 A^i(拉丁字母上标 i 代表逆变矢量) 或 A_i(拉丁字母下标 i 代表协变矢量) 表示. 当 i 取特定值的时候, 则表示矢量的具体分量, 比如 A^1 表示 $\boldsymbol{A}$ 在 $\hat{\boldsymbol{e}}_1$ 上的分量.

(2) 二阶协变张量 T 用 T_{ij} 表示 (其他类型的二阶张量还包括 T^{ij}、$T_i^{\ j}$ 与 $T^i_{\ j}$). 当 i, j 取特定值的时候, 则表示张量的具体分量, 比如 T^{12} 表示 T 在 $\hat{\boldsymbol{e}}_1\hat{\boldsymbol{e}}_2$ 上的分量. 由逆变矢量 $\boldsymbol{A}$ 和协变矢量 $\boldsymbol{B}$ 构成的并矢 $\boldsymbol{AB}$ 可以记作 A^iB_j. 更高阶张量的记号可类似推广.

(3) 约定上、下成对的重复指标默认求和, 称为爱因斯坦求和约定. 在该约定下式 (1.16) 变为

$$\boldsymbol{A}\cdot\boldsymbol{B} = \sum_{i=1}^{3} a^i b_i \quad \to a^i b_i \tag{1.78}$$

$$(\boldsymbol{A}\times\boldsymbol{B})_i = \sum_{j,k=1}^{3} \varepsilon_{ijk} a^j b^k \quad \to \varepsilon_{ijk} a^j b^k \tag{1.79}$$

注意:

A. 重复的指标只能出现一对, 并且必须一上一下.

B. 重复的指标已经求和, 所以在不与其他指标冲突的前提下, 可以随意指定. 例如, $A_iB^i = A_kB^k$ 不会引起歧义; 同理, $T^{ij}S_{ij} = T^{ji}S_{ji}$ 也是可以理解的.

(4) 张量等式的两边指标要平衡, 所以 $\boldsymbol{A} = \boldsymbol{B}$ 可以记为 $A_i = B_i$, 但不可以记为 $A_i = B_j$. 除1.2.1节中提到导数算符的情况外, 张量位置可以任意调换, 比如, $A^i_{\ k}B_j^{\ m} = B_j^{\ m}A^i_{\ k}$. 这一点可以通过具体分量来理解, 比如, 当 $i = 1, j = 2, k = 3, m = 1$ 时, $A^1_{\ 3}$ 和 $B_2^{\ 1}$ 都是确切的数, 自然有 $A^1_{\ 3}B_2^{\ 1} = B_2^{\ 1}A^1_{\ 3}$.

(5) 指标的前后顺序有确切意义. 通常 $T_{ij} \neq T_{ji}$. 而满足 $T_{ij} = T_{ji}$ 的称为对称张量 (比如应力张量 σ_{ij}), 满足 $T_{ij} = -T_{ji}$ 的称为反对称张量 (比如电磁场张量 $F_{\mu\nu}$).

典型的对称张量的例子还有张量积 $A^i A^j = A^j A^i$. 典型的反对称张量还有 ε_{ijk}. 对称张量与反对称张量的内积为零. 比如, 对称张量 A^{ij} 与反对称张量 B_{ij} 的缩并有

$$A^{ij} B_{ij} = A^{ji} B_{ij} = A^{ij} B_{ji} = -A^{ij} B_{ij} = 0 \tag{1.80}$$

其中, 第一个等号应用了 $A^{ij} = A^{ji}$, 第二个等号交换 i, j 指标不影响结果, 第三个等号应用了 $B^{ij} = -B^{ji}$, 故有上式.

许多教材都定义了并矢运算的规则. 为了便于统一理解, 这里也提供了其他教材常用的规则以及其指标方法的表示. 并矢运算的规则可总结为四个字: "就近原则". 以下是并矢的一次点乘和二次点乘的规则以及其指标方法表示.

$$(\boldsymbol{AB}) \cdot \boldsymbol{C} = \boldsymbol{A}(\boldsymbol{B} \cdot \boldsymbol{C}) \quad \to A^i B_j C^j \tag{1.81}$$

$$\boldsymbol{C} \cdot (\boldsymbol{AB}) = (\boldsymbol{C} \cdot \boldsymbol{A})\boldsymbol{B} \quad \to A^i B_j C_i \tag{1.82}$$

$$(\boldsymbol{AB}) : (\boldsymbol{CD}) = (\boldsymbol{A} \cdot \boldsymbol{C})(\boldsymbol{B} \cdot \boldsymbol{D}) \quad \to A^i D^j B_j C_i \tag{1.83}$$

$$(\boldsymbol{AB}) \cdot\cdot (\boldsymbol{CD}) = (\boldsymbol{A} \cdot \boldsymbol{D})(\boldsymbol{B} \cdot \boldsymbol{C}) \quad \to A^i D_i B^j C_j \tag{1.84}$$

由此可以看出, 指标方法不需要考虑就近原则, 从而大大简化了张量运算的标记.

1.2 场的微分和积分

数学上函数的自变量和应变量都可以是标量或矢量, 它们在物理上都有明确的对应. 只依赖于单一变量 (如时间、温度等), 但不依赖于空间位置的物理量通常称为函数; 依赖于空间位置的物理量通常称为 "场". 更广义来看, 若物理量依赖一个矢量 (如动量、波矢等) 的变化, 则都可以将其视为场. 按照这个标准, 将物理量做以下分类.

- 标量函数: 自变量为标量, 函数也为标量, 如随温度变化的电导率 $\sigma(T)$.
- 标量场: 自变量为矢量, 函数为标量, 如密度场 $\rho(\boldsymbol{r})$.
- 矢量函数: 自变量为标量, 函数为矢量, 如变力 $\boldsymbol{F}(t)$.

- 矢量场: 自变量为矢量, 函数也为矢量, 如非均匀电场 $\boldsymbol{E}(\boldsymbol{r})$.
- 张量函数: 自变量为标量, 函数为张量, 如应力张量 $\sigma_{ij}(t)$.
- 张量场: 自变量为矢量, 函数为张量, 如应力张量场 $\sigma_{ij}(\boldsymbol{r})$.

即自变量是标量的都是函数, 自变量是矢量的都是场.

标量函数的微积分就是一元函数的微积分. 矢量函数的微积分与标量函数几乎一样, 只需在定义时将数的加减替换为矢量的加减 (平行四边形法则) 即可. 但是对于标量场和矢量场来说, 由于其自变量本身也是矢量, 所以这样的函数本质上是多元函数, 其函数值 (不论是矢量还是标量) 依赖于自变量每一个分量. 因此对它的微积分, 必然涉及偏微分和高维积分. 为更简便地处理这类问题, 数学上引入了矢量微分算符 ∇.

1.2.1 矢量微分算符 ∇

矢量微分算符 ∇, 也称为 ∇ 算子. 在直角坐标系中, 其定义如下:

$$\nabla = \hat{\boldsymbol{e}}_x \frac{\partial}{\partial x} + \hat{\boldsymbol{e}}_y \frac{\partial}{\partial y} + \hat{\boldsymbol{e}}_z \frac{\partial}{\partial z} \quad \text{指标方法记作 } \partial_i \tag{1.85}$$

记为下标的原因是坐标处于偏导的下方. ∇ 的定义与正交归一基底有关, 说明它明显与度规有关.

由定义可以看出, ∇ 算符具有双重属性: **微分性**和**矢量性**. 在处理这个算符/矢量时, 要特别小心它的这两重属性. 例如, 从微分性来看, 它必须作用于一个场才有确切的含义; 而从矢量性上来看, 它作用于场 (包括矢量场和标量场) 的方式也有数乘、点乘、叉乘和并矢四种.

作用于标量场的结果为

$$\nabla\phi = \hat{\boldsymbol{e}}_x \frac{\partial \phi}{\partial x} + \hat{\boldsymbol{e}}_y \frac{\partial \phi}{\partial y} + \hat{\boldsymbol{e}}_z \frac{\partial \phi}{\partial z} \quad \text{指标方法记作 } \partial_i \phi \tag{1.86}$$

∇ 对矢量点乘表达为

$$\nabla \cdot \boldsymbol{A} = \frac{\partial A_x}{\partial x} + \frac{\partial A_y}{\partial y} + \frac{\partial A_z}{\partial z} \quad \text{指标方法记作 } \partial_i A^i \tag{1.87}$$

∇ 对矢量叉乘表达为

$$\nabla\times\boldsymbol{A}=\begin{vmatrix}\hat{\boldsymbol{e}}_x & \hat{\boldsymbol{e}}_y & \hat{\boldsymbol{e}}_z\\ \dfrac{\partial}{\partial x} & \dfrac{\partial}{\partial y} & \dfrac{\partial}{\partial z}\\ A_x & A_y & A_z\end{vmatrix}\quad \text{指标方法记作 } \varepsilon_{ijk}\partial^j A^k$$
$$=\left(\frac{\partial A_z}{\partial y}-\frac{\partial A_y}{\partial z}\right)\hat{\boldsymbol{e}}_x+\left(\frac{\partial A_x}{\partial z}-\frac{\partial A_z}{\partial x}\right)\hat{\boldsymbol{e}}_y+\left(\frac{\partial A_y}{\partial x}-\frac{\partial A_x}{\partial y}\right)\hat{\boldsymbol{e}}_z \tag{1.88}$$

拉普拉斯算符 $\nabla^2=\nabla\cdot\nabla$ 是一个标量算符, 在直角坐标系中指标方法记为 $\delta^{ij}\partial_i\partial_j=\partial_i\partial^i$. 将 ∇ 算符直积可以构成高阶的张量微分算符, 比如 $\nabla\nabla$ 代表一个二阶协变张量导数, 它在直角坐标系中用指标方法可以写为 $\partial_i\partial_j$. 对于非直角系, 协变导数用坐标系指标写法会更复杂. 当不涉及微分算符时, 表达式中张量的顺序可以随意调换, 但 ∇ 算符的微分性导致其顺序不可随意调换, 比如 $A^iB_jC_i=C_iB_jA^i$, 但 $A^i\partial_jC_i\neq C_i\partial_jA^i$.

利用 ∇ 的二元特性, 不难得到该算符作用到一个矢量函数上的结果. 设 u 是空间坐标的函数, 则

$$\nabla f(u)=\frac{\mathrm{d}f}{\mathrm{d}u}\nabla u \tag{1.89}$$

$$\nabla\cdot\boldsymbol{A}(u)=\nabla u\cdot\frac{\mathrm{d}\boldsymbol{A}}{\mathrm{d}u} \tag{1.90}$$

$$\nabla\times\boldsymbol{A}(u)=\nabla u\times\frac{\mathrm{d}\boldsymbol{A}}{\mathrm{d}u} \tag{1.91}$$

利用复合函数求导的性质以及 ∇ 的矢量特性, 不难证明以上各式.

同样, ∇ 作用于两个场的乘积, 也可以根据其二元性写出其展开公式, 我们先给出公式, 然后再作说明和证明.

$$\nabla(fg)=g(\nabla f)+f(\nabla g) \tag{1.92}$$

$$\nabla(\boldsymbol{A}\cdot\boldsymbol{B})=\boldsymbol{A}\times(\nabla\times\boldsymbol{B})+\boldsymbol{B}\times(\nabla\times\boldsymbol{A})+(\boldsymbol{A}\cdot\nabla)\boldsymbol{B}+(\boldsymbol{B}\cdot\nabla)\boldsymbol{A} \tag{1.93}$$

$$\nabla\cdot(f\boldsymbol{A})=(\nabla f)\cdot\boldsymbol{A}+f(\nabla\cdot\boldsymbol{A}) \tag{1.94}$$

$$\nabla\cdot(\boldsymbol{A}\times\boldsymbol{B})=\boldsymbol{B}\cdot(\nabla\times\boldsymbol{A})-\boldsymbol{A}\cdot(\nabla\times\boldsymbol{B}) \tag{1.95}$$

$$\nabla\times(f\boldsymbol{A})=f(\nabla\times\boldsymbol{A})-\boldsymbol{A}\times(\nabla f) \tag{1.96}$$

$$\nabla\times(\boldsymbol{A}\times\boldsymbol{B})=(\boldsymbol{B}\cdot\nabla)\boldsymbol{A}-(\boldsymbol{A}\cdot\nabla)\boldsymbol{B}+\boldsymbol{A}(\nabla\cdot\boldsymbol{B})-\boldsymbol{B}(\nabla\cdot\boldsymbol{A}) \tag{1.97}$$

$$\nabla\cdot\nabla f=\nabla^2 f\quad(\nabla^2\text{ 称为拉普拉斯算符}) \tag{1.98}$$

$$\nabla \times (\nabla \times \boldsymbol{A}) = \nabla(\nabla \cdot \boldsymbol{A}) - \nabla^2 \boldsymbol{A} \tag{1.99}$$

$$\nabla \cdot (\nabla \times \boldsymbol{A}) = 0 \tag{1.100}$$

$$\text{逆定理: 若 } \nabla \cdot \boldsymbol{B} = 0, \quad \text{则必有} \boldsymbol{B} = \nabla \times \boldsymbol{A} \tag{1.101}$$

$$\nabla \times (\nabla f) = 0 \tag{1.102}$$

$$\text{逆定理: 若 } \nabla \times \boldsymbol{A} = 0, \quad \text{则必有} \boldsymbol{A} = \nabla f \tag{1.103}$$

注意到 ∇ 算符的矢量性和微分性, 以上大部分公式的证明非常简洁. 以式 (1.92) 为例, ∇ 作用于两个标量场的乘积上, 根据其微分特性, 微分运算应分别作用于 f 和 g 上, 因此有右边两项. 从矢量性上来看, 左边是一个矢量乘以一个标量, 结果是矢量, 故右边每一项也必须是矢量. 再看式 (1.96), 从 ∇ 的微分性上考虑, 它既要作用于 f, 又要作用于 $\boldsymbol{A}$, 故等式右边也是两项之和; 从其矢量性上考虑, $\nabla \times (f\boldsymbol{A})$ 仍为矢量, 所以等式的右边也必须是矢量, 因此 ∇ 作用于 $\boldsymbol{A}$ 的方式与作用于 f 的方式是不同的 (想一想还有其他的作用方式吗?). 有一点需要注意, 在叉乘中我们始终要保持矢量的前后次序, $\boldsymbol{A}$ 应该始终在 ∇ 的右边, 但如果将它移到 ∇ 的左边去, 就会多出一个负号, 这就是右边第二项前面的符号的由来. 同样的思路可以分析式 (1.94)、式 (1.95)、式 (1.98)、式 (1.99) 和式 (1.102).

比较复杂的是式 (1.93) 和式 (1.97), 下面给出这两个公式的证明. 式 (1.97) 可以利用三矢量叉乘公式 (1.5) 进行展开, 并注意到 ∇_A 只对 A 作用, ∇_B 只对 B 作用, 且点乘可以交换次序

$$\begin{aligned}
\nabla \times (\boldsymbol{A} \times \boldsymbol{B}) &= \nabla_A \times (\boldsymbol{A} \times \boldsymbol{B}) + \nabla_B \times (\boldsymbol{A} \times \boldsymbol{B}) \\
&\quad \text{(微分分别作用于两个场)} \\
&= (\boldsymbol{B} \cdot \nabla_A)\boldsymbol{A} - (\nabla_A \cdot \boldsymbol{A})\boldsymbol{B} + (\nabla_B \cdot \boldsymbol{B})\boldsymbol{A} - (\boldsymbol{A} \cdot \nabla_B)\boldsymbol{B} \\
&\quad \text{(三矢量叉乘公式 (1.5))} \\
&= (\boldsymbol{B} \cdot \nabla)\boldsymbol{A} - (\boldsymbol{A} \cdot \nabla)\boldsymbol{B} + \boldsymbol{A}(\nabla \cdot \boldsymbol{B}) - \boldsymbol{B}(\nabla \cdot \boldsymbol{A}) \qquad (1.104) \\
&\quad \text{(去掉 } \nabla \text{ 的下标, 调整次序)}
\end{aligned}$$

得证.

式 (1.93) 的证明则没有那么直接, 我们从三矢量叉乘公式 (1.5) 出发, 将

$$\boldsymbol{A} \times (\boldsymbol{B} \times \boldsymbol{C}) = (\boldsymbol{C} \cdot \boldsymbol{A})\boldsymbol{B} - (\boldsymbol{A} \cdot \boldsymbol{B})\boldsymbol{C} \tag{1.105}$$

整理后可得

$$\boldsymbol{B}(\boldsymbol{C}\cdot\boldsymbol{A})=\boldsymbol{A}\times(\boldsymbol{B}\times\boldsymbol{C})+(\boldsymbol{A}\cdot\boldsymbol{B})\boldsymbol{C} \tag{1.106}$$

将 $\boldsymbol{B}$ 替换为 ∇

$$\nabla_C(\boldsymbol{C}\cdot\boldsymbol{A})=\boldsymbol{A}\times(\nabla_C\times\boldsymbol{C})+(\boldsymbol{A}\cdot\nabla_C)\boldsymbol{C} \tag{1.107}$$

上式中 ∇ 只作用于后面的 $\boldsymbol{C}$, 故 ∇ 带下标 C. 利用这一公式, 我们可以写出

$$\nabla_A(\boldsymbol{A}\cdot\boldsymbol{B})=\boldsymbol{B}\times(\nabla_A\times\boldsymbol{A})+(\boldsymbol{B}\cdot\nabla_A)\boldsymbol{A} \tag{1.108}$$

$$\nabla_B(\boldsymbol{B}\cdot\boldsymbol{A})=\boldsymbol{A}\times(\nabla_B\times\boldsymbol{B})+(\boldsymbol{A}\cdot\nabla_B)\boldsymbol{B} \tag{1.109}$$

两式相加, 可得

$$\begin{aligned}\nabla(\boldsymbol{A}\cdot\boldsymbol{B})&=\nabla_A(\boldsymbol{A}\cdot\boldsymbol{B})+\nabla_B(\boldsymbol{A}\cdot\boldsymbol{B})\\&=\nabla_A(\boldsymbol{A}\cdot\boldsymbol{B})+\nabla_B(\boldsymbol{B}\cdot\boldsymbol{A})\\&=\boldsymbol{A}\times(\nabla\times\boldsymbol{B})+\boldsymbol{B}\times(\nabla\times\boldsymbol{A})+(\boldsymbol{A}\cdot\nabla)\boldsymbol{B}+(\boldsymbol{B}\cdot\nabla)\boldsymbol{A}\end{aligned} \tag{1.110}$$

得证.

补充说明

利用莱维–齐维塔张量的性质可以简化上述证明. 以式 (1.93) 的证明为例.

等式左边为 $\partial_i\left(A^jB_j\right)$. 右边较复杂, 不妨从右往左证明. 右边第一项的展开式为

$$\begin{aligned}\varepsilon_{ijk}A^j\varepsilon^{kmn}\partial_mB_n&=\varepsilon_{ijk}\varepsilon^{kmn}A^j\partial_mB_n\\&=\left(\delta^m{}_i\delta^n{}_j-\delta^m{}_j\delta^n{}_i\right)A^j\partial_mB_n\\&=A^n\partial_iB_n-A^m\partial_mB_i\end{aligned} \tag{1.111}$$

右边的第二项可以通过将第一项中的 A 和 B 互换 (即 $A\leftrightarrow B$) 来得到, 为 $B^n\partial_iA_n-B^m\partial_mA_i$. 于是前两项之和为

$$A^n\partial_iB_n-A^m\partial_mB_i+B^n\partial_iA_n-B^m\partial_mA_i=\partial_i\left(A^nB_n\right)-A^m\partial_mB_i-B^m\partial_mA_i \tag{1.112}$$

写为一般的表达式即为 $\nabla\left(\boldsymbol{A}\cdot\boldsymbol{B}\right)-\left(\boldsymbol{A}\cdot\nabla\right)\boldsymbol{B}-\left(\boldsymbol{B}\cdot\nabla\right)\boldsymbol{A}$, 代入式 (1.93) 即得证.

为了让大家熟悉矢量的基本运算, 请完成下例中关于位矢的一些常用微分计算 (请在空白处填上计算结果). 这些结论在后面的讨论中会反复用到.

例 1.1 物理学中经常讨论源激发场的问题. 用带撇的符号表示源相关的坐标, 不带撇的表示场点的坐标. 已知 $\boldsymbol{\xi}=\boldsymbol{r}-\boldsymbol{r}'=(x-x')\hat{\boldsymbol{e}}_x+(y-y')\hat{\boldsymbol{e}}_y+(z-z')\hat{\boldsymbol{e}}_z$ 为源点 (x',y',z') 指向场点 (x,y,z) 的矢量, $\nabla=\hat{\boldsymbol{e}}_x\frac{\partial}{\partial x}+\hat{\boldsymbol{e}}_y\frac{\partial}{\partial y}+\hat{\boldsymbol{e}}_z\frac{\partial}{\partial z}$, $\nabla'=\hat{\boldsymbol{e}}_x\frac{\partial}{\partial x'}+\hat{\boldsymbol{e}}_y\frac{\partial}{\partial y'}+\hat{\boldsymbol{e}}_z\frac{\partial}{\partial z'}$ 分别是对场变量和源变量的矢量微分算符. 试计算:

$\nabla\xi=\dfrac{\boldsymbol{\xi}}{\xi}$　　$\nabla'\xi=-\dfrac{\boldsymbol{\xi}}{\xi}$

$\nabla\xi^2=2\boldsymbol{\xi}$　　$\nabla'\xi^2=-2\boldsymbol{\xi}$

$\nabla\dfrac{1}{\xi}=-\dfrac{\boldsymbol{\xi}}{\xi^3}$　　$\nabla'\dfrac{1}{\xi}=\dfrac{\boldsymbol{\xi}}{\xi^3}$

$\nabla\cdot\boldsymbol{\xi}=3$　　$\nabla'\cdot\boldsymbol{\xi}=-3$

$\nabla\boldsymbol{\xi}=\overleftrightarrow{I}$　　$\nabla'\boldsymbol{\xi}=-\overleftrightarrow{I}$

$\nabla\times\boldsymbol{\xi}=0$　　$\nabla'\times\boldsymbol{\xi}=0$

$\nabla\cdot\dfrac{\boldsymbol{\xi}}{\xi^3}=4\pi\delta^3(\boldsymbol{\xi})$　　$\nabla'\cdot\dfrac{\boldsymbol{\xi}}{\xi^3}=-4\pi\delta^3(\boldsymbol{\xi})$

$\nabla\times\dfrac{\boldsymbol{\xi}}{\xi^3}=0$　　$\nabla'\times\dfrac{\boldsymbol{\xi}}{\xi^3}=0$

$\nabla(\boldsymbol{a}\cdot\boldsymbol{\xi})=\boldsymbol{a}$　　$(\boldsymbol{a}\cdot\nabla)\boldsymbol{\xi}=\boldsymbol{a}$

$\nabla\cdot[\boldsymbol{E}_0\sin(\boldsymbol{k}\cdot\boldsymbol{\xi})]=\boldsymbol{k}\cdot\boldsymbol{E}_0\cos(\boldsymbol{k}\cdot\boldsymbol{\xi})$　　$\nabla\times[\boldsymbol{E}_0\sin(\boldsymbol{k}\cdot\boldsymbol{\xi})]=\boldsymbol{k}\times\boldsymbol{E}_0\cos(\boldsymbol{k}\cdot\boldsymbol{\xi})$

式中, $\boldsymbol{a}$、$\boldsymbol{k}$、$\boldsymbol{E}_0$ 均为常矢量; $\delta^3(\boldsymbol{\xi})$ 函数见 1.3.2 节.

1.2.2 梯度及其积分公式

单变量函数 $T(x)$ 可以描述一根温度不均匀的金属丝的温度分布. 场的导数反映了温度变化的快慢, 即当自变量有了一个很小的改变 $\mathrm{d}x$ 后, 温度相应改变了

$$\mathrm{d}T=\frac{\mathrm{d}T}{\mathrm{d}x}\mathrm{d}x \tag{1.113}$$

把这个例子推广到三维. 假设有一间房屋内的温度不均匀, 其分布由函数 $T(x,y,z)$ 给出, 此时温度是一个标量场, 记为 $T(\boldsymbol{r})$, $\boldsymbol{r}$ 为空间位矢. 如果同样讨论温

度变化快慢这个问题, 情况就变得复杂了, 因为我们的讨论将依赖于方向. 比如, 沿着 x 方向走, 温度可能变化得很快; 但是如果沿 y 方向走, 则温度可能几乎不变. 事实上, 如果要回答 "温度变化有多快" 这个问题, 则答案有无穷多个——对每一个不同的方向, 函数的导数值都可能不同.

幸运的是, 在数学上并不需要讨论每一个方向的导数就可以回答这个问题. 考虑到全微分定理

$$\mathrm{d}T = \frac{\partial T}{\partial x}\mathrm{d}x + \frac{\partial T}{\partial y}\mathrm{d}y + \frac{\partial T}{\partial z}\mathrm{d}z \tag{1.114}$$

只需知道在 x、y、z 三个方向的偏导数, 就能完全描述当自变量的三个分量分别改变 $\mathrm{d}x$、$\mathrm{d}y$、$\mathrm{d}z$ 时, T 是如何变化的. 注意, 式 (1.114) 可以写成点积的形式

$$\mathrm{d}T = \left(\frac{\partial T}{\partial x}\hat{\boldsymbol{e}}_x + \frac{\partial T}{\partial y}\hat{\boldsymbol{e}}_y + \frac{\partial T}{\partial z}\hat{\boldsymbol{e}}_z\right) \cdot (\mathrm{d}x\hat{\boldsymbol{e}}_x + \mathrm{d}y\hat{\boldsymbol{e}}_y + \mathrm{d}z\hat{\boldsymbol{e}}_z) \tag{1.115}$$

第一个括号中的矢量恰好就是 ∇ 矢量算符作用在标量场 $T(\boldsymbol{r})$ 上的结果, 将其记作 ∇T 或 grad T, 称为标量函数 T 的**梯度**, 读作 "T 的梯度" 或 gradient T; 第二个括号是空间中任意一个方向的微小线元, 记作 $\mathrm{d}\boldsymbol{l}$, 则式 (1.115) 写成

$$\mathrm{d}T = \nabla T \cdot \mathrm{d}\boldsymbol{l} \tag{1.116}$$

由式 (1.116) 可知, 当我们想要计算某一点 P 沿着某一给定的方向的线元 $\mathrm{d}\boldsymbol{l}$ 的温度变化 $\mathrm{d}T$ 时, 只需要将该点的温度梯度点乘 $\mathrm{d}\boldsymbol{l}$. 可见, 要讨论 "温度变化快慢" 的问题, 只需要求出温度梯度即可. 对比式 (1.113) 和式 (1.116) 可以发现, 梯度是标量函数导数在标量场中的推广.

梯度是矢量, 它既有大小又有方向. 为了进一步理解其物理意义, 我们把式 (1.116) 写成

$$\mathrm{d}T = \nabla T \cdot \mathrm{d}\boldsymbol{l} = |\nabla T||\mathrm{d}\boldsymbol{l}|\cos\theta \tag{1.117}$$

其中, θ 是 ∇T 和 $\mathrm{d}\boldsymbol{l}$ 的夹角. 固定 $|\mathrm{d}\boldsymbol{l}|$, 仅考虑由 θ 角引起的变化, 显然当 $\cos\theta = 1$ 时, $\mathrm{d}T$ 最大, 此时 ∇T 和 $\mathrm{d}\boldsymbol{l}$ 平行, 这表明:

- ∇T 的方向是标量场 T 变化最快的方向;
- ∇T 的模表示在该方向上标量场 T 的最快变化速率.

我们熟知的静电势 $\varphi(\boldsymbol{r})$ 就是一个标量场，其梯度的相反数就是电场强度. 请读者运行 "ch1_ 电势梯度.nb" 程序，其运行界面如图 1.5 所示. 该场可以

视为两个点电荷在空间中产生的势能场相互叠加的效果, 其中一个点电荷位于 (1, 0)，另一个位于 (−1, 0). 程序中清晰地展示了等势线，点击图中任意位置会出现该点处的梯度方向及大小 (由箭头表示).

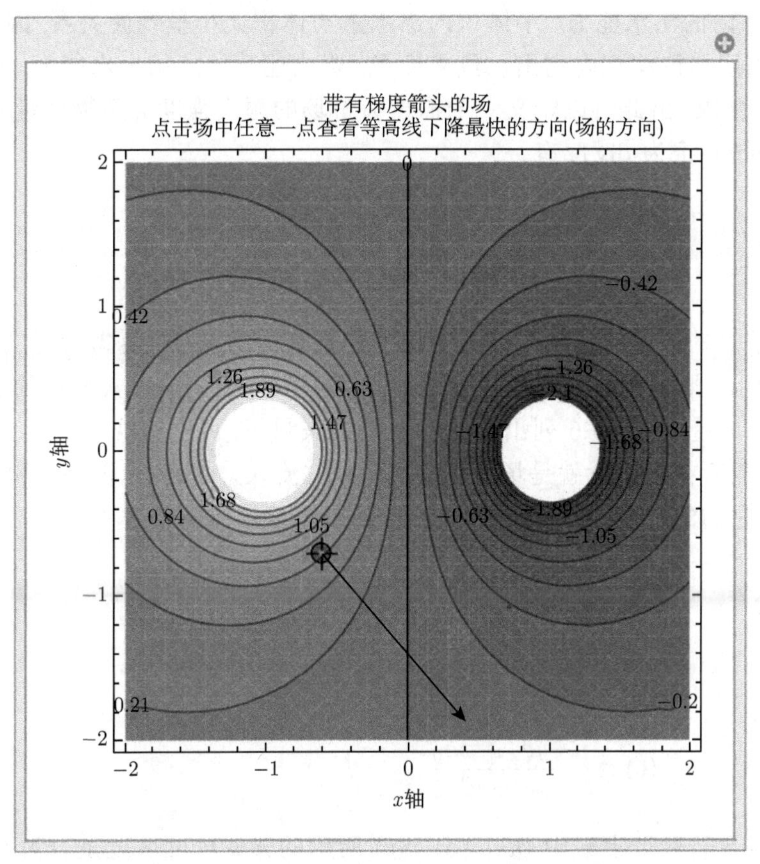

图 1.5　“ch1_ 电势梯度.nb”程序运行界面

对梯度的积分就是将标量场的变化累积起来, 容易证明

$$\int_a^b (\nabla T) \cdot \mathrm{d}\boldsymbol{l} = T(b) - T(a) \tag{1.118}$$

1.2.3　散度和高斯积分公式

问题: 已知一个矢量场 $\boldsymbol{f}(\boldsymbol{r})$——你可以把它想象成多个不断向外涌出泉水的泉眼, 已知流出的泉水的速度场是 $\boldsymbol{f}$——如何描述这些泉眼的出水能力呢?

给定任意封闭曲面 S, 计算该曲面上的水流的净流出, 即通量 $\oint_S \boldsymbol{f}\cdot\mathrm{d}\boldsymbol{S}$, 这个量越大, 则出水能力越强. 注意到, 能量的大小与还与曲面 S 的选取有关. 若要完整描述出水能力, 我们应该描述每一点的出水能力. 为此, 我们可以研究小体积 ΔV 内的出水能力. 小体积内出水量与体积大小呈线性关系, 因此, 出水能力应该用单位体积内的出水量来度量. 要描述某一点的出水能力, 只需要取 $\Delta V\to 0$ 极限. 由此可以定义一个描述矢量场的源头强度的新物理量——散度 (divergence), 记为 $\mathrm{div}\boldsymbol{f}$, 有

$$\mathrm{div}\boldsymbol{f}=\lim_{\Delta V\to 0}\frac{\displaystyle\oint_S \boldsymbol{f}\cdot\mathrm{d}\boldsymbol{S}}{\Delta V} \tag{1.119}$$

几何上某点的散度就是从该点“散出”矢量箭头的多少. 换句话说, 若某点的散度不为 0, 则意味着该点有“泉眼”. 可见, 散度描述的是矢量场的“源”制造矢量场的能力. 图 1.6 列出了几种不同的矢量场, 可以直观地看到, 图 (a) 有两个源, 源所在的位置就是场线“发出”或“流入”的终点, 图 (b) 和图 (c) 是无源的, 它们的散度为 0. 事实上, 这三个矢量场分别是

$$(\mathrm{a}):\quad \frac{(x-1)\hat{\boldsymbol{e}}_x+y\hat{\boldsymbol{e}}_y}{\left[(x-1)^2+y^2\right]^{3/2}}-\frac{(x+1)\hat{\boldsymbol{e}}_x+y\hat{\boldsymbol{e}}_y}{\left[(x+1)^2+y^2\right]^{3/2}} \tag{1.120}$$

$$(\mathrm{b}):\quad x\hat{\boldsymbol{e}}_y \tag{1.121}$$

$$(\mathrm{c}):\quad \frac{-y\hat{\boldsymbol{e}}_x+x\hat{\boldsymbol{e}}_y}{x^2+y^2} \tag{1.122}$$

大家可以自行验证上式中 (a)、(b)、(c) 所示的矢量场的散度是否为 0.

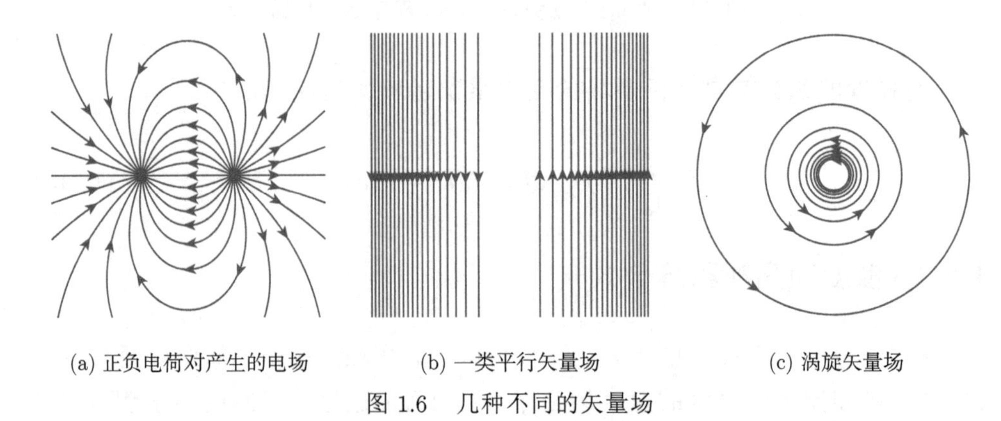

(a) 正负电荷对产生的电场　　(b) 一类平行矢量场　　(c) 涡旋矢量场

图 1.6　几种不同的矢量场

在数学中有一个重要的定理,

$$\oint_S \boldsymbol{f} \cdot \mathrm{d}\boldsymbol{S} = \int_{\Delta V} (\nabla \cdot \boldsymbol{f}) \mathrm{d}V \tag{1.123}$$

其中, ΔV 是曲面 S 所围的体积. 式(1.123) 称为高斯定理、高斯公式、高斯积分变换或格林定理、散度定理. 这一定理说明, 矢量场在边界上的面积分等于其 “导数” 对整个区间的体积分. 利用式 (1.119) 和式 (1.123), 矢量场的散度可以用 ∇ 表示为

$$\mathrm{div}\boldsymbol{f} = \nabla \cdot \boldsymbol{f} \tag{1.124}$$

回头再看高斯积分公式, 它所对应的物理图像就是

$$\oint_S \text{流出d}\boldsymbol{S}\text{的通量} = \int_{\Delta V} \text{体积d}V\text{内所有泉眼喷出的流量} \tag{1.125}$$

这显然是质量守恒的另一种说法. 对应其他的矢量场也有类似的解释.

总结: 矢量场的散度反映空间各点矢量场源的强弱, 是一个标量.

1.2.4 旋度和斯托克斯公式

还是以水流为例. 假设湖面上有多个旋涡, 水流速度场 $\boldsymbol{f}$ 已知, 如何描述湖面上每一点的 “扭曲” 程度?

在湖面上任意作一条闭合曲线 L, 沿着这条曲线计算矢量场的闭合回路积分 $\oint_L \boldsymbol{f} \cdot \mathrm{d}\boldsymbol{l}$, 这个积分体现了以 L 为边界的这片区域内速度场总的扭曲程度, 它与 L 所围面积内的旋涡个数以及它们的扭曲程度有关, 因此并不能反映每一点的扭曲程度. 用积分结果除以 L 所围的面积 ΔS, 并让 L 收缩到一个点, 这样定义的量就可以描述湖面上每一点的 “扭曲” 程度. 注意到, 由于 L 的任意性, 即使是同样形状的 L, 它所围的平面也可以有不同的取向, 而面积的取向同样会影响闭合回路积分的值, 因此当我们将积分结果除以面积 ΔS 时, 只能给出面积法向上的扭曲程度. 换句话说, 在不同的方向上看, 扭曲程度是不同的 (如在一个旋涡附近看, 平行于湖面方向的扭曲程度最大, 垂直于湖面的扭曲程度为 0)! 因此, 人们定义旋度 (rotation/curl) $\mathrm{rot}\boldsymbol{f}$ 的法向分量为

$$(\mathrm{rot}\boldsymbol{f})_n = \lim_{\Delta S \to 0} \frac{\oint_L \boldsymbol{f} \cdot \mathrm{d}\boldsymbol{l}}{\Delta S} \tag{1.126}$$

旋度 rot $\boldsymbol{f}$. 上式亦可用矢量形式写成

$$\lim_{\Delta S\to 0}\oint_L \boldsymbol{f}\cdot \mathrm{d}\boldsymbol{l} = \lim_{\Delta S\to 0}\mathrm{rot}\boldsymbol{f}\cdot\Delta S \tag{1.127}$$

另一个重要的数学变换

$$\oint_L \boldsymbol{f}\cdot \mathrm{d}\boldsymbol{l} = \int_S (\nabla\times\boldsymbol{f})\cdot \mathrm{d}\boldsymbol{S} \tag{1.128}$$

被称为斯托克斯积分变换或斯托克斯定理. 这个定理告诉我们, 一个矢量场沿某一回路的闭合线积分, 等于矢量场的“导数”在以回路为边界的曲面积分.

利用斯托克斯定理, 比较式 (1.127) 和式 (1.128), 可以得到旋度以 ∇ 表示的形式

$$\mathrm{rot}\boldsymbol{f} = \nabla\times\boldsymbol{f} \tag{1.129}$$

回头来理解斯托克斯定理的物理图像: 沿某一闭合路径上的矢量场的流, 可以由该路径所围的面内所有点的旋度通量之和来决定, 如图 1.7 所示.

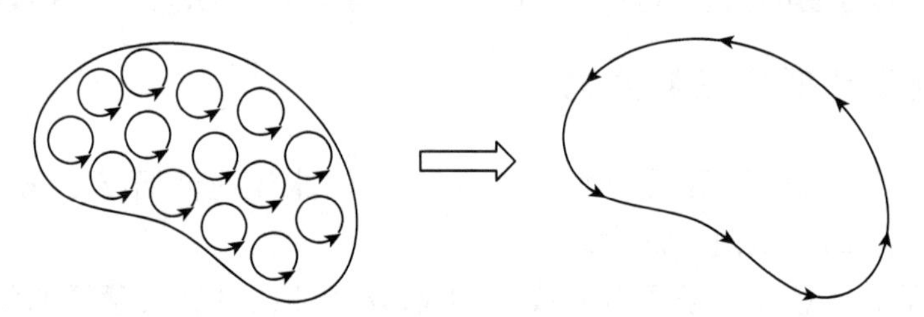

图 1.7　斯托克斯公式的几何解释

总结: 旋度是描述矢量场中每一点的涡旋 (即扭曲) 程度的矢量.

1.2.5　∇ 在正交坐标系中的统一形式

在球坐标和柱坐标系 (统称为曲线坐标) 中, 我们并不能如在直角坐标系当中那样写出 ∇ 算符的简单定义 (1.85), 其原因是曲线坐标系中的基矢 $\hat{\boldsymbol{e}}_i(i=r,\theta,\rho,\cdots)$ 并不是常矢量, 而是随坐标的变化而变化的. 例如, θ 增大 $\mathrm{d}\theta$ 的时候, $\hat{\boldsymbol{e}}_\theta$ 也要转过一个方向, 从而使矢量长度在 $\hat{\boldsymbol{e}}_\theta$ 方向增加 $r\mathrm{d}\theta$, 也就是说, 在曲线坐标系中, 某一个坐标的变化不仅仅只与这个方向的坐标有关, 还会受到其他坐标的影响, 这就使得微分算符 ∇ 在曲线坐标系里的形式比直角坐标系要复杂一些. 下面我们先讨论一般的曲线坐标, 然后给出 ∇ 在球坐标和柱坐标中的具体形式.

在正交坐标系中, 空间的一个点的位置可以用三个坐标 (u_1, u_2, u_3) 来表示, 这三个方向的单位矢量分别是 $\hat{\boldsymbol{e}}_1$、$\hat{\boldsymbol{e}}_2$、$\hat{\boldsymbol{e}}_3$. 当这三个坐标变化 $\mathrm{d}u_i$ 时, 相应的沿着基矢方向的矢量长度分别会增加

$$\mathrm{d}l_1 = h_1 \mathrm{d}u_1, \quad \mathrm{d}l_2 = h_2 \mathrm{d}u_2, \quad \mathrm{d}l_3 = h_3 \mathrm{d}u_3 \tag{1.130}$$

其中, h_1、h_2、h_3 是坐标的函数, 称为拉梅 (Lamé) 系数. 容易看到, 直角坐标的拉梅系数均为 1, 球坐标 (r, θ, ϕ) 的拉梅系数分别为 $h_1 = 1, h_2 = r, h_3 = r\sin\theta$, 柱坐标 (ρ, ϕ, z) 的拉梅系数分别为 $h_1 = 1, h_2 = \rho, h_3 = 1$. 可以证明, 曲线坐标系中的 ∇ 相关运算可以统一表示为

$$\nabla f = \hat{\boldsymbol{e}}_1 \frac{1}{h_1} \frac{\partial f}{\partial u_1} + \hat{\boldsymbol{e}}_2 \frac{1}{h_2} \frac{\partial f}{\partial u_2} + \hat{\boldsymbol{e}}_3 \frac{1}{h_3} \frac{\partial f}{\partial u_3} \tag{1.131}$$

$$\nabla \cdot \boldsymbol{A} = \frac{1}{h_1 h_2 h_3} \left[\frac{\partial}{\partial u_1}(h_2 h_3 A_1) + \frac{\partial}{\partial u_2}(h_3 h_1 A_2) + \frac{\partial}{\partial u_3}(h_2 h_1 A_3) \right] \tag{1.132}$$

$$\begin{aligned}\nabla \times \boldsymbol{A} =& \frac{\hat{\boldsymbol{e}}_1}{h_2 h_3} \left[\frac{\partial}{\partial u_2}(h_3 A_3) - \frac{\partial}{\partial u_3}(h_2 A_2) \right] + \frac{\hat{\boldsymbol{e}}_2}{h_1 h_3} \left[\frac{\partial}{\partial u_3}(h_1 A_1) - \frac{\partial}{\partial u_1}(h_3 A_3) \right] \\ &+ \frac{\hat{\boldsymbol{e}}_3}{h_1 h_2} \left[\frac{\partial}{\partial u_1}(h_2 A_2) - \frac{\partial}{\partial u_2}(h_1 A_1) \right]\end{aligned} \tag{1.133}$$

$$\nabla^2 f = \frac{1}{h_1 h_2 h_3} \left[\frac{\partial}{\partial u_1} \left(\frac{h_2 h_3}{h_1} \frac{\partial f}{\partial u_1} \right) + \frac{\partial}{\partial u_2} \left(\frac{h_3 h_1}{h_2} \frac{\partial f}{\partial u_2} \right) + \frac{\partial}{\partial u_3} \left(\frac{h_1 h_2}{h_3} \frac{\partial f}{\partial u_3} \right) \right] \tag{1.134}$$

将拉梅系数代入, 可得在球坐标和柱坐标中的梯度、散度和旋度.

- 球坐标

$$\nabla f = \hat{\boldsymbol{e}}_r \frac{\partial f}{\partial r} + \hat{\boldsymbol{e}}_\theta \frac{1}{r} \frac{\partial f}{\partial \theta} + \hat{\boldsymbol{e}}_\phi \frac{1}{r\sin\theta} \frac{\partial f}{\partial \phi} \tag{1.135}$$

$$\nabla \cdot \boldsymbol{A} = \frac{1}{r^2} \frac{\partial}{\partial r}(r^2 A_r) + \frac{1}{r\sin\theta} \frac{\partial}{\partial \theta}(\sin\theta A_\theta) + \frac{1}{r\sin\theta} \frac{\partial A_\phi}{\partial \phi} \tag{1.136}$$

$$\begin{aligned}\nabla \times \boldsymbol{A} =& \frac{1}{r\sin\theta} \left[\frac{\partial}{\partial \theta}(\sin\theta A_\phi) - \frac{\partial A_\theta}{\partial \phi} \right] \hat{\boldsymbol{e}}_r + \frac{1}{r} \left[\frac{1}{\sin\theta} \frac{\partial A_r}{\partial \phi} - \frac{\partial}{\partial r}(r A_\phi) \right] \hat{\boldsymbol{e}}_\theta \\ &+ \frac{1}{r} \left[\frac{\partial}{\partial r}(r A_\theta) - \frac{\partial A_r}{\partial \theta} - \right] \hat{\boldsymbol{e}}_\phi\end{aligned} \tag{1.137}$$

$$\nabla^2 f = \frac{1}{r^2} \frac{\partial}{\partial r} \left(r^2 \frac{\partial f}{\partial r} \right) + \frac{1}{r^2 \sin\theta} \frac{\partial}{\partial \theta} \left(\sin\theta \frac{\partial f}{\partial \theta} \right) + \frac{1}{r^2 \sin^2\theta} \frac{\partial^2 f}{\partial \phi^2} \tag{1.138}$$

- 柱坐标

$$\nabla f = \hat{\boldsymbol{e}}_\rho \frac{\partial f}{\partial \rho} + \hat{\boldsymbol{e}}_\phi \frac{1}{\rho}\frac{\partial f}{\partial \phi} + \hat{\boldsymbol{e}}_z \frac{\partial f}{\partial z} \tag{1.139}$$

$$\nabla \cdot \boldsymbol{A} = \frac{1}{\rho}\frac{\partial}{\partial \rho}(\rho A_\rho) + \frac{1}{\rho}\frac{\partial A_\phi}{\partial \phi} + \frac{\partial A_z}{\partial z} \tag{1.140}$$

$$\nabla \times \boldsymbol{A} = \left(\frac{1}{\rho}\frac{\partial A_z}{\partial \phi} - \frac{\partial A_\phi}{\partial z}\right)\hat{\boldsymbol{e}}_\rho + \left(\frac{\partial A_\rho}{\partial z} - \frac{\partial A_z}{\partial \rho}\right)\hat{\boldsymbol{e}}_\phi + \left[\frac{1}{\rho}\frac{\partial}{\partial \rho}(\rho A_\phi) - \frac{1}{\rho}\frac{\partial A_\rho}{\partial \phi}\right]\hat{\boldsymbol{e}}_z \tag{1.141}$$

$$\nabla^2 f = \frac{1}{\rho}\frac{\partial}{\partial \rho}\left(\rho \frac{\partial f}{\partial \rho}\right) + \frac{1}{\rho^2}\frac{\partial^2 f}{\partial \phi^2} + \frac{\partial^2 f}{\partial z^2} \tag{1.142}$$

1.3 狄拉克 δ 函数

1.3.1 一维 δ 函数

一维狄拉克 δ 函数定义如下:

$$\delta(x) = \begin{cases} 0, & x \neq 0 \\ \infty, & x = 0 \end{cases} \tag{1.143}$$

且其积分为

$$\int_{-\infty}^{\infty} \delta(x)\mathrm{d}x = 1 \tag{1.144}$$

显然这是一个高度无限高、宽度无限窄、面积为 1 的尖峰 (图 1.8). 严格来说, δ 函数并不是我们通常所知的数学函数, 因为它的函数值不是有限值, 故被数学家称为广义函数. 尽管如此, 物理学家更愿意把它当作普通函数来处理.

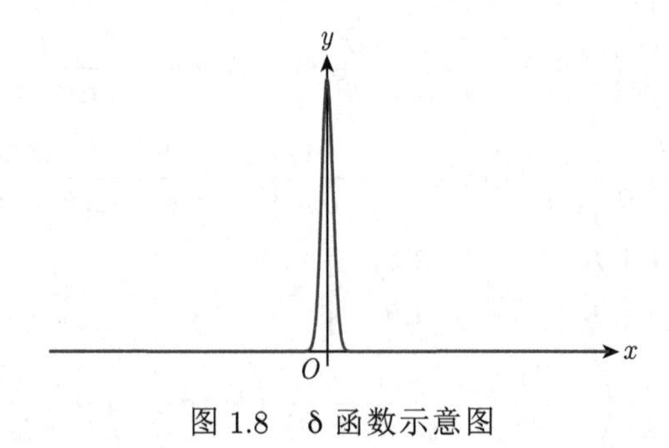

图 1.8 δ 函数示意图

为了不失一般性, 我们把 δ 函数的尖峰移动到任意位置 a 处, 得到

$$\delta(x-a)=\begin{cases}0, & x\neq a\\ \infty, & x=a\end{cases} \tag{1.145}$$

$$\int_{-\infty}^{\infty}\delta(x-a)\mathrm{d}x=1 \tag{1.146}$$

现有一函数 $f(x)$, 当它与 δ 函数相乘后只有在 $x=a$ 点处乘积不为 0, 故有

$$f(x)\delta(x-a)=f(a)\delta(x-a) \tag{1.147}$$

两边积分并利用 δ 函数的性质 (1.144) 可得

$$\int_{-\infty}^{\infty}f(x)\delta(x-a)\mathrm{d}x=f(a) \tag{1.148}$$

这是 δ 函数最重要的一个积分性质, 它表明 δ 函数就像一个过滤器, 可以在全空间范围内把特定点的函数值用积分的方式过滤出来.

δ 函数还是阶跃函数

$$\Theta(x-a)=\begin{cases}1, & x>a\\ 0, & x\leqslant a\end{cases} \tag{1.149}$$

的导数, 即

$$\delta(x)=\frac{\mathrm{d}\Theta(x)}{\mathrm{d}x} \tag{1.150}$$

1.3.2 三维 δ 函数

一维情况很容易推广到高维, 比如三维

$$\delta^3(\boldsymbol{r})=\delta(x)\delta(y)\delta(z) \tag{1.151}$$

其中, $\boldsymbol{r}=x\hat{\boldsymbol{e}}_x+y\hat{\boldsymbol{e}}_y+z\hat{\boldsymbol{e}}_z$. 这个三维的 δ 函数在除原点处为无穷大, 其他点处处为 0, 并满足积分性质

$$\int_{\infty}\delta^3(\boldsymbol{r})\mathrm{d}x\mathrm{d}y\mathrm{d}z=1 \tag{1.152}$$

式 (1.148) 亦可推广为

$$\int_{\infty}f(\boldsymbol{r})\delta^3(\boldsymbol{r}-\boldsymbol{a})\mathrm{d}V=f(\boldsymbol{a}) \tag{1.153}$$

现在, 我们来看 δ 函数在物理上的一个应用. 已知点电荷的电场为

$$\boldsymbol{E}(\boldsymbol{r})=\frac{q\boldsymbol{r}}{4\pi\varepsilon_0 r^3} \tag{1.154}$$

容易证明其散度在原点之外都为 0. 但在原点处, 其散度是无穷大. 这看起来很像 δ 函数的性质, 我们再进一步验算电场散度的积分

$$\int_{\infty}\nabla\cdot\boldsymbol{E}(\boldsymbol{r})\mathrm{d}V=\oint_{\infty}\boldsymbol{E}(\boldsymbol{r})\cdot\mathrm{d}\boldsymbol{S}=\frac{q}{\varepsilon_0} \tag{1.155}$$

其中, 最后一个等号处利用了静电场的高斯定理. 由上式可以看出, 剔除归一化常数, $\nabla\cdot\boldsymbol{E}$ 确实是一个 δ 函数

$$\nabla\cdot\boldsymbol{E}=\frac{q}{\varepsilon_0}\delta^3(\boldsymbol{r}) \tag{1.156}$$

联立式 (1.154) 可以得到

$$\nabla\cdot\frac{\boldsymbol{r}}{r^3}=4\pi\delta^3(\boldsymbol{r}) \tag{1.157}$$

1.4 微分方程的定解问题

物理规律通常表达为微分方程, 但微分方程本身并不能唯一确定地描写某一个具体的物理过程. 这是因为, 当我们写下一个方程时, 通常考虑的是在介质的内部, 物理量随时间或空间的连续变化 (这也是可以写出微分方程的原因, 不连续就没有微分), 而没有考虑物理量在边界上的不连续变化. 为了确切地描述一个物理问题, 在数学上要求要形成一个定解问题, 这就要求除了微分方程以外, 还需要有边界条件 (空间相关) 和初始条件 (时间相关). 边界条件的形式多样, 要由具体问题和描述的具体对象来定, 但有一个总的原则, 就是边界条件应该完全描写边界上各点的状况. 因此, 求解一个具体系统的微分方程有两层含义: 一是通过方程本身确定通解的形式, 二是通过定解条件确定通解中的所有系数. 一般来说, 通解决定了系统的基本性质, 边界条件决定了系统的具体行为. 例如, 弦的简谐振动中, 通解的形式决定了弦的振动的基本形式可以用三角函数来刻画, 但具体的振动形态则由边界条件来决定 (比如对于驻波, 两端固定和一端自由这两种不同的边界条件就给出两种完全不同的简正模式).

本书中遇到的微分方程通常都是二阶微分方程, 下面以拉普拉斯方程为例, 从低维的情况开始, 看看完全确定一个二阶微分方程的解需要哪些恰当的边界条件.

拉普拉斯 (Laplace) 方程的一般形式是

$$\nabla^2 V = 0 \tag{1.158}$$

其中, V 是一个标量场. 在直角坐标系中, 该方程的形式为

$$\frac{\partial^2 V}{\partial x^2} + \frac{\partial^2 V}{\partial y^2} + \frac{\partial^2 V}{\partial z^2} = 0 \tag{1.159}$$

1.4.1 一维拉普拉斯方程

若标量场 V 只依赖于一个变量 x, 则它的形式简化为

$$\frac{\mathrm{d}^2 V}{\mathrm{d}x^2} = 0 \tag{1.160}$$

这个方程的解很显然是 x 的线性函数, 通解一般表示为

$$V(x) = ax + b \tag{1.161}$$

这条直线有斜率和截距两个待定系数, 因此需要额外的条件来确定它们. 显然对一维方程, 需要两个边界条件才能确定所有的系数. 一维的情况虽然很简单, 但我们能从其中看到拉普拉斯方程解的两个重要特性.

(1) $V(x)$ 可以表示为其左右对称点的平均值

$$V(x) = \frac{1}{2}[V(x+c) + V(x-c)] \tag{1.162}$$

其中, c 为任意常数. 用这个公式, 即使我们不知道通解形式, 也可以从一个端点出发, 猜测其相邻点的值, 然后逐步递推到另一边的端点处. 要保证另一端点的值满足边界条件, 则需要不断调整猜测的参数, 这样就能最终确定解的具体形式. 事实上, 这是拉普拉斯方式数值解法的基本思想, 可以看到边界条件在其中所起的重要作用.

(2) 拉普拉斯方程的解没有局部的极值, 它的极大值和极小值必然在端点处. 在一维情况下，这个结论是显而易见的. 然而，即使我们不知道通解的形式，也可以从式 (1.162) 中证明这一点，因为如果存在局部极值，极值点两侧的对称点的平均值不会等于极值的大小. 事实上, 这一性质在更高维的拉普拉斯方程中同样存在, 对于定解过程也是至关重要的.

1.4.2 二维拉普拉斯方程

如果 V 依赖于两个变量, 拉普拉斯方程变成了一个偏微分方程

$$\frac{\partial^2 V}{\partial x^2}+\frac{\partial^2 V}{\partial y^2}=0 \tag{1.163}$$

它的解不一定只含有两个待定常数, 我们无法像在一维情况中那样写出一个封闭通解, 一般是写成特殊函数作为基矢的展开形式. 然而, 我们仍然知道解的一些共同性质. 事实上, 二维拉普拉斯方程的解具有和一维情况相同的性质.

(1) V 在点 (x,y) 处的值是以此点为圆心, R 为半径的圆周上的点的 V 值的平均, 记为

$$V(x,y)=\frac{1}{2\pi R}\oint_{圆周} V\mathrm{d}l \tag{1.164}$$

(2) V 没有局部的极值, 所有的极值都位于边界上. 从几何上看, 正如两点间直线最短, 在给定二维边界的条件下, 拉普拉斯方程的解给出的曲面面积最小. 举个例子帮助理解. 用铁丝任意弯成一个回路 (可以不在一个平面内), 现在把这根铁丝浸入肥皂水中, 再拿出来, 铁丝回路内就会有一个肥皂膜形成的曲面. 由于表面张力的存在, 肥皂膜的形状就是以这个回路为边界的面积最小的曲面.

1.4.3 三维拉普拉斯方程

在三维情况下, 上述两个性质仍然存在, 也就是说:

(1) 对于空间中的任一点 $\boldsymbol{r}$, 该点的函数值 $V(\boldsymbol{r})$ 等于以该点为中心的任意半径球面上的函数值的平均

$$V(\boldsymbol{r})=\frac{1}{4\pi R^2}\oint_{球面} V\mathrm{d}S \tag{1.165}$$

其中, $\mathrm{d}S$ 是球面上的面积元.

下面我们用一个具体的例子来验证式 (1.165). 如图 1.9 所示, 点电荷 q 位于 $(0,0,z)$ 点, 它所产生的电场的电势 V 满足拉普拉斯方程 (请将点电荷电势代入拉普拉斯方程验证). 我们来看以坐标原点为球心, R 为半径的球面上的电势平均值. 在球面上任取一个面元 $\mathrm{d}S$, 面元位矢与 z 轴的夹角为 θ, 面元的大小 $\mathrm{d}S=R^2\sin\theta\mathrm{d}\theta\mathrm{d}\varphi$, 由点电荷的电势以及几何关系可知, 在面元 $\mathrm{d}S$ 处

$$
\begin{aligned}
V &= \frac{q}{4\pi\varepsilon_0 r} \\
r &= \sqrt{z^2 + R^2 - 2zR\cos\theta}
\end{aligned}
\tag{1.166}
$$

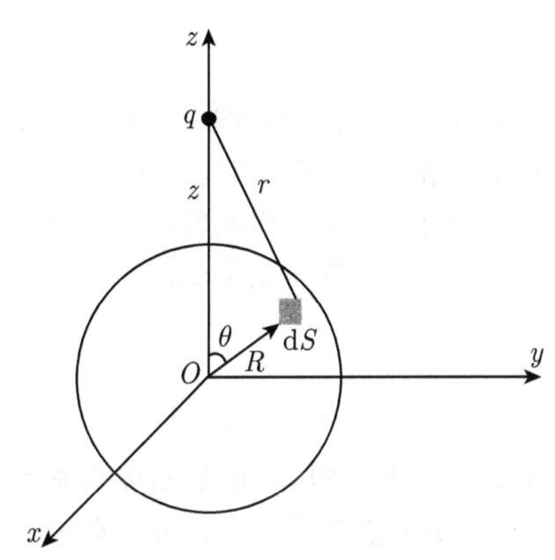

图 1.9　点电荷在球面上的平均电势

球面上的电势平均值为

$$
\begin{aligned}
\bar{V} &= \frac{1}{4\pi R^2}\frac{q}{4\pi\varepsilon_0}\int_0^{\pi}\int_0^{2\pi}\frac{1}{r}R^2\sin\theta\mathrm{d}\theta\mathrm{d}\varphi \\
&= \frac{q}{4\pi\varepsilon_0}\frac{1}{2zR}\sqrt{z^2+R^2-2zR\cos\theta}\bigg|_0^{\pi} \\
&= \frac{q}{4\pi\varepsilon_0 z}
\end{aligned}
\tag{1.167}
$$

刚好就是点电荷在球心处的电势. 事实上, 这一结论可以根据电势叠加原理, 由点电荷推广到任意电荷分布, 甚至任意满足拉普拉斯方程的标量场. 因此我们可以相信式 (1.165) 是一个普适的结论.

(2) V 没有局域极值, 极值必然在边界上. 这一结论同样可以由式 (1.165) 证明, 因为如果存在一个边界以外的极值, 则我们可以以这个极值点为球心做一个球, 球面上各点的 V 值都小于球心处的 V 值, 所以它们的平均值也小于球心处的 V 值, 这显然违背了式 (1.165).

以上我们从一维到三维, 以拉普拉斯方程为例, 分析了微分方程的定解问题. 可以看到, 在求解一个具体系统性质的时候, 边界条件起着至关重要甚至是决定性的作用. 什么是适当的边界条件, 如何从实际的物理系统性质中读出恰好能定解的边界条件, 不冗余也不缺失 (冗余还问题不大, 但缺失边界条件会使解不具有唯一性) 并不是一件很容易的事. 一组恰当的边界条件通常以唯一性定理的形式给出, 对于不同的体系, 唯一性定理也不相同. 在本书的第 3 章, 我们将详细探讨静电场和静磁场的唯一性定理.

课堂讨论

通过本章的学习, 请读者思考以下问题并在课堂讨论中分享你的观点.

1. 可否定义任意维度的梯度、散度、旋度? 为什么?
2. 在旋转操作下欧几里得度规不变, 那么在旋转操作下闵可夫斯基度规是否也是不变的? 怎样的操作可以使得闵可夫斯基度规不变?

思考题

1. 假设你站在一座山的山坡上四下张望, 以山的高度为函数, 位置为自变量, 如何确定你所站的位置的梯度? 梯度为 0 意味着什么? 如果绘制这座山的等高线, 如何从等高线上找到梯度?
2. 若散度为负值, 则对应的是什么物理图像?
3. 速度为逆变矢量、电场为协变矢量, 为何通常不区分它们的矢量类型?
4. 静电场是矢量场, 讨论这两种静电场的散度特征: (1) 平行板电容器两极板之间的静电场; (2) 点电荷周围的静电场.
5. 把散度定理 (1.123) 中的矢量场 $\boldsymbol{f}$ 看作电流密度 $\boldsymbol{J}(\boldsymbol{r})$, 讨论其物理意义及其对应的守恒律.
6. 对旋度的直观理解有一个常见的误区, 即认为一个具有涡旋型场线的矢量场中, 每一点都有旋度. 请讨论静磁场的性质, 证明该说法并不总是成立 ①.

练习题

1. 证明球坐标基矢与直角坐标基矢的变换关系 (1.8), 并写出其逆变换 (提示: 利用矢量的分解以及基矢间的正交关系 $\hat{e}_i \cdot \hat{e}_j = \delta_{ij}$, i、j 可以是 x、y、z、r、θ、φ).
2. 证明式 (1.41) 中协变矢量基底的变换关系.
3. 给出协变张量和逆变张量分量变换的矩阵形式 (形如式 (1.53)) 以及具体的分量形式 (形如式(1.56)).
4. 请证明正交归一基底下的度规 δ_{ij} 变换到另一正交归一基底下的分量 g'_{ij} 应具有克罗内克符号的形式 δ_{ij}.
5. 利用式 (1.16)、式 (1.17) 和式 (1.21) 证明三矢量叉乘公式 (1.5).
6. 证明单位并矢的性质 (1.46).

---

① 可以从安培环路定理出发讨论静磁场的一般性质, 亦可以长直载流导线周围的电场为例来讨论.

7. 已知某山脉的高度函数 $h(x,y) = 10(2xy - 3x^2 - 4y^2 - 18x + 28y + 12)$, 求:

   (1) 山顶的坐标;

   (2) 山顶的高度;

   (3) 点 $(1,1)$ 处的最大斜率及其方向.

8. 计算矢量场 $-y\hat{e}_x + x\hat{e}_y$ 的旋度.
9. 试构造一个既无散又无旋的矢量场, 并试着画出其场线 (常矢量场除外).
10. 试利用 δ 函数写出分布在 z 轴上的电流密度 $\boldsymbol{J}$(电流大小为 I).
11. 验证点电荷电势

$$V = \frac{q}{4\pi\varepsilon_0 r}$$

在除点电荷所在的那一点之外满足拉普拉斯方程 $\nabla^2 V = 0$.

第 2 章　电动力学基础

本章的思维导图如图 2.1 所示.

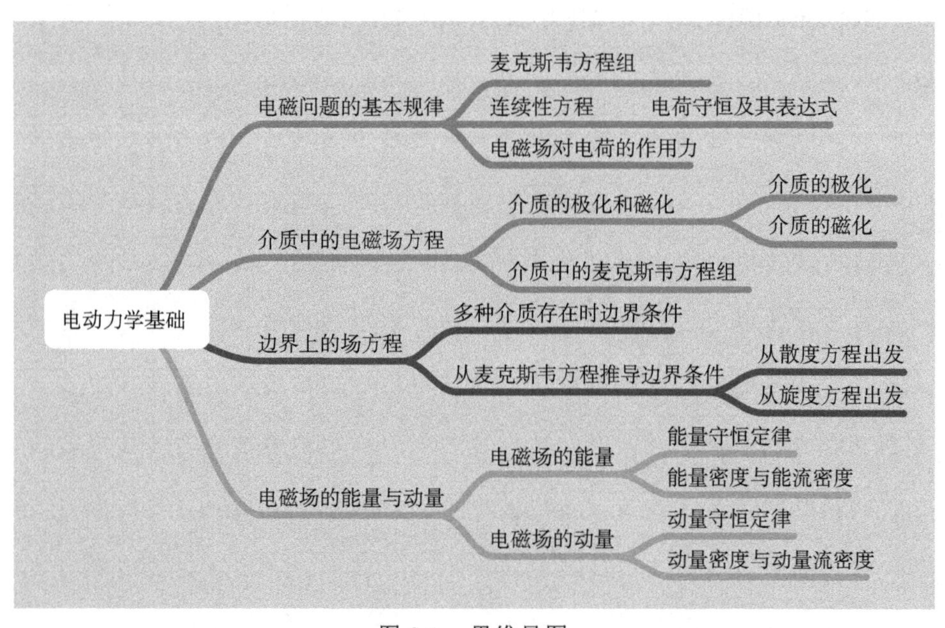

图 2.1　思维导图

普通物理电磁学部分已经介绍了电磁场的基本实验定律. 本章在这些实验定律的基础上, 进一步发展电磁场的理论, 将其写成一组完备的方程, 并通过场与粒子的相互作用, 体现场的可观测性质.

2.1　电磁问题的基本规律

电磁问题的基本规律包括两个部分: 关于场的麦克斯韦方程, 以及场对电荷的作用力. 电磁场满足的麦克斯韦方程描述源如何激发场, 但由于变化的电/磁场也可以激发磁/电场, 所以麦克斯韦方程还可以描述电磁场之间的相互激发规律. 事实上, 我们并没有办法直接"看"到场的行为. 场的性质, 需要通过一定的方式表现出来, 最直接的方式就是观察带电粒子在电磁场中的受力, 因此电磁场对带电粒子的洛伦兹力构成了电磁问题基本规律的另一部分.

2.1.1 麦克斯韦方程组

电磁学的基本实验定律有三个, 分别是静电场的库仑定律、静磁场的毕奥–萨伐尔定律和电磁感应定律, 用如图 2.2 所示的场、源关系, 可以写出这三个定律, 它们是

$$\boldsymbol{E}=\frac{1}{4\pi\varepsilon_0}\int_V\frac{\rho(\boldsymbol{r}')\boldsymbol{\xi}}{\xi^3}\mathrm{d}V',\qquad \text{库仑定律} \tag{2.1}$$

$$\boldsymbol{B}=\frac{\mu_0}{4\pi}\int_V\frac{\boldsymbol{J}(\boldsymbol{r}')\times\boldsymbol{\xi}}{\xi^3}\mathrm{d}V',\qquad \text{毕奥–萨伐尔定律} \tag{2.2}$$

$$\mathcal{E}=-\frac{\mathrm{d}}{\mathrm{d}t}\int_S\boldsymbol{B}\cdot\mathrm{d}\boldsymbol{S},\qquad \text{电磁感应定律} \tag{2.3}$$

其中, 带撇的变量都与源相关; $\mathrm{d}V'$ 是源的体积元; $\boldsymbol{r}'$ 是体积元的位矢; $\boldsymbol{r}$ 是场点的位矢; $\boldsymbol{\xi}=\boldsymbol{r}-\boldsymbol{r}'$; $\mathcal{E}$ 是电动势.

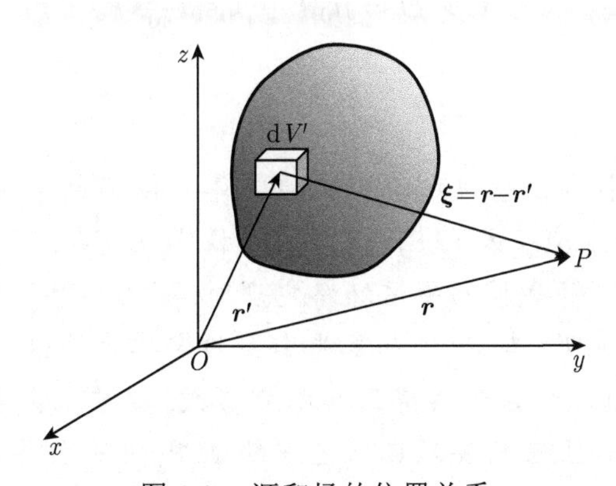

图 2.2 源和场的位置关系

这三个实验定律和麦克斯韦的**位移电流假设**

$$\boldsymbol{J}_\mathrm{d}=\varepsilon_0\frac{\partial\boldsymbol{E}}{\partial t} \tag{2.4}$$

一起, 构成了描述电磁场规律的基本定律, 其中 $\boldsymbol{J}_\mathrm{d}$ 表示位移电流密度. 后由麦克斯韦将其总结为四个方程, 称为**麦克斯韦方程组**. 真空中麦克斯韦方程组的

积分形式为

$$\oint_S \boldsymbol{E}\cdot \mathrm{d}\boldsymbol{S}=\frac{1}{\varepsilon_0}\int_V \rho \mathrm{d}V \tag{2.5}$$

$$\oint_L \boldsymbol{E}\cdot \mathrm{d}\boldsymbol{l}=-\frac{\mathrm{d}}{\mathrm{d}t}\int_S \boldsymbol{B}\cdot \mathrm{d}\boldsymbol{S} \tag{2.6}$$

$$\oint_S \boldsymbol{B}\cdot \mathrm{d}\boldsymbol{S}=0 \tag{2.7}$$

$$\oint_L \boldsymbol{B}\cdot \mathrm{d}\boldsymbol{l}=\mu_0\int_S \left(\boldsymbol{J}+\varepsilon_0\frac{\partial \boldsymbol{E}}{\partial t}\right)\cdot \mathrm{d}\boldsymbol{S} \tag{2.8}$$

其中, ρ 为电荷密度; $\boldsymbol{J}$ 为电流密度. 通过高斯积分变换 (1.123) 和斯托克斯积分变换 (1.128), 可以得到麦克斯韦方程组的微分形式

$$\nabla\cdot \boldsymbol{E}=\frac{\rho}{\varepsilon_0} \tag{2.9}$$

$$\nabla\times \boldsymbol{E}=-\frac{\partial \boldsymbol{B}}{\partial t} \tag{2.10}$$

$$\nabla\cdot \boldsymbol{B}=0 \tag{2.11}$$

$$\nabla\times \boldsymbol{B}=\mu_0\boldsymbol{J}+\mu_0\varepsilon_0\frac{\partial \boldsymbol{E}}{\partial t} \tag{2.12}$$

补充说明

电磁学中曾经证明过由基本实验定律和位移电流假设可以推导出麦克斯韦方程式 (2.5)~ 式 (2.8), 但推导过程比较复杂. 尤其是从毕奥–萨伐尔定律出发得到静磁场的安培环路定理时, 因为推导过程十分烦琐, 很少有教科书给出证明. 事实上, 如果先由实验定律推导出麦克斯韦方程组的微分形式, 再通过积分变换得到其积分形式, 数学上会容易得多. 下面就用这个思路来补上磁场安培环路定理的证明, 即先推导静磁场的旋度, 然后通过对旋度做积分, 结合斯托克斯变换来证明方程 (2.8). 其他几个方程都可以用类似的方法得到.

静磁场的毕奥–萨伐尔定律为

$$\boldsymbol{B}=\frac{\mu_0}{4\pi}\int_V \frac{\boldsymbol{J}(\boldsymbol{r}')\times \boldsymbol{\xi}}{\xi^3}\mathrm{d}V' \tag{2.13}$$

利用第 1 章中例 1.1 的结果, ∇ 的性质 (1.96) 以及 ∇ 与 $\boldsymbol{r}'$ 无关的特性,

可以把式 (2.13) 中的被积函数写成

$$\boldsymbol{J}(\boldsymbol{r}') \times \frac{\boldsymbol{\xi}}{\xi^3} = -\boldsymbol{J}(\boldsymbol{r}') \times \nabla\frac{1}{\xi} = \nabla \times \left[\boldsymbol{J}(\boldsymbol{r}')\frac{1}{\xi}\right] \tag{2.14}$$

因此, 毕奥–萨伐尔定律 (2.13) 可以变成

$$\boldsymbol{B} = \frac{\mu_0}{4\pi}\nabla \times \int_V \frac{\boldsymbol{J}(\boldsymbol{r}')}{\xi}\mathrm{d}V' \equiv \nabla \times \boldsymbol{A} \tag{2.15}$$

其中,

$$\boldsymbol{A} = \frac{\mu_0}{4\pi}\int_V \frac{\boldsymbol{J}(\boldsymbol{r}')}{\xi}\mathrm{d}V' \tag{2.16}$$

由式 (2.15) 可以看出, 静磁场总是可以写成一个矢量场 $\boldsymbol{A}$ 的旋度. 顺便指出, 由式 (1.100) 可知, $\nabla \cdot \boldsymbol{B} = 0$.

再来看 $\boldsymbol{B}$ 的旋度, 由式 (1.99) 可知

$$\nabla \times \boldsymbol{B} = \nabla \times (\nabla \times \boldsymbol{A}) = \nabla(\nabla \cdot \boldsymbol{A}) - \nabla^2 \boldsymbol{A} \tag{2.17}$$

先来看第一项 $\nabla \cdot \boldsymbol{A}$. 注意到 ∇ 不作用于 $\boldsymbol{J}(\boldsymbol{r}')$

$$\begin{aligned}\nabla \cdot \boldsymbol{A} &= \frac{\mu_0}{4\pi}\int_V \nabla \cdot \left[\frac{\boldsymbol{J}(\boldsymbol{r}')}{\xi}\right]\mathrm{d}V' = \frac{\mu_0}{4\pi}\int_V \boldsymbol{J}(\boldsymbol{r}') \cdot \nabla\frac{1}{\xi}\mathrm{d}V' \\ &= -\frac{\mu_0}{4\pi}\int_V \boldsymbol{J}(\boldsymbol{r}') \cdot \nabla'\frac{1}{\xi}\mathrm{d}V'\end{aligned} \tag{2.18}$$

式 (2.18) 最后一个等号用了第 1 章例 1.1 的结论 $\nabla\frac{1}{\xi} = -\nabla'\frac{1}{\xi}$. 由 ∇ 的性质 (1.96) 可知

$$\nabla' \cdot \left[\boldsymbol{J}(\boldsymbol{r}')\frac{1}{\xi}\right] = \frac{1}{\xi}\nabla' \cdot \boldsymbol{J}(\boldsymbol{r}') + \boldsymbol{J}(\boldsymbol{r}') \cdot \nabla'\frac{1}{\xi} \tag{2.19}$$

故

$$\nabla \cdot \boldsymbol{A} = -\frac{\mu_0}{4\pi}\int_V \nabla' \cdot \left[\boldsymbol{J}(\boldsymbol{r}')\frac{1}{\xi}\right]\mathrm{d}V' + \frac{\mu_0}{4\pi}\int_V \frac{1}{\xi}\nabla' \cdot \boldsymbol{J}(\boldsymbol{r}')\mathrm{d}V' \tag{2.20}$$

式 (2.20) 的第一项利用高斯积分变换可以写成电流源边界上的面积分, 由于积分区域已经包括了所有电流在内, 所以没有电流流出该区域的边界, 因此面积分为 0; 第二项中由于恒定电流条件 $\nabla' \cdot \boldsymbol{J}(\boldsymbol{r}') = 0$, 故第二项也为 0. 由此可知

$$\nabla\cdot\boldsymbol{A}=0 \tag{2.21}$$

再来看第二项 $\nabla^2\boldsymbol{A}$.

$$\nabla^2\boldsymbol{A}=\frac{\mu_0}{4\pi}\int_V\boldsymbol{J}(\boldsymbol{r}')\nabla^2\frac{1}{\xi}\mathrm{d}V' \tag{2.22}$$

因为

$$\nabla^2\frac{1}{\xi}=\nabla\cdot\nabla\frac{1}{\xi}=-\nabla\cdot\frac{\boldsymbol{\xi}}{\xi^3}=-4\pi\delta^3(\boldsymbol{\xi}) \tag{2.23}$$

式 (2.23) 最后一个等式用到了式 (1.90) 和式 (1.157). 代入式 (2.22), 可得

$$\nabla^2\boldsymbol{A}=-\mu_0\int_V\boldsymbol{J}(\boldsymbol{r}')\delta^3(\boldsymbol{\xi})\mathrm{d}V'=-\mu_0\boldsymbol{J}(\boldsymbol{r}) \tag{2.24}$$

由此可得 $\boldsymbol{B}$ 的旋度为

$$\nabla\times\boldsymbol{B}(\boldsymbol{r})=\mu_0\boldsymbol{J}(\boldsymbol{r}) \tag{2.25}$$

这就是静磁场的旋度, 它表明, 电流是产生静磁场的源. 结合位移电流假设 (2.4), 总磁场的旋度为

$$\nabla\times\boldsymbol{B}=\mu_0(\boldsymbol{J}+\boldsymbol{J}_{\mathrm{d}})=\mu_0\left(\boldsymbol{J}+\varepsilon_0\frac{\partial\boldsymbol{E}}{\partial t}\right) \tag{2.26}$$

将式 (2.26) 两边对任意面积积分, 并利用斯托克斯积分变换将旋度的面积分变成环路积分, 可得式 (2.8).

有一点需要特别注意, 从式 (2.25) 可以看出, 旋度是局域的: 空间某点邻域上的场的旋度只和该点上的源密度有关, 也就是说, 若在场点 $\boldsymbol{r}$ 处有源, 则该点处场的旋度不为零; 无源, 则旋度为零. 电场的散度也有类似的局域性, $\nabla\cdot\boldsymbol{E}(\boldsymbol{r})=\rho(\boldsymbol{r})/\varepsilon_0$. 事实上, 这种局域性不是平庸的, 它恰恰说明了场所传递相互作用这一过程不是超距的, 因为源只能在其存在位置的邻域内激发场, 而场却可以存在于源以外的空间中, 这正说明了场是通过其内部的作用传递出去的, 因此场的传播是需要时间的, 这一点在静态场中体现不明显, 在时变场中就可以看得很清楚.

2.1.2 连续性方程

将式 (2.9) 两边对时间求导, 再对式 (2.12) 两边求散度, 注意到 $\nabla\cdot(\nabla\times\boldsymbol{B})=0$, 以及时间和空间的求导可交换, 即可得

$$\nabla \cdot \boldsymbol{J} + \frac{\partial \rho}{\partial t} = 0 \tag{2.27}$$

式 (2.27) 称为**电荷的连续性方程**. 将式 (2.27) 两边做体积 V 内的积分, 并对第一项做高斯积分变换 (1.123), 可得

$$\int_V \nabla \cdot \boldsymbol{J} \mathrm{d}V = \oint_S \boldsymbol{J} \cdot \mathrm{d}\boldsymbol{S} = -\int_V \frac{\partial \rho}{\partial t} \mathrm{d}V \tag{2.28}$$

其中, S 是包围 V 的边界. 这个等式告诉我们,

空间确定区域 V 内的电荷减少量 = 流出其边界 S 的电荷量

这显然就是电荷守恒定律.

电荷的连续性方程是电荷源 ρ 和电流源 $\boldsymbol{J}$ 满足的约束条件, 这一条件体现了电荷守恒定律的要求. 电荷守恒定律与能量、动量守恒定律一样, 是自然界的基本定律之一. 在麦克斯韦方程里, 电荷守恒定律不是一个独立的假设, 而是被自然满足的. 事实上, 正是由于需要使电磁规律与电荷守恒定律相融洽, 位移电流假设才是必须的, 从而在理论上可以预言电磁波的存在, 这一预言最终被弗兰克–赫兹实验所证实, 使得人们对电磁场的规律有了全新的认识①. 根据理论的自洽性要求提出合理假设, 由实验验证并最终改写物理学的基本理论, 这在物理学史上有里程碑式的意义. 因为这是人们首次在没有任何实验现象的情况下, 纯粹从理论出发, 推动物理学的重要进展. 另一个具有代表性的例子就是爱因斯坦提出的广义相对论.

下面是连续性方程的两个特例.

(1) 将 (2.28) 用到全空间, S 为无穷远处全空间的边界, 故不会有电荷流进或流出这个界面, 因此,

$$\frac{\mathrm{d}}{\mathrm{d}t} \int_\infty \rho \mathrm{d}V = 0 \tag{2.29}$$

(2) 对于恒定电流的情形, 所有物理量不随时间变化, 因此电荷密度的时间导数为 0, 从而得到**恒定电流条件**

$$\nabla \cdot \boldsymbol{J} = 0 \tag{2.30}$$

---

① 从历史上看, 麦克斯韦提出位移电流假设并不是从连续性方程出发, 而是有其他的理由, 但我们现在知道, 保持连续性方程成立是一个更好的修改静磁场的安培环路定理的理由.

2.1.3 电磁场对电荷的作用力

对电荷量为 q, 以速度 $\boldsymbol{v}$ 运动的点粒子来说, 其在静电场和静磁场中的受力为

$$\boldsymbol{F} = q\boldsymbol{E} + q\boldsymbol{v} \times \boldsymbol{B} \tag{2.31}$$

这个力称为洛伦兹力 (注意, 电磁学的教科书上通常把静电力称为库仑力, 静磁力称为洛伦兹力, 但这里我们把它们统称为洛伦兹力). 从点电荷推广到任意带电体系, 将电荷量和力改写成密度积分的形式

$$q = \int \rho \mathrm{d}V, \quad \boldsymbol{F} = \int \boldsymbol{f} \mathrm{d}V \tag{2.32}$$

并注意到 $\boldsymbol{J} = \rho\boldsymbol{v}$, 可得力密度

$$\boldsymbol{f} = \rho\boldsymbol{E} + \boldsymbol{J} \times \boldsymbol{B} \tag{2.33}$$

值得注意的是, 洛伦兹力的定义原则上只适用于静场. 洛伦兹假设其也适用于更一般情况, 即随时间变化的电磁场, 大量的实验证明这一假设是正确的.

2.2 介质中的电磁场方程

当电磁场作用于介质上时, 会引起两个变化: 一方面介质在电磁场的作用下会发生极化和磁化; 另一方面介质中的极化电荷和磁化电流又会产生附加场, 使得总的电磁场分布发生变化. 场和介质最终形成稳定分布, 这就是我们观察到的现象. 从理论上看, 人们需要首先建立介质中电磁场的方程, 即介质中的麦克斯韦方程组. 为了得到这组方程, 我们先回顾一下极化和磁化的基本规律.

2.2.1 介质的极化和磁化

介质是由大量的分子或原子组成的, 从宏观上看呈电中性. 但在电介质内部, 分子的结构根据其电荷分布可以分为无极分子和有极分子两种. 无极分子内的正负电荷中心重合, 分子的电偶极矩为零; 有极分子的正负电荷中心不重合, 有非零的电偶极矩. 这两种分子在外电场的作用下都能够发生极化现象: 无极分子在外电场的作用下, 正负电荷的中心被分开, 形成电偶极子, 其电偶极矩顺着外场方向排列; 有极分子的电偶极矩在外场作用下翻转, 最终结果也是沿外场方向排列. 所以不论哪种分子, 其在外电场中极化的效果都是在介质中产生宏观电偶极矩.

利用单位体积内的平均电偶极矩来描述介质中分子的极化程度, 定义极化强度矢量 $\boldsymbol{P}$

$$\boldsymbol{P}=\lim_{\Delta V\to 0}\frac{\sum\limits_i \boldsymbol{p}_i}{\Delta V} \tag{2.34}$$

其中, $\boldsymbol{p}_i$ 是 ΔV 内单个分子的电偶极矩. 极化强度不仅与外电场的强度有关, 也与电介质的性质有关, 一般来说是位置 $\boldsymbol{r}$ 和时间 t 的函数; 若考虑到热运动, 还与温度有关.

分子内部有磁矩, 因此会对外场有响应. 响应方式有两种, 据此可以将磁介质分成顺磁质和抗磁质. 顺磁质的分子固有磁矩不为零, 在外场作用下磁矩的取向会趋于外场的方向, 使总磁场增加; 抗磁质的分子固有磁矩为零, 在外磁场中, 其自旋磁矩的拉莫尔进动会产生一个与外场方向相反的附加磁矩, 使总磁场减弱. 虽然顺磁质和抗磁质对外磁场的响应方式不同, 但总体来说这个响应是较弱的. 也就是说附加磁场与外磁场相比都比较小, 故这两种磁介质统称为弱磁介质或线性磁介质. 铁磁质的性质则与弱磁介质完全不同, 它对外场的响应可以远大于外场本身的强度. 本书暂不讨论非线性磁介质.

对于弱磁介质来说, 同样可以用单位体积内的平均磁矩来衡量介质的磁化程度, 定义磁化强度矢量 $\boldsymbol{M}$

$$\boldsymbol{M}=\lim_{\Delta V\to 0}\frac{\sum\limits_i \boldsymbol{m}_i}{\Delta V} \tag{2.35}$$

其中, $\boldsymbol{m}_i$ 是磁化后的单分子磁矩. 磁化强度也与外磁场的强度和磁介质的性质有关, 是 $\boldsymbol{r}$ 和 t 的函数.

在电磁学中, 我们知道可以引入电位移矢量 $\boldsymbol{D}$ 和磁场强度 $\boldsymbol{H}$ 作为介质中的“等效”场来描述介质对外场的响应

$$\boldsymbol{D}=\varepsilon_0\boldsymbol{E}+\boldsymbol{P} \tag{2.36}$$

$$\boldsymbol{H}=\frac{\boldsymbol{B}}{\mu_0}-\boldsymbol{M} \tag{2.37}$$

特别地, 对于线性介质

$$\boldsymbol{P}=\chi_{\mathrm{e}}\varepsilon_0\boldsymbol{E} \tag{2.38}$$

$$\boldsymbol{M}=\frac{\chi_{\mathrm{m}}}{1+\chi_{\mathrm{m}}}\frac{\boldsymbol{B}}{\mu_0} \tag{2.39}$$

其中, χ_{e} 和 χ_{m} 分别叫作极化率和磁化率. 可以看到, 极化和磁化程度 $\boldsymbol{P}$、$\boldsymbol{M}$ 都随外场强度而线性变化, 这就是人们称这一类介质为线性介质的原因. 将式 (2.38) 和式 (2.39) 分别代入式 (2.36) 和式 (2.37), 可以得到

$$\boldsymbol{D}=\varepsilon\boldsymbol{E} \tag{2.40}$$

$$\boldsymbol{H}=\frac{\boldsymbol{B}}{\mu} \tag{2.41}$$

其中, ε 和 μ 分别称为介质中的电容率和磁导率. 它们与极化率和磁化率的关系为

$$\begin{aligned}&\varepsilon=\varepsilon_0\varepsilon_{\mathrm{r}},\quad \varepsilon_{\mathrm{r}}=1+\chi_{\mathrm{e}}\\&\mu=\mu_0\mu_{\mathrm{r}},\quad \mu_{\mathrm{r}}=1+\chi_{\mathrm{m}}\end{aligned} \tag{2.42}$$

其中, ε_{r} 和 μ_{r} 分别称作介质的相对电容率和相对磁导率.

值得一提的是, 导体在外场下的响应规律比介质要简单得多, 对一般导体而言, 欧姆定律就可以描述其响应规律, 即

$$\boldsymbol{J}=\sigma\boldsymbol{E} \tag{2.43}$$

其中, σ 是导体的电导率.

以上线性规律都有一定的适用范围. 实验表明, 存在许多非线性和各向异性的介质, 这些介质对外场的响应行为比起线性介质要复杂得多. 例如, 单晶是各向异性的介质, 它在某些特定的方向上容易被极化, 而另一些方向很难被极化, 这样一来 $\boldsymbol{D}$ 和 $\boldsymbol{E}$ 通常不在同一个方向上, 它们之间就不再是简单的正比关系 (比例系数是一个标量电容率), 而是应将电容率写成一个二阶的电容率张量, 描述电场引起的不同方向的极化. 铁磁介质是一种典型的非线性磁介质, 外场作用在铁磁介质上, 会诱导出比外场大得多的内部磁场. 不仅如此, 铁磁介质还有磁滞现象, 表明其对外场的响应函数与过程有关, 是磁场的多值函数. 这些介质的每种特性都可以成为一个单独的研究方向, 已经超出了本书的范围, 后面我们将不讨论这些问题, 而把重点集中在对线性介质的讨论上.

2.2.2 介质中的麦克斯韦方程组

在电磁学中我们讨论过, 考虑介质对外场的响应, 利用辅助量 $\boldsymbol{D}$ 和 $\boldsymbol{H}$ 可以将介质中的麦克斯韦方程组写成如下形式:

$$\oint_S \boldsymbol{D}\cdot\mathrm{d}\boldsymbol{S}=\int_V \rho_{\mathrm{f}}\mathrm{d}V \tag{2.44}$$

$$\oint_L \boldsymbol{E}\cdot \mathrm{d}\boldsymbol{l} = -\frac{\mathrm{d}}{\mathrm{d}t}\int_S \boldsymbol{B}\cdot \mathrm{d}\boldsymbol{S} \tag{2.45}$$

$$\oint_S \boldsymbol{B}\cdot \mathrm{d}\boldsymbol{S} = 0 \tag{2.46}$$

$$\oint_L \boldsymbol{H}\cdot \mathrm{d}\boldsymbol{l} = \int_S \left(\boldsymbol{J}_{\mathrm{f}} + \frac{\partial \boldsymbol{D}}{\partial t}\right)\cdot \mathrm{d}\boldsymbol{S} \tag{2.47}$$

其中, ρ_{f} 是自由电荷的密度; $\boldsymbol{J}_{\mathrm{f}}$ 是传导电流 (自由电流) 的密度. 在本书中, 所有不带下标的量都表示总的物理量, 下标 f 表示“自由”, 下标 p 表示“极化”, 下标 m 表示“磁化”, 诸如此类, 不一一列举.

我们不重复电磁学中引入辅助量 $\boldsymbol{D}$ 和 $\boldsymbol{H}$ 的过程, 直接将它们与 $\boldsymbol{E}$ 和 $\boldsymbol{B}$ 的关系代入方程, 来看各项的物理意义.

将式 (2.36) 代入式 (2.44) 可得

$$\begin{aligned}\oint_S \boldsymbol{E}\cdot \mathrm{d}\boldsymbol{S} &= \frac{1}{\varepsilon_0}\int_V \rho_{\mathrm{f}}\mathrm{d}V - \frac{1}{\varepsilon_0}\oint_S \boldsymbol{P}\cdot \mathrm{d}\boldsymbol{S}\\ &= \frac{1}{\varepsilon_0}\int_V \rho_{\mathrm{f}}\mathrm{d}V + \frac{1}{\varepsilon_0}\int_V (-\nabla\cdot \boldsymbol{P})\mathrm{d}V\end{aligned} \tag{2.48}$$

式 (2.48) 利用了高斯积分变换. 从量纲上看, $\nabla\cdot\boldsymbol{P}$ 是一种电荷体密度, 由极化强度 $\boldsymbol{P}$ 的散度决定, 因此这是一个由介质极化形成的电荷分布, 用 ρ_{p} 表示

$$\rho_{\mathrm{p}} = -\nabla\cdot \boldsymbol{P} \tag{2.49}$$

为了看清 ρ_{p} 的物理图像, 我们先考虑均匀极化的电介质. 最简单的模型是在外电场的作用下, 所有分子偶极矩都沿着同一个方向排列 (图 2.3(a)), 在介质内部, 各偶极矩首尾相接, 电荷抵消, 唯有最前端和最后端剩余一个正电荷和一个负电荷, 等价于一个“长”电偶极子. 此时介质内部没有由极化引起的电荷, 极化电荷都在介质表面上, 我们将这种电荷称为极化面电荷.

对于不均匀极化的电介质, 情况就要复杂一些. 除了极化面电荷以外, 介质内部由于物质结构的不均匀性而出现极化电荷堆积. 根据散度的定义可知, 在极化电荷堆积处, $\boldsymbol{P}$ 的散度不为 0, 其大小正是 ρ_{p}. 如图 2.3(b) 所示, 在堆积电荷周围作一高斯面

$$-\int_V \rho_{\mathrm{p}}\mathrm{d}V = \oint_S \boldsymbol{P}\cdot \mathrm{d}\boldsymbol{S} = \int_V \nabla\cdot \boldsymbol{P}\mathrm{d}V \tag{2.50}$$

式 (2.50) 对任意区域都成立, 故式 (2.49) 中的 ρ_{p} 称为极化体电荷.

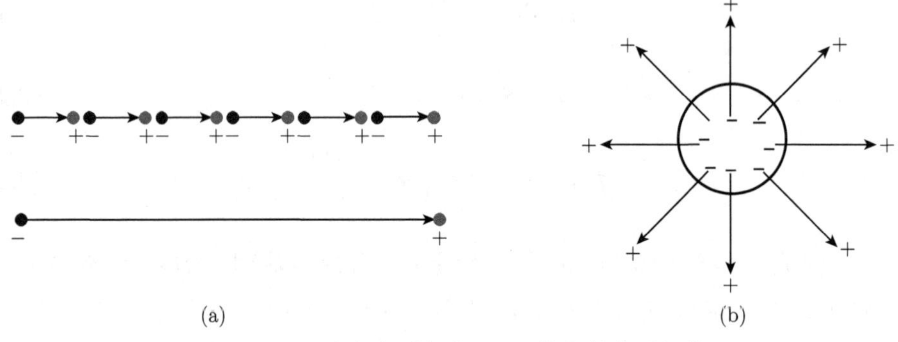

图 2.3　(a) 均匀介质极化；(b) 非均匀介质极化

极化面电荷和极化体电荷统称为介质内的束缚电荷, 其共同特点是电荷由极化引起, 且不能随意移动. 与之相对的自由电荷是指导体中的自由电子、嵌入材料中的离子或其他可以自由移动的电荷.

电介质对外电场的响应会形成新的电荷, 反过来影响总电场的分布, 那么磁介质对磁场的响应是否也有类似的效果? 更明确的问题是: 介质的磁化是否会形成新的电流? 另外, 极化过程是否也能形成电流?

将式 (2.36) 和式 (2.37) 代入式 (2.47), 可以把 $\boldsymbol{B}$ 的环量写成

$$\oint_L \boldsymbol{B}\cdot \mathrm{d}\boldsymbol{l} = \mu_0 \int_S \boldsymbol{J}_{\mathrm{f}}\cdot \mathrm{d}\boldsymbol{S} + \mu_0\varepsilon_0 \int_S \frac{\partial \boldsymbol{E}}{\partial t}\cdot \mathrm{d}\boldsymbol{S} + \mu_0 \int_S \frac{\partial \boldsymbol{P}}{\partial t}\cdot \mathrm{d}\boldsymbol{S} + \mu_0 \oint_L \boldsymbol{M}\cdot \mathrm{d}\boldsymbol{l} \tag{2.51}$$

式 (2.51) 右边的第一项和第二项是真空中磁场的源——传导电流和位移电流; 第三项和第四项来自于介质的贡献, 其中第三项是极化电流, 第四项是磁化电流.

类比自由电流项, 可以写出极化电流的电流密度

$$\boldsymbol{J}_{\mathrm{p}} = \frac{\partial \boldsymbol{P}}{\partial t} \tag{2.52}$$

可见这是在随时间变化的外场对介质的极化过程中, 由束缚电荷运动形成的电流. 将式 (2.52) 两边取散度, 并代入式 (2.49), 交换对时间和空间的求导次序可得

$$\nabla \cdot \boldsymbol{J}_{\mathrm{p}} + \frac{\partial \rho_{\mathrm{p}}}{\partial t} = 0 \tag{2.53}$$

这正是**束缚电荷的连续性方程**, 表明在介质内, 束缚电荷的总量守恒.

磁化电流项中, 利用斯托克斯变换, 可以把 $\boldsymbol{M}$ 的环量积分变成对面积的旋量积分, 从而类比出磁化电流密度

$$\boldsymbol{J}_{\mathrm{m}} = \nabla \times \boldsymbol{M} \tag{2.54}$$

由此, 磁感应强度的环量积分可以表示为

$$\oint_L \boldsymbol{B} \cdot \mathrm{d}\boldsymbol{l} = \mu_0 \int_S (\boldsymbol{J}_\mathrm{f} + \boldsymbol{J}_\mathrm{d} + \boldsymbol{J}_\mathrm{p} + \boldsymbol{J}_\mathrm{m}) \cdot \mathrm{d}\boldsymbol{S} \tag{2.55}$$

说明在介质中, 磁场的源有 4 种, 除真空中的自由电流和位移电流外, 介质的磁化和极化效应也能诱导出相应的磁场, 与预期相符.

小结 在本节中, 我们回顾了电磁学中总结出的介质中的麦克斯韦方程组, 并利用辅助量 $\boldsymbol{D}$ 和 $\boldsymbol{H}$ 的定义还原出真正的电磁场 $\boldsymbol{E}$ 和 $\boldsymbol{B}$ 与源之间的关系, 说明引入辅助量的目的是使得方程的形式简化, 但并没有改变电磁规律的物理实质.

2.3 边界上的场方程

在单一介质内部, 微分形式的麦克斯韦方程可以描述电磁场的规律, 但微分方程显然只适用于场量连续变化的情形, 也就是说如果介质有两种以上的结构, 在其界面处场强可能发生跃变, 微分形式的麦克斯韦方程失效, 我们需要从积分形式的麦克斯韦方程组出发, 找到适用于界面的场方程, 这一组方程通常也称为**电磁场的边值关系**.

首先来看介质中电位移矢量的高斯定理 (2.44), 将其应用于某界面处. 如图 2.4(a) 所示, 取一跨越界面两侧的扁平圆柱体作为积分区域, 圆柱体的底面积为 ΔS, 高为 h. 当 $h \to 0$ 时, 圆柱的侧面积也趋于 0, 故圆柱体上的电通量只有上、下底面的贡献. 若在介质 1 中的电位移矢量为 $\boldsymbol{D}_1$, 介质 2 中的电位移矢量为 $\boldsymbol{D}_2$, 则圆柱面上的总通量为

$$\oint_{\text{扁圆柱}} \boldsymbol{D} \cdot \mathrm{d}\boldsymbol{S} = (\boldsymbol{D}_1 \cdot \boldsymbol{n}_1 + \boldsymbol{D}_2 \cdot \boldsymbol{n}_2)\Delta S \tag{2.56}$$

其中, $\boldsymbol{n}_1$ 和 $\boldsymbol{n}_2$ 分别是上、下底面的单位矢量, 方向如图 2.4(a) 所示. 若我们定义法向单位矢量 $\hat{\boldsymbol{e}}_n$ 是从介质 1 指向介质 2 的方向, 则式 (2.56) 可改写成

$$\oint_{\text{扁圆柱}} \boldsymbol{D} \cdot \mathrm{d}\boldsymbol{S} = \hat{\boldsymbol{e}}_n \cdot (\boldsymbol{D}_2 - \boldsymbol{D}_1)\Delta S \tag{2.57}$$

这个通量积分等于圆柱体内的自由电荷代数和, 而自由电荷只能分布在导体表面, 设其电荷面密度为 σ_f, 圆柱内的自由电荷量为 $\sigma_\mathrm{f}\Delta S$, 由此可知

$$\hat{\boldsymbol{e}}_n \cdot (\boldsymbol{D}_2 - \boldsymbol{D}_1) = \sigma_\mathrm{f} \tag{2.58}$$

或明显地写成

$$D_{2n} - D_{1n} = \sigma_{\mathrm{f}} \tag{2.59}$$

这个式子刻画了界面两侧的电位移矢量的跃变情况, 称为**电位移矢量的边界方程**. 可以看出, 只要界面上有自由电荷, 电位移矢量的法向分量就会有跃变.

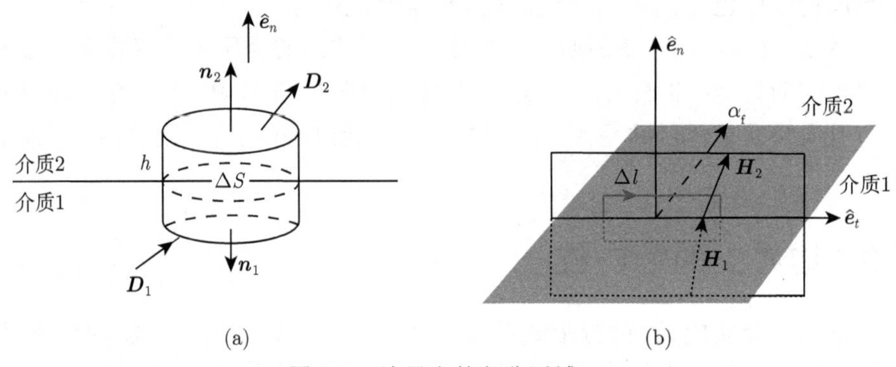

图 2.4　边界上的积分区域

从这个边界方程的推导过程可以看出, 从麦克斯韦积分方程到边界方程完全是一个数学推导过程, 中间不涉及任何具体的物理条件, 因此我们可以列出一系列具有类似行为的方程, 直接类比写出其边界方程. 例如, 式 (2.5) 是总电场的高斯定理, 其右侧是总的电荷密度, 包括自由电荷和极化电荷. 类比以上的证明过程, 可以知道

$$\hat{\boldsymbol{e}}_n \cdot (\boldsymbol{E}_2 - \boldsymbol{E}_1) = \frac{\sigma}{\varepsilon_0} = \frac{\sigma_{\mathrm{f}} + \sigma_{\mathrm{p}}}{\varepsilon_0} \tag{2.60}$$

这就是电场的法向分量在界面上的跃变, 也称为**电场的边界方程**. 式 (2.60) 两边乘以 ε_0 后减去式 (2.58), 并考虑到式 (2.36), 可以得到

$$\hat{\boldsymbol{e}}_n \cdot (\boldsymbol{P}_2 - \boldsymbol{P}_1) = -\sigma_{\mathrm{p}} \tag{2.61}$$

这是**电极化强度的边界方程**, 它所对应的积分方程虽然我们不熟悉, 但类比可知, 就是式 (2.49) 的积分形式.

由于所有的通量积分方程都对应一个场的散度方程, 因此我们可以直接从麦克斯韦的微分方程上找规律, 即所有的散度方程给出场的法向分量在界面上的跃变, 跃变的大小正比于界面上的面电荷密度, 若相应的面电荷密度为 0, 则该场的法向分量在界面上连续. 我们列出所有的法向边界方程及其对应的微分方程

$$\nabla \cdot \boldsymbol{E} = \rho/\varepsilon_0 \Rightarrow \hat{\boldsymbol{e}}_n \cdot (\boldsymbol{E}_2 - \boldsymbol{E}_1) = E_{2n} - E_{1n} = \frac{\sigma}{\varepsilon_0} \tag{2.62}$$

$$\nabla \cdot \boldsymbol{D} = \rho_{\rm f} \Rightarrow \hat{\boldsymbol{e}}_n \cdot (\boldsymbol{D}_2 - \boldsymbol{D}_1) = D_{2n} - D_{1n} = \sigma_{\rm f} \tag{2.63}$$

$$\nabla \cdot \boldsymbol{P} = -\rho_{\rm p} \Rightarrow \hat{\boldsymbol{e}}_n \cdot (\boldsymbol{P}_2 - \boldsymbol{P}_1) = P_{2n} - P_{1n} = -\sigma_{\rm p} \tag{2.64}$$

$$\nabla \cdot \boldsymbol{B} = 0 \Rightarrow \hat{\boldsymbol{e}}_n \cdot (\boldsymbol{B}_2 - \boldsymbol{B}_1) = B_{2n} - B_{1n} = 0 \tag{2.65}$$

再来看场在切线方向, 即平行于介质界面的方向的跃变. 从 $\boldsymbol{H}$ 的环量积分 (2.47) 出发, 作一个跨越介质界面的矩形回路来完成环量积分, 如图 2.4(b) 所示. 回路的长为 Δl, 宽为 h, 顺时针方向. 当 $h \to 0$ 时, 宽边的环量积分为 0, 且矩形回路的面积也趋于 0, 这使得式 (2.47) 右边的面积分在被积函数有限的情况下也趋于 0. 由于自由电流 $\boldsymbol{J}_{\rm f}$ 是个 δ 函数, 所以它的积分不为 0; 位移电流在全空间都是有限的, 故它在一个无穷小的面积上积分为 0. 因此, 若界面两侧的介质中的磁场强度分别为 $\boldsymbol{H}_1$ 和 $\boldsymbol{H}_2$, 则 $\boldsymbol{H}$ 的环量积分可以写成

$$(\boldsymbol{H}_2 \cdot \hat{\boldsymbol{e}}_t - \boldsymbol{H}_1 \cdot \hat{\boldsymbol{e}}_t)\Delta l = (H_{2t} - H_{1t})\Delta l = \alpha_{\rm f}\Delta l \tag{2.66}$$

其中, $\alpha_{\rm f}$ 是自由电流的线密度. 两边约掉 Δl, 可得**磁场强度在切向的跃变**为

$$H_{2t} - H_{1t} = \alpha_{\rm f} \tag{2.67}$$

式 (2.67) 也可以写成矢量式

$$\hat{\boldsymbol{e}}_n \times (\boldsymbol{H}_2 - \boldsymbol{H}_1) = \boldsymbol{\alpha}_{\rm f} \tag{2.68}$$

证明过程留作练习题.

同样, 以上得到 $\boldsymbol{H}$ 边界方程的过程也是纯粹数学的, 只要有一个场的环量积分, 我们就能通过类似的过程得到该场的切向分量在界面上的跃变. 由于环量积分对应于场的旋度, 所以我们也可以根据场的旋度直接写出场的边界方程. 例如

$$\nabla \times \boldsymbol{H} = \boldsymbol{J}_{\rm f} + \frac{\partial \boldsymbol{D}}{\partial t} \Rightarrow H_{2t} - H_{1t} = \alpha_{\rm f} \tag{2.69}$$

$$\nabla \times \boldsymbol{E} = -\frac{\partial \boldsymbol{B}}{\partial t} \Rightarrow E_{2t} - E_{1t} = 0 \tag{2.70}$$

更多的切向分量跃变请读者自己总结.

小结 电磁场在介质 (广义介质, 包括导体、电介质和磁介质) 界面处可能发生跃变, 其法向的边界方程由场的散度决定, 切向的边界方程由场的旋度决定. 而跃变的大小由相应的散度、旋度方程右边的低一维的电荷/电流密度来决定.

2.4 电磁场的能量与动量

我们一直都说, 电磁场是一种“物质”, 其物质性体现在它和桌子、皮球一样, 既有能量, 也有动量, 甚至角动量. 能量和动量守恒是物理学的普遍规律, 那么电磁场也不能例外, 也就是说, 在有电磁场这种物质的体系中, 守恒的能量和动量中也应包含电磁场的能量和动量. 下面我们就从这一思路出发, 推导电磁场的能量和动量的守恒律形式.

2.4.1 电磁场的能量　能量守恒定律

在一个既有电荷, 也有电磁场的空间内取一个区域 V, 该区域的边界为 S. 在这个区域内, 由于电磁力做功, 电荷的机械能会改变, 但系统的总能量应当保持守恒. 现在的问题是, 应该如何定义电磁场的能量, 才能维持能量守恒定律? 将能量守恒定律用数学的形式表述为: 在单位时间内,

流入曲面 S 内的能量=电磁场对 V 中电荷所做的功+V 内电磁场能量的增量

设电磁场的能量密度为 $\mathcal{W}$, 电磁场能量的增量可写成 $\dfrac{\mathrm{d}}{\mathrm{d}t}\displaystyle\int_V \mathcal{W}\mathrm{d}V$; 单位时间内电磁场对电荷所做的功就是电磁力的功率 $\mathcal{P}$

$$\mathcal{P} = \boldsymbol{f} \cdot \boldsymbol{v} \tag{2.71}$$

将洛伦兹力密度公式 (2.33) 代入式 (2.71), 并注意到 $(\boldsymbol{v} \times \boldsymbol{B}) \cdot \boldsymbol{v} = 0$, 则

$$\mathcal{P} = \rho \boldsymbol{v} \cdot \boldsymbol{E} = \boldsymbol{J} \cdot \boldsymbol{E} \tag{2.72}$$

能量流出 V 区域这一过程可由能流密度 $\boldsymbol{S}$ 来描述. 能流密度表示单位时间内, 垂直流过单位面积的能量. 则单位时间内, 流入封闭曲面的能量为 $-\displaystyle\oint_S \boldsymbol{S} \cdot \mathrm{d}\boldsymbol{\sigma}$ (为了与能流密度区分, 我们用 $\mathrm{d}\boldsymbol{\sigma}$ 来表示面积元矢量). 故能量守恒的形式可表述为

$$-\oint_S \boldsymbol{S} \cdot \mathrm{d}\boldsymbol{\sigma} = \int_V \boldsymbol{J} \cdot \boldsymbol{E}\mathrm{d}V + \frac{\mathrm{d}}{\mathrm{d}t}\int_V \mathcal{W}\mathrm{d}V \tag{2.73}$$

将式 (2.73) 的左边进行高斯积分变换, 且考虑到积分区域 V 具有任意性, 故等式两边的被积函数应该相等, 可得

$$-\nabla \cdot \boldsymbol{S} = \boldsymbol{J} \cdot \boldsymbol{E} + \frac{\partial \mathcal{W}}{\partial t} \tag{2.74}$$

要得到能量密度 $\mathcal{W}$ 和能流密度 $\boldsymbol{S}$ 的表达式, 需要将式 (2.74) 中的 $\boldsymbol{J}\cdot\boldsymbol{E}$ 也写成由散度和时间导数构成的形式. 将麦克斯韦方程 (2.12) 两边同时点乘 $\boldsymbol{E}$, 可得

$$
\begin{aligned}
\boldsymbol{J}\cdot\boldsymbol{E} &= \frac{1}{\mu_0}(\nabla\times\boldsymbol{B})\cdot\boldsymbol{E} - \varepsilon_0\frac{\partial\boldsymbol{E}}{\partial t}\cdot\boldsymbol{E} \\
&= \frac{1}{\mu_0}\left[-\nabla\cdot(\boldsymbol{E}\times\boldsymbol{B}) + \boldsymbol{B}\cdot(\nabla\times\boldsymbol{E})\right] - \varepsilon_0\frac{\partial\boldsymbol{E}}{\partial t}\cdot\boldsymbol{E} \\
&= \frac{1}{\mu_0}\left[-\nabla\cdot(\boldsymbol{E}\times\boldsymbol{B}) - \boldsymbol{B}\cdot\frac{\partial\boldsymbol{B}}{\partial t}\right] - \varepsilon_0\frac{\partial\boldsymbol{E}}{\partial t}\cdot\boldsymbol{E}
\end{aligned} \tag{2.75}
$$

式 (2.75) 中第二个等号用到了式 (1.95), 第三个等号用到了麦克斯韦方程 (2.10). 第二个等号可以用指标方法来推导

$$
(\nabla\times\boldsymbol{B})\cdot\boldsymbol{E} = E^i\varepsilon_{ijk}\partial^j B^k = \partial^j\left(\varepsilon_{ijk}B^kE^i\right) - B^k\varepsilon_{ijk}\partial^j E^i
$$

将式 (2.75) 代回式 (2.74), 并按散度和时间导数归并整理, 可得

$$
\mathcal{W} = \frac{1}{2}\left(\varepsilon_0E^2 + \frac{1}{\mu_0}B^2\right) \tag{2.76}
$$

$$
\boldsymbol{S} = \frac{1}{\mu_0}\boldsymbol{E}\times\boldsymbol{B} \tag{2.77}
$$

这样我们就得到了电磁场的能量密度和能流密度的表达式, 其中能流密度 $\boldsymbol{S}$ 又称为**坡印亭 (Poynting) 矢量**. 介质中的能量和能流可以用类似的方法得到, 请在练习中证明.

例 2.1 同轴线是由两根同轴的圆柱导体构成的导线, 内外导体之间填充介质. 现有一同轴传输线 a, 外导线半径为 b, 两导线间为均匀绝缘介质. 内导线载有电流 I, 两导线间的电压为 U.

(1) 忽略导线的电阻, 计算介质中的能流密度 $\boldsymbol{S}$ 和传输功率 W;

(2) 考虑内导线有电阻的情形, 计算通过内导线表面进入导线内的能流, 证明它对于导线的损耗功率.

解 (1) 由于内导线上有电流, 故绝缘介质中有磁场, 如图 2.5(a) 所示. 根据介质中的安培环路定理 (2.47), 构造介质中的同轴的圆形回路, 可得介质中的磁场为

$$
\boldsymbol{H} = \frac{I}{2\pi r}\hat{e}_\varphi \quad (a<r<b) \tag{2.78}
$$

内导线表面一般有自由电荷 (这也解释了为什么内外导线间有电势差), 设 τ 是内导线上的电荷线密度, 作同轴包围内导线的圆柱形高斯面, 利用介质中的高斯定理 (2.44) 及线性介质关系 (2.43), 可得介质中的电场为

$$\boldsymbol{E}=\frac{\tau}{2\pi\varepsilon r}\hat{\boldsymbol{e}}_r \tag{2.79}$$

由式 (2.77) 知, 能流密度为

$$\boldsymbol{S}=\boldsymbol{E}\times\boldsymbol{H}=\frac{I\tau}{4\pi^2\varepsilon r^2}\hat{\mathrm{c}}_z \tag{2.80}$$

为了得到电荷线密度 τ, 我们利用导线间的电势差条件

$$U=\int_a^b E_r\mathrm{d}r=\frac{\tau}{2\pi\varepsilon}\ln\frac{b}{a} \tag{2.81}$$

由式 (2.81) 解出 τ 并代入能流表达式 (2.80) 中可得

$$\boldsymbol{S}=\frac{UI}{2\pi r^2\ln(b/a)}\hat{\boldsymbol{e}}_z \tag{2.82}$$

能量传输功率就是单位时间内流过介质横截面的能量, 因此对能流密度积分可得功率

$$P=\int_a^b S\cdot 2\pi r\mathrm{d}r=UI \tag{2.83}$$

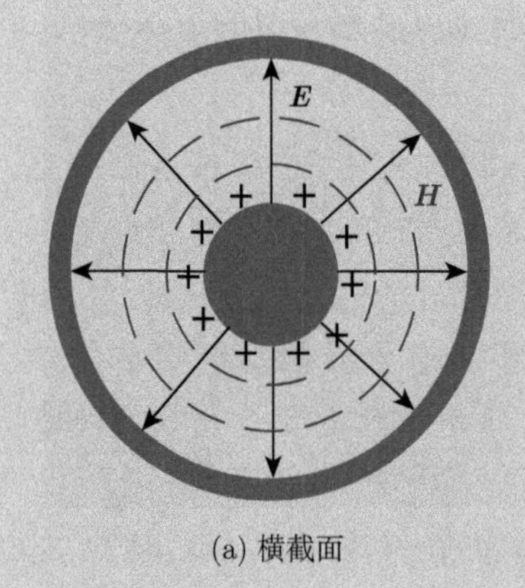

(a) 横截面

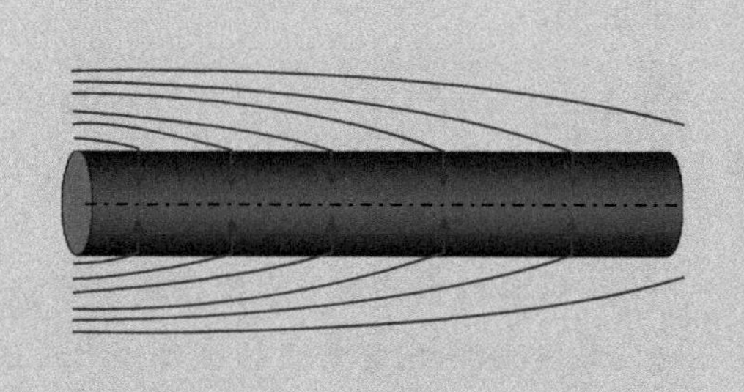

(b) 能流密度分布

图 2.5　同轴传输线

(2) 若内导线的电导率为 σ, 则在导线内部, 由欧姆定律有

$$\boldsymbol{E} = \boldsymbol{J}/\sigma = \frac{I}{\pi a^2\sigma}\hat{\boldsymbol{e}}_z \tag{2.84}$$

由式 (2.70) 知, 电场的切向是连续的, 故在内导线的外表面, 电场除径向分量 E_r 外还有切向分量 E_z

$$E_z(r=a) = \frac{I}{\pi a^2\sigma} \tag{2.85}$$

因此, 能流除了有沿 z 轴传输的分量 S_z 外, 还有沿径向进入导线的分量 S_r, 如图 2.5(b) 所示

$$S_r = E_z H_\varphi|_{r=a} = \frac{I^2}{2\pi^2 a^3\sigma} \tag{2.86}$$

流进长度为 Δl 的导线内部的功率为

$$S_r \cdot 2\pi a\Delta l = I^2\frac{\Delta l}{\pi a^2\sigma} = I^2 R \tag{2.87}$$

这正是我们熟知的载流导线的损耗功率.

这个例题直观地向我们展示了能量传输的图像, 从中可以看出, 电磁能量的载体是场本身, 而不是定向运动的电子, 换句话说, 能量的传播伴随着电磁场的传播, 这也是为什么电子的定向运动速度很慢 (10^{-4}m/s), 但我们感觉电的响应几乎是瞬时的 (比如按开关的同时灯就亮了, 但是如果按照电子的定向运动速度来算, 按下开关后可能要等一个小时, 开关处的电子才能到达灯处).

2.4.2 电磁场的动量 动量守恒定律

先来看一个关于牛顿第三定律的例子. 有两个电荷 q_1、q_2 分别沿 y 轴和 z 轴负向运动, 如图 2.6 所示. 运动的电荷会产生磁场, 因此两个电荷在彼此的磁场中运动都会受到磁场力, 分析施力和受力物体可知, 它们是作用力与反作用力. 根据洛伦兹力公式容易看到, 这两个力的方向并不在一条直线上, 所以它们不满足牛顿第三定律! 更进一步, 由于内力不能抵消, 动量守恒定律也不再成立!

那么, 问题的关键在哪里? 答案是: 如果仅从点电荷受力的角度来看, 牛顿第三定律的确失效了, 但总动量守恒定律仍然成立. 实际上, 电磁场也具有动量, 动量的守恒需要考虑到电磁场的动量. 运动电荷的动量和电磁场的动量总和才是系统的总动量, 上述过程中这一总动量是守恒的. 接下来, 让我们看看

包含电磁场动量在内的动量守恒定律的表达形式.

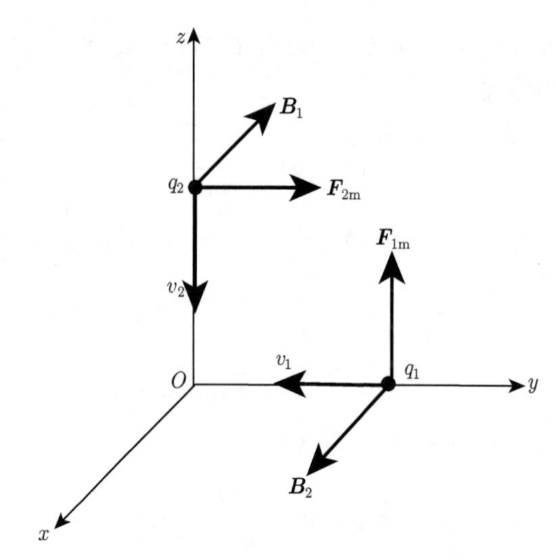

图 2.6 两个运动电荷间的磁场力

同能量守恒一样, 作一个封闭的曲面 S, 则动量守恒定律的数学形式可以表述成

流入 S 的动量 $=S$ 内电荷所受的洛伦兹力的冲量 $+S$ 内电磁场动量的增量

用 $\boldsymbol{g}$ 表示电磁场的动量密度, $\boldsymbol{f}$ 表示洛伦兹力密度, 还需要一个量来描述动量的流动. 因为动量本身就是矢量, 动量流密度则必须是二阶张量, 记作 $\overleftrightarrow{T}$, 它的分量 T_{ij} 有两个下标, 代表 i 方向的动量沿 j 方向流动. 对于面元 $\mathrm{d}\boldsymbol{\sigma}$, $\overleftrightarrow{T}\cdot\mathrm{d}\boldsymbol{\sigma}$ 表示单位时间内流过此面的电磁场动量, $\oint_S \overleftrightarrow{T}\cdot\mathrm{d}\boldsymbol{\sigma}$ 就是单位时间内流出封闭曲面 S 的电磁场动量. 利用动量流密度张量, 可以把电磁系统的动量守恒规律写成

$$-\oint_S \overleftrightarrow{T}\cdot\mathrm{d}\boldsymbol{\sigma}=\int_V \boldsymbol{f}\mathrm{d}V+\frac{\mathrm{d}}{\mathrm{d}t}\int_V \boldsymbol{g}\mathrm{d}V \tag{2.88}$$

利用高斯积分变换把式 (2.88) 左边的面积分变成体积分, 就可以得到动量守恒定律的微分形式

$$-\nabla\cdot\overleftrightarrow{T}=\boldsymbol{f}+\frac{\partial \boldsymbol{g}}{\partial t} \tag{2.89}$$

与能量守恒的讨论一样, 我们需要用 $\boldsymbol{E}$ 和 $\boldsymbol{B}$ 把 $\boldsymbol{g}$ 和 $\overleftrightarrow{T}$ 表示出来. 下面以真空中的电磁场为例, 推导这些关系.

还是从洛伦兹力密度出发

$$\boldsymbol{f} = \rho \boldsymbol{E} + \boldsymbol{J} \times \boldsymbol{B} \tag{2.90}$$

利用麦克斯韦方程把 ρ 和 $\boldsymbol{J}$ 换成场量

$$\rho = \varepsilon_0 \nabla \cdot \boldsymbol{E}, \quad \boldsymbol{J} = \frac{1}{\mu_0} \nabla \times \boldsymbol{B} - \varepsilon_0 \frac{\partial \boldsymbol{E}}{\partial t} \tag{2.91}$$

代回式 (2.90) 可得

$$\boldsymbol{f} = \varepsilon_0 (\nabla \cdot \boldsymbol{E}) \boldsymbol{E} + \frac{1}{\mu_0} (\nabla \times \boldsymbol{B}) \times \boldsymbol{B} - \varepsilon_0 \frac{\partial \boldsymbol{E}}{\partial t} \times \boldsymbol{B} \tag{2.92}$$

从麦克斯韦方程可知

$$\frac{1}{\mu_0} (\nabla \cdot \boldsymbol{B}) \boldsymbol{B} = 0, \quad \varepsilon_0 (\nabla \times \boldsymbol{E}) \times \boldsymbol{E} + \varepsilon_0 \frac{\partial \boldsymbol{B}}{\partial t} \times \boldsymbol{E} = 0 \tag{2.93}$$

把这些等于 0 的项都放回式 (2.92) 中, 并合并对时间的导数项, 可得

$$\boldsymbol{f} = \varepsilon_0 [(\nabla \cdot \boldsymbol{E}) \boldsymbol{E} + (\nabla \times \boldsymbol{E}) \times \boldsymbol{E}] + \frac{1}{\mu_0} [(\nabla \cdot \boldsymbol{B}) \boldsymbol{B} + (\nabla \times \boldsymbol{B}) \times \boldsymbol{B}] - \varepsilon_0 \frac{\partial}{\partial t} (\boldsymbol{E} \times \boldsymbol{B}) \tag{2.94}$$

式 (2.94) 右边的前两项显然是对称的, 我们分析其中一项, 另一项可类比得到. 注意到

$$\nabla \cdot (\boldsymbol{E}\boldsymbol{E}) = (\boldsymbol{E} \cdot \nabla) \boldsymbol{E} + (\nabla \cdot \boldsymbol{E}) \boldsymbol{E} \tag{2.95}$$

$$(\nabla \times \boldsymbol{E}) \times \boldsymbol{E} = (\boldsymbol{E} \cdot \nabla) \boldsymbol{E} - \frac{1}{2} \nabla E^2 \tag{2.96}$$

两式相减可得

$$(\nabla \cdot \boldsymbol{E}) \boldsymbol{E} + (\nabla \times \boldsymbol{E}) \times \boldsymbol{E} = \nabla \cdot (\boldsymbol{E}\boldsymbol{E}) - \frac{1}{2} \nabla E^2 \tag{2.97}$$

利用二阶单位张量 $\overleftrightarrow{I}$, 式 (2.97) 右边第二项也可以写成 $\nabla E^2 = \nabla \cdot (E^2 \overleftrightarrow{I})$, 这样式 (2.97) 右边就可以化成全散度项

$$(\nabla \cdot \boldsymbol{E}) \boldsymbol{E} + (\nabla \times \boldsymbol{E}) \times \boldsymbol{E} = \nabla \cdot \left(\boldsymbol{E}\boldsymbol{E} - \frac{1}{2} E^2 \overleftrightarrow{I} \right) \tag{2.98}$$

同理, 对称项也可化为

$$(\nabla \cdot \boldsymbol{B}) \boldsymbol{B} + (\nabla \times \boldsymbol{B}) \times \boldsymbol{B} = \nabla \cdot \left(\boldsymbol{B}\boldsymbol{B} - \frac{1}{2} B^2 \overleftrightarrow{I} \right) \tag{2.99}$$

将式 (2.43) 和式 (2.99) 代入式 (2.94), 我们最终得到

$$-\nabla\cdot\left[\frac{1}{2}\left(\varepsilon_0 E^2+\frac{B^2}{\mu_0}\right)\overset{\leftrightarrow}{I}-\varepsilon_0\boldsymbol{E}\boldsymbol{E}-\frac{\boldsymbol{B}\boldsymbol{B}}{\mu_0}\right]=\boldsymbol{f}+\varepsilon_0\frac{\partial}{\partial t}(\boldsymbol{E}\times\boldsymbol{B}) \tag{2.100}$$

对比式 (2.89) 和式 (2.100), 可以得到**动量密度** $\boldsymbol{g}$ 和**动量流密度张量** $\overset{\leftrightarrow}{T}$ 的表达式

$$\boldsymbol{g}=\varepsilon_0\boldsymbol{E}\times\boldsymbol{B} \tag{2.101}$$

$$\overset{\leftrightarrow}{T}=\frac{1}{2}\left(\varepsilon_0 E^2+\frac{B^2}{\mu_0}\right)\overset{\leftrightarrow}{I}-\varepsilon_0\boldsymbol{E}\boldsymbol{E}-\frac{\boldsymbol{B}\boldsymbol{B}}{\mu_0} \tag{2.102}$$

若用指标方法, 则电磁场的动量可以更快捷地获得. 根据动量守恒以及洛伦兹力的表达式有

$$f_i=-\partial^j T_{ij}-\partial_t g_i=\rho E_i+\varepsilon_{ijk}J^jB^k$$

将源的 ρ 和 J^j 替换为

$$\partial_i E^i=\rho/\varepsilon_0,\quad \varepsilon_{ijk}\partial^j B^k=\mu_0 J_i+\varepsilon_0\mu_0\partial_t E_i$$

有

$$\begin{aligned}f_i&=\varepsilon_0E_i\partial_jE^j+\varepsilon_{ijk}(\varepsilon^{jmn}\partial_mB_n/\mu_0-\varepsilon_0\partial_tE^j)B^k\\&=\varepsilon_0E_i\partial_jE^j+\varepsilon_{ijk}\varepsilon^{jmn}B^k\partial_mB_n/\mu_0-\varepsilon_0\partial_t(\varepsilon_{ijk}E^jB^k)+\varepsilon_0\varepsilon_{ijk}E^j\partial_tB^k\end{aligned}$$

由此, 可以容易地得出

$$\boldsymbol{g}=\varepsilon_0\boldsymbol{E}\times\boldsymbol{B} \tag{2.103}$$

接下来, 讨论动量流密度 T_{ij} 的表达式. 我们将 f_i 表达式中去除 $-\varepsilon_0\partial_t(\varepsilon_{ijk}E^jB^k)$ 项的表达式记为

$$f_i^{(2)}=\varepsilon_0E_i\partial_jE^j+\varepsilon_{ijk}\varepsilon^{jmn}B^k\partial_mB_n/\mu_0+\varepsilon_0\varepsilon_{ijk}E^j\partial_tB^k$$

应用电磁感应定律

$$\partial_tB^i=-\varepsilon^{ijk}\partial_jE_k$$

可以得到

$$
\begin{aligned}
f_i^s &= \varepsilon_0 E_i \partial_j E^j + \epsilon_{ijk}\epsilon^{jmn} B^k \partial_m B_n/\mu_0 + \varepsilon_0 \epsilon_{ijk} E^j \partial_t B^k \\
&= \varepsilon_0 E_i \partial_j E^j + \epsilon_{ijk}\epsilon^{jmn} B^k \partial_m B_n/\mu_0 - \varepsilon_0 \epsilon_{ijk} E^j \epsilon^{kmn} \partial_m E_n \\
&= \varepsilon_0 E_i \partial_j E^j + (\delta_i^n \delta_k^m - \delta_i^m \delta_k^n) B^k \partial_m B_n/\mu_0 - \varepsilon_0 (\delta_i^m \delta_j^n - \delta_i^n \delta_j^m) E^j \partial_m E_n \\
&= \varepsilon_0 E_i \partial_j E^j + (B^k \partial_k B_i - B^n \partial_i B_n)/\mu_0 - \varepsilon_0 E^j \partial_i E_j + \varepsilon_0 E^j \partial_j E_i \\
&= \varepsilon_0 \partial_j (E_i E^j) + \partial_k (B_i B^k)/\mu_0 - \frac{1}{2}\partial_i \left(B^n B_n/\mu_0 + \varepsilon_0 E^n E_n\right) \\
&= \varepsilon_0 \partial^j (E_i E_j) + \partial^j (B_i B_j)/\mu_0 - \frac{1}{2}\delta_{ij}\partial^j \left(B^n B_n/\mu_0 + \varepsilon_0 E^n E_n\right) \\
&= \partial^j \left(\varepsilon_0 E_i E_j + B_i B_j/\mu_0 - \frac{B^2/\mu_0 + \varepsilon_0 E^2}{2}\delta_{ij}\right)
\end{aligned}
$$

由上式可以得到电磁场的动量流密度的表达式为

$$
T_{ij} = \frac{B^2/\mu_0 + \varepsilon_0 E^2}{2}\delta_{ij} - (\varepsilon_0 E_i E_j + B_i B_j/\mu_0) \tag{2.104}
$$

应用指标方法的好处是, 只需要不断地结合麦克斯韦方程就可以推导出结果, 而不需要特别去记住矢量场方程的公式和变换技巧.

注意到, 真空中动量密度 $\boldsymbol{g}$ 和坡印亭矢量 (能流密度)$\boldsymbol{S}$ 之间仅相差常数 $\varepsilon_0\mu_0$, 后面我们会看到 $\varepsilon_0\mu_0 = 1/c^2$, c 是真空中的光速, 于是我们得到

$$
\boldsymbol{g} = \frac{\boldsymbol{S}}{c^2} \tag{2.105}
$$

这是电磁场的能流密度和动量密度之间的一个重要关系.

至此, 我们证明了电磁场既有能量又有动量, 而且满足能量与动量守恒定律. 从这个角度看, 场的物质性更明显了. 正如爱因斯坦所说: 在一个现代的物理学家看来, 电磁场正和他所坐的椅子一样地实在[2].

课堂讨论

通过本章的学习, 请读者阅读电磁场角动量的相关材料①, 并在课堂讨论中分享你对电磁场角动量的理解.

---

① https://en.wikipedia.org/wiki/Angular_momentum_of_light.

思考题

1. 由毕奥–萨伐尔定律可以证明静磁场的散度为 0, 加上位移电流后会改变这个散度吗? 为什么? 如果要使磁场的散度不为 0, 应该加上什么项?
2. 电磁场也有角动量, 角动量的表达式是什么样的? 你能设计一个实验证明电磁场有角动量吗? ①

练习题

1. 从库仑定律 (2.1) 出发, 证明麦克斯韦方程式 (2.5) 和式 (2.6) (式 (2.6) 的证明考虑静电场).
2. 证明磁场强度的边界方程可以写成矢量的形式 (2.68).
3. 请将 $\boldsymbol{E}$、$\boldsymbol{B}$、$\boldsymbol{D}$、$\boldsymbol{H}$、$\boldsymbol{P}$、$\boldsymbol{M}$ 的边界方程全部写出来 (包括法向和切向).
4. 利用边界场方程证明:

   (1) 在绝缘体和导体的界面上, 处于静电平衡的导体外表面的电场线总是垂直于导体表面;

   (2) 在恒定电流条件下, 导体内表面的电场线总是平行于导体表面.

5. 试写出介质中的能量密度、能流密度、动量密度和动量流密度的表达式 (不用写出证明过程, 在真空的证明过程上稍作改写, 得到最后的表达式即可).

① 《费曼物理学讲义》第二卷里有一个与电磁场的角动量有关的思想实验——费曼圆盘悖论 (Feynman's disc paradox), 有兴趣的同学可以找来看看.

第 3 章　静电场和静磁场

本章的思维导图如图 3.1 所示.

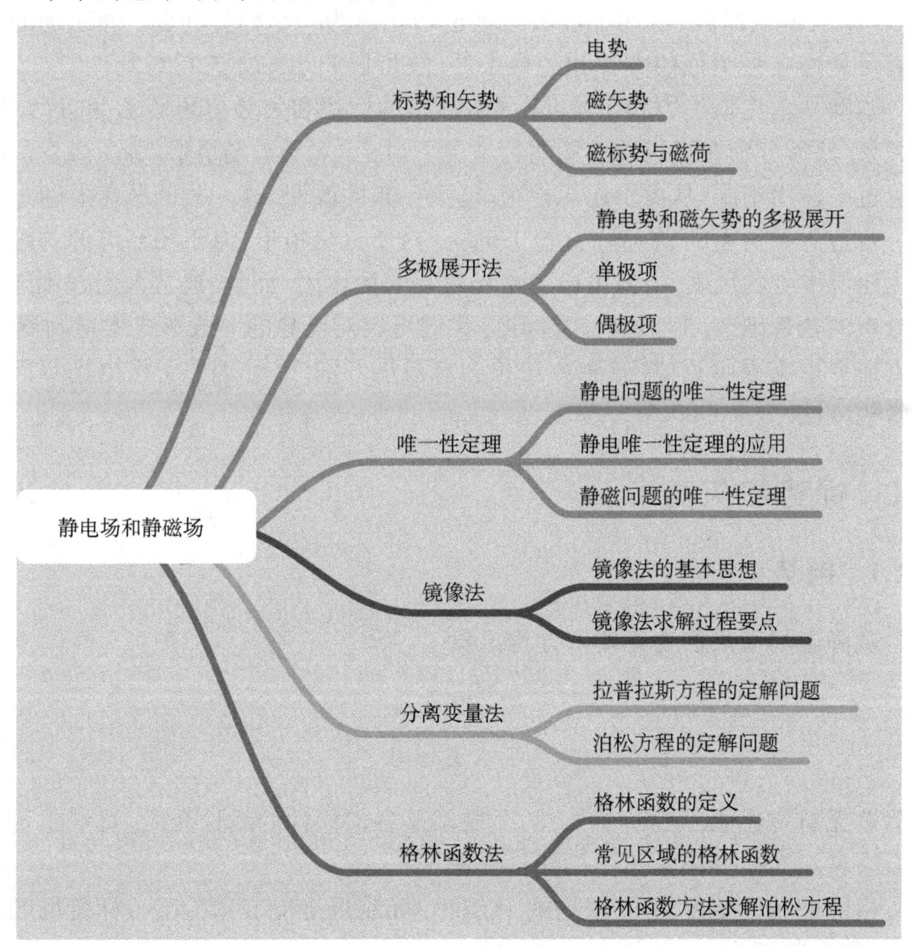

图 3.1　思维导图

本章研究静态的电场和磁场, 即电荷密度 ρ、电流密度 $\boldsymbol{J}$、电场 $\boldsymbol{E}$ 和磁场 $\boldsymbol{B}$ 都不随时间变化的情况. 从麦克斯韦方程来看, 静态条件下电场和磁场退耦,因此可以分开求解. 又因为两者对应的势函数所满足的方程在数学上有相同的形式, 故将两种势的求解放在一起讨论.

电磁场的性质可以由 $\boldsymbol{E}$ 和 $\boldsymbol{B}$ 来描述, 除此之外, 还可以用另一套 "势" 语言来描述电磁场, 这两种描述方法是等价的. 电磁场的势有矢量势 (矢势) 和标量势 (标势) 两种, 通常情况下, 如果场的环量积分等于 0, 则可以利用其保守性引入标势. 相对于矢势而言, 标势在数学上更容易处理. 静电场是保守场, 故可以直接引入标势 (电势); 一般情况下, 静磁场没有保守性, 我们不能引入标势, 而只能用矢势来描述它, 但尽管如此, 我们仍然可以在某些特殊情况下, 例如铁磁体内, 引入磁标势, 从而把静磁问题也转化成为一个标势问题. 静磁场的标势满足和静电势类似的方程和边界条件, 故可以归于一类进行讨论.

本章从麦克斯韦方程出发, 先导出静态的标势和矢势与场量 $\boldsymbol{E}$ 和 $\boldsymbol{B}$ 之间的关系, 然后分别在近场和远场两种情况下讨论. 对于近场情形, 源所激发的场会反过来作用于源, 从而引起源电荷/电流分布的改变. 这一类问题需要通过求解一定边界条件下的场 (势) 方程来解决. 对于远场情形, 由于场点离源的距离远大于源本身的尺度, 因此可以忽略场对源的反作用. 而且, 通常人们并不知道源分布的全部细节. 针对这一类问题, 我们可以对电势的一般形式做泰勒展开, 根据需要取有限阶近似. 这种方法称为多极展开法, 是处理原子核电场等问题的常规方法.

3.1 标势和矢势

3.1.1 电势

从静电场满足的麦克斯韦方程出发

$$\nabla \cdot \boldsymbol{D} = \rho_{\mathrm{f}} \tag{3.1}$$

$$\nabla \times \boldsymbol{E} = 0 \tag{3.2}$$

以后若无特殊说明, 则我们讨论的介质都是各向同性的线性介质, 真空也可看成是一种相对电容率 $\varepsilon_{\mathrm{r}} = 1$ 的线性介质.

由静电场的旋度为 0, 根据式 (1.103), 无旋场必能表示为某一标量场的梯度, 把静电势记为 φ, 定义

$$\boldsymbol{E} = -\nabla\varphi \tag{3.3}$$

反过来, 电势 φ 等于电场强度 $\boldsymbol{E}$ 的积分

$$\varphi = \int_P^\infty \boldsymbol{E} \cdot \mathrm{d}\boldsymbol{l} \tag{3.4}$$

积分可以是从场点 P 到电势零点 (一般选择无穷远点) 的任意一条路径.

补充说明

电势零点的选择是任意的, 对于有限大小的电荷源问题, 通常选择无穷远为电势零点是方便的. 但值得注意的是, 无限大带电体, 或与此等价的, 电场在无穷远处不为 0, 则不能选择无穷远作为电势的零点. 原因是将一个电荷移到无穷远处电场所做的功不是有限值. 此时可以选择空间中任意点作为电势零点, 由于电势的导数才是电场强度, 所以零点选择的任意性并不会改变描述物理实在的电场.

以匀强电场为例. 如图 3.2 所示, 匀强电场 $\boldsymbol{E}_0$ 沿 x 方向, 应如何表示场点 P 处的电势呢? 在空间中任选一点作为电势参考点, 记其电势为 φ_0, 将一单位正电荷从场点 P 处移至参考点, 电场所做的功等于电势的增量, 即

$$\varphi(P) - \varphi_0 = \int_P^0 \boldsymbol{E}_0 \cdot \mathrm{d}\boldsymbol{l} \tag{3.5}$$

取参考点的电势为 0, 并考虑到 $\boldsymbol{E}_0$ 是常数矢量, 可得

$$\varphi(P) = \boldsymbol{E}_0 \cdot \int_P^0 \mathrm{d}\boldsymbol{l} = -\boldsymbol{E}_0 R \cos\theta \tag{3.6}$$

其中, R 是两点间的距离; θ 是夹角.

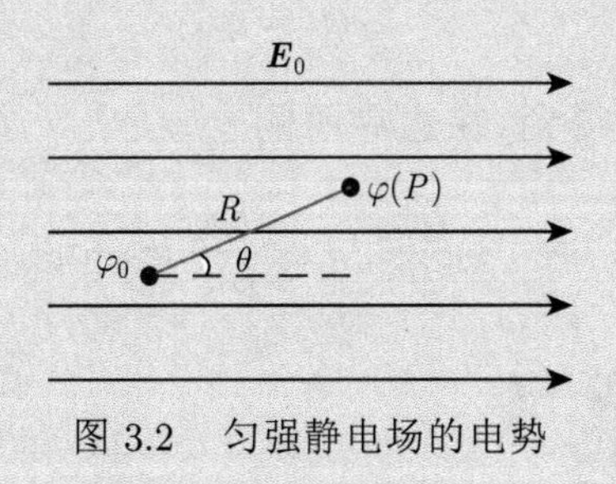

图 3.2　匀强静电场的电势

将式 (3.3) 代入式 (3.1), 并考虑到线性关系 $\boldsymbol{D} = \varepsilon\boldsymbol{E}$, 其中 ε 是介质的电容率, 可得电势满足的方程

$$\nabla^2\varphi = -\frac{\rho_\mathrm{f}}{\varepsilon} \tag{3.7}$$

这一方程称为**泊松方程**. 引入标量电势 φ 代替矢量电场 $\boldsymbol{E}$, 使得描述电场的方程由两个矢量方程变成一个标量方程, 在数学上大大简化了.

特别地, 当场点处 $\rho_{\mathrm{f}}=0$, 泊松方程退化为拉普拉斯方程

$$\nabla^2\varphi=0 \tag{3.8}$$

在数学上, 一般把 $\nabla^2=\nabla\cdot\nabla$ 称为拉普拉斯算子.

泊松方程描述了给定源电荷分布的条件下, 电势应该满足的方程, 显然, 点电荷的电势应该满足这个方程. 给定电荷分布的连续带电体的电势

$$\varphi(\boldsymbol{r})=\frac{1}{4\pi\varepsilon}\int\frac{\rho_{\mathrm{f}}(\boldsymbol{r}')}{\xi}\mathrm{d}V' \tag{3.9}$$

也应满足泊松方程. 其中, $\boldsymbol{r}$ 是场点位矢; $\boldsymbol{r}'$ 是源点位矢; ξ 是源点到场点的距离, $\xi=|\boldsymbol{r}-\boldsymbol{r}'|$.

泊松方程描述了介质体内的电势, 在介质边界处, 电势满足的方程应由边界上的场方程决定. 根据第 2 章中电场边值关系可以得到: 对于静电场

$$E_{2t}-E_{1t}=0 \tag{3.10}$$

$$D_{2n}-D_{1n}=\sigma_{\mathrm{f}} \tag{3.11}$$

在介质界面两侧, 由于电场强度有限, 把单位电荷从边界一侧移到另一侧所做的功为 $\boldsymbol{E}\cdot\Delta\boldsymbol{l}$, 这里 $\Delta\boldsymbol{l}$ 为穿过界面的任一路径. 当 $\Delta l\to 0$ 时, 所做的功亦为 0, 所以界面两侧的电势是连续的, 即

$$\varphi_1=\varphi_2 \tag{3.12}$$

另外, 由式 (3.11) 可以得到, 在边界两侧

$$\varepsilon_2\frac{\partial\varphi_2}{\partial n}-\varepsilon_1\frac{\partial\varphi_1}{\partial n}=-\sigma_{\mathrm{f}} \tag{3.13}$$

其中, $\dfrac{\partial}{\partial n}$ 是对法向的偏导数.

3.1.2 磁矢势

静磁场的情况要稍复杂一些. 线性磁介质中的静磁场性质由如下方程描述:

$$\nabla\cdot\boldsymbol{B}=0 \tag{3.14}$$

$$\nabla\times\boldsymbol{B}=\mu\boldsymbol{J}_{\mathrm{f}} \tag{3.15}$$

静磁场的散度为 0, 根据式 (1.101), 无散场必为某一矢量的旋度, 将该矢量记为 $\boldsymbol{A}$, 称为磁矢势, 定义

$$\boldsymbol{B} = \nabla \times \boldsymbol{A} \tag{3.16}$$

我们知道, 由于零点选择的任意性, 电势 φ 之间可以相差一个常数, 但矢势 $\boldsymbol{A}$ 相比于电势有更多的不确定性, 因为人们总是可以在磁矢势上加任意一个标量场的梯度, 即

$$\boldsymbol{A}' = \boldsymbol{A} + \nabla\psi \tag{3.17}$$

由于 $\nabla \times \boldsymbol{A}' = \nabla \times \boldsymbol{A}$, 所以 $\boldsymbol{A}'$ 和 $\boldsymbol{A}$ 对应同一个 $\boldsymbol{B}$. 式 (3.17) 称为磁矢势的规范 (gauge) 变换, $\boldsymbol{B}$ 在规范变换下保持不变.

事实上, 规范问题是现代物理学中一个重要的问题, 规范变换让某些物理上不能直接测量的量可以有一系列不同的取值. 但对于所有物理可测量量来说, 观测结果只有一个, 因此物理可观测量在规范变换下应该保持不变.

由于规范变换的存在, 磁矢势有一定的自由度, 人们可以给它一些限制条件使方程的形式变得简单, 这些限制条件称为规范条件. 电动力学里常见的规范条件有库仑规范 (横场规范) 和洛伦兹规范 (协变规范). 下面我们来具体看一看库仑规范, 洛伦兹规范留到后面再说.

数学上总是可以将任意矢量分解成纵向 (longitudinal) 和横向 (transverse) 两个分量的叠加

$$\boldsymbol{A} = \boldsymbol{A}_{\mathrm{l}} + \boldsymbol{A}_{\mathrm{t}} \tag{3.18}$$

其中, 纵场无旋, 横场无散 (定义). 比如一个在匀强磁场中做螺旋运动的粒子的速度场, 其纵向分量就是使粒子前进的速度分量, 横向分量是使粒子绕磁场转圈的分量. 显然横场的场线是闭合的, 因而无散; 纵场的场线是一条直线, 因而无旋. 因此磁场只与 A_{t} 有关, 即

$$\boldsymbol{B} = \nabla \times \boldsymbol{A} = \nabla \times \boldsymbol{A}_{\mathrm{l}} + \nabla \times \boldsymbol{A}_{\mathrm{t}} = \nabla \times \boldsymbol{A}_{\mathrm{t}} \tag{3.19}$$

这说明磁矢势的纵向分量对 $\boldsymbol{B}$ 是没有贡献的, 因此 $\boldsymbol{A}_{\mathrm{l}}$ 可以任意取值. 我们让 $\boldsymbol{A}_{\mathrm{l}}$ 的散度为 0, 根据定义 $\boldsymbol{A}_{\mathrm{t}}$ 的散度也为 0, 这样磁矢势应满足

$$\nabla \cdot \boldsymbol{A} = 0 \tag{3.20}$$

这一条件就是库仑规范.

将 $\boldsymbol{A}$ 的定义 (3.16) 代入静磁场的旋度方程 (3.15), 可得

$$\nabla \times (\nabla \times \boldsymbol{A}) = \nabla(\nabla \cdot \boldsymbol{A}) - \nabla^2 \boldsymbol{A} = \mu \boldsymbol{J}_{\mathrm{f}} \tag{3.21}$$

利用库仑规范 (3.20), 式 (3.21) 简化为

$$\nabla^2 \boldsymbol{A} = -\mu \boldsymbol{J}_{\mathrm{f}} \tag{3.22}$$

这就是磁矢势满足的微分方程, 从数学形式上看也是泊松方程. 不过要注意, 得到方程的过程中用到了库仑规范, 所以方程的解也需要同时满足式 (3.20) 才是物理上正确的解.

由 $\boldsymbol{B}$ 的散度和旋度式 (3.14) 和式 (3.15), 可得 $\boldsymbol{B}$ 的边界方程, 再利用矢势和磁场的关系式 (3.16), 可得矢势的边界方程为

$$\boldsymbol{A}_1 = \boldsymbol{A}_2 \tag{3.23}$$

$$\boldsymbol{n} \times \left(\frac{1}{\mu_2} \nabla \times \boldsymbol{A}_2 - \frac{1}{\mu_1} \nabla \times \boldsymbol{A}_1 \right) = \boldsymbol{\alpha}_{\mathrm{f}} \tag{3.24}$$

从形式上看, 泊松方程的解是形如式 (3.9) 的表达式, 因此我们可以直接写出式 (3.22) 的解

$$\boldsymbol{A} = \frac{\mu}{4\pi} \int \frac{\boldsymbol{J}_{\mathrm{f}}(\boldsymbol{r}')}{\xi} \mathrm{d}V' \tag{3.25}$$

容易验证, 这个解也满足库仑规范条件.

最后, 我们来看一下 $\boldsymbol{A}$ 的物理意义. 对式 (3.16) 两边做面积分, 利用斯托克斯积分变换可以把 $\boldsymbol{A}$ 的环量积分与磁通量联系起来

$$\int_S \boldsymbol{B} \cdot \mathrm{d}\boldsymbol{S} = \int_S \nabla \times \boldsymbol{A} \cdot \mathrm{d}\boldsymbol{S} = \oint_L \boldsymbol{A} \cdot \mathrm{d}\boldsymbol{l} \tag{3.26}$$

其中, L 是 S 的边界. 由式 (3.26) 可知, 通过曲面 S 的磁通量只和这个曲面的边界 L 有关, 而和曲面的形状无关. 设 S_1 和 S_2 是以 L 为边界的两个不同的面, 如图 3.3 所示, 这两个面围出一个封闭的区域, 则

$$\int_{S_1} \boldsymbol{B} \cdot \mathrm{d}\boldsymbol{S} = \int_{S_2} \boldsymbol{B} \cdot \mathrm{d}\boldsymbol{S} \tag{3.27}$$

这正是磁场无源性的体现: 因为磁场无源, 所以磁场线连续地通过 S_1 和 S_2 所围的区域, S_1 上的磁通量必然等于 S_2 面上的磁通量, 也等于磁矢势 $\boldsymbol{A}$ 在 S_1

和 S_2 的共同边界 L 上的环量积分. 因此, $\boldsymbol{A}$ 的物理意义是通过其环量积分, 即磁通量来体现的, 而 $\boldsymbol{A}$ 的具体值由于不可直接测量, 一般来说没有物理意义①.

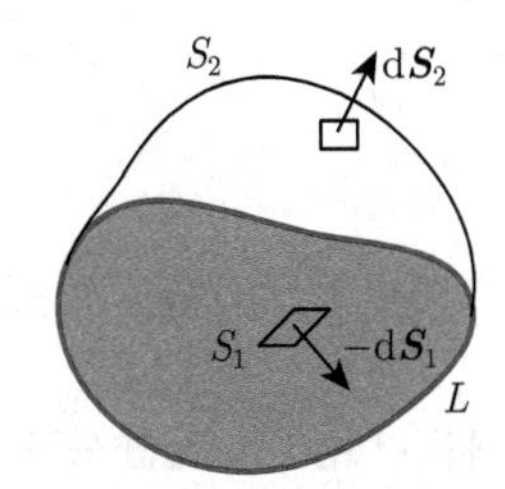

图 3.3　磁通量和 $\boldsymbol{A}$ 的环量积分

3.1.3　磁标势与磁荷

一般来说, 磁场的旋度不为 0, 所以无法定义磁标势. 但注意到, 在没有传导电流分布的区域, 即 $\boldsymbol{J}_\mathrm{f} = 0$ 时, $\nabla \times \boldsymbol{H} = 0$, 此时可以类比电势定义磁标势 φ_m

$$\boldsymbol{H} = -\nabla\varphi_\mathrm{m} \tag{3.28}$$

对实际有传导电流通过的区域, 我们可以把传导电流所在的区域挖掉, 使剩下的区域 V 内没有电流, 这样 V 内处处可以用 φ_m 来描述. 但挖掉传导电流所在区域的时候会遇到这样的问题: 设有一环形的电流圈, 如图 3.4(a) 所示, 若仅围绕电流挖去一个环形区域, 则剩下的区域内磁场强度的旋度虽处处为 0, 但保守场条件并不一定成立, 例如, 当选择跨过环形区域的回路 C 时

$$\oint_L \boldsymbol{H} \cdot \mathrm{d}\boldsymbol{l} = I \neq 0 \tag{3.29}$$

因此无法定义磁标势. 解决这个问题的办法是挖去一个包围电流的单通区域, 如图 3.4(b) 所示, 此时再引入磁标势就没有任何问题了.

线性磁介质中的磁标势满足拉普拉斯方程

$$\nabla^2\varphi_\mathrm{m} = 0 \tag{3.30}$$

对这个方程的处理方式与电势的拉普拉斯方程完全一致. 边界上的磁标势方程也与电势一样满足式 (3.12) 和式 (3.13).

---

① 这一结论只适用于经典电动力学, 在量子力学中, $\boldsymbol{A}$ 具有可观测的 A-B 效应, 这一效应已被实验证实. 可参看文献: Aharonov Y, Bohm D. Significance of electromagnetic potentials in the quantum theory. Phys. Rev., 1959,115:485; Chambers R G. Shift of an electron interference pattern by enclosed magnetic flux. Phys. Rev. Lett., 1960,5:3.

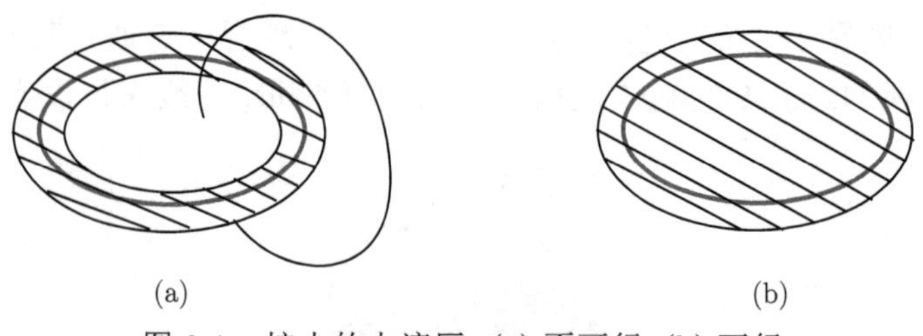

图 3.4　挖去的电流区: (a) 不可行; (b) 可行

通常磁标势用来处理铁磁体问题 (非线性磁介质), 此时空间没有传导电流, 因此磁标势在全空间都有意义. 但铁磁体的磁化强度 $\boldsymbol{M}$ 和磁场强度 $\boldsymbol{H}$ 的关系很复杂, 不仅是非线性的, 而且有磁滞效应. 不过对铁磁质来说, 诱导磁化的外磁场通常比最终的总磁场要小得多, 因此磁化强度可以近似通过对总磁场的测量得到. 所以在已知磁化强度 $\boldsymbol{M}$ 的条件下, 磁标势满足的微分方程是

$$\nabla^2\varphi_{\mathrm{m}} = \nabla\cdot\nabla\varphi_{\mathrm{m}} = -\nabla\cdot\boldsymbol{H} = \nabla\cdot\boldsymbol{M} \tag{3.31}$$

式 (3.31) 用到了磁场散度为 0 的条件. 若定义

$$\rho_{\mathrm{m}} \equiv -\mu_0\nabla\cdot\boldsymbol{M} \tag{3.32}$$

则磁标势的方程可以写成

$$\nabla^2\varphi_{\mathrm{m}} = -\frac{\rho_{\mathrm{m}}}{\mu_0} \tag{3.33}$$

这一形式与电势的泊松方程 (3.7) 十分相似, 因此 ρ_{m} 可以理解为与电荷密度对应的 “磁荷” 密度. 由于磁场的散度为 0, 我们已经知道并不存在 “磁单极”, 因此磁荷也不是真实存在的荷, 而只是介质磁化效应的等效描述.

将磁标势的有关公式与静电场公式做一个类比, 如表 3.1 所示.

表 3.1　静电势与磁标势的比较

静电势	磁标势
$\nabla\times\boldsymbol{E}=0$	$\nabla\times\boldsymbol{H}=0$
$\boldsymbol{E}=-\nabla\varphi$	$\boldsymbol{H}=-\nabla\varphi_{\mathrm{m}}$
$\nabla\cdot\boldsymbol{E}=\dfrac{\rho_{\mathrm{f}}+\rho_{\mathrm{P}}}{\varepsilon_0}$	$\nabla\cdot\boldsymbol{H}=\dfrac{\rho_{\mathrm{m}}}{\mu_0}$
$\nabla^2\varphi=-\dfrac{\rho_{\mathrm{f}}+\rho_{\mathrm{P}}}{\varepsilon_0}$	$\nabla^2\varphi_{\mathrm{m}}=-\dfrac{\rho_{\mathrm{m}}}{\mu_0}$
$\rho_{\mathrm{P}}=-\nabla\cdot\boldsymbol{P}$	$\rho_{\mathrm{m}}=-\mu_0\nabla\cdot\boldsymbol{M}$
$\boldsymbol{D}=\varepsilon_0\boldsymbol{E}+\boldsymbol{P}$	$\boldsymbol{B}=\mu_0(\boldsymbol{H}+\boldsymbol{M})$

3.2 多极展开法

在给定源分布, 求场分布的问题中, 常常会遇到远场问题, 即要研究的场点到源的距离相对于源的尺寸来说要大得多. 例如, 原子核的电荷分布在 10^{-15}m 的线度范围内, 而原子内的电子到原子核的距离在 10^{-10}m 左右, 这时研究电子在原子核的电场中运动, 就可以看成是一个远场问题. 相对于前面要求解泊松方程的近场问题, 远场问题可以忽略掉外场对源分布的反作用, 直接从势的叠加原理出发, 对源激发的势进行泰勒展开, 逐级近似, 得到远场处势的展开形式, 这种方法特别适合那些源分布的细节并不是特别清楚的情况.

我们以静电势为例, 先来看看标量场的泰勒展开这一基本的数学问题. 如图 3.5 所示, 一个电荷密度为 $\rho_{\mathrm{f}}(\boldsymbol{r}')$、体积为 V 的带电体, 其在场点 P 处的静电势可由电势叠加原理得到

$$\varphi(\boldsymbol{r})=\int\frac{\rho_{\mathrm{f}}(\boldsymbol{r}')\mathrm{d}V'}{4\pi\varepsilon|\boldsymbol{r}-\boldsymbol{r}'|}\tag{3.34}$$

现在考虑 P 点离带电体较远的情况, 即 $r\gg r'$ 时, 对式 (3.34) 做泰勒展开.

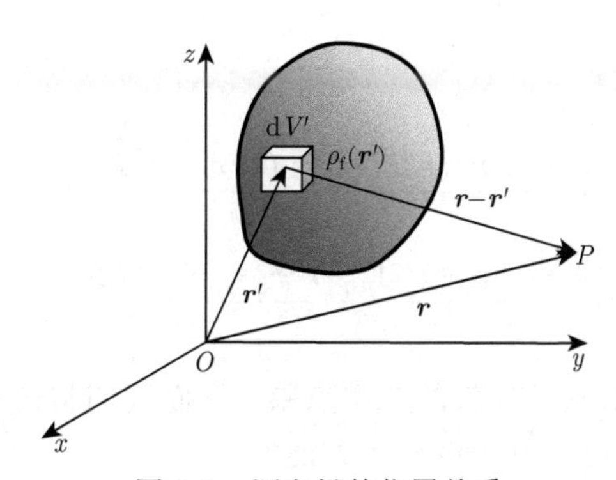

图 3.5 源和场的位置关系

对比标量函数的泰勒展开式

$$f(x-x')=f(x)-\frac{\mathrm{d}f(x)}{\mathrm{d}x}x'+\frac{1}{2!}\frac{\mathrm{d}^2f(x)}{\mathrm{d}x^2}x'^2+\cdots\tag{3.35}$$

标量场的展开只需把导数换成偏导数即可,

$$f(\boldsymbol{r}-\boldsymbol{r}')=f(\boldsymbol{r})-\sum_{i}^{3}r'^i\frac{\partial}{\partial r^i}f(\boldsymbol{r})+\frac{1}{2!}\sum_{i,j}r'^ir'^j\frac{\partial^2}{\partial r^i\partial r^j}f(\boldsymbol{r})+\cdots$$

$$f(\boldsymbol{r}-\boldsymbol{r}')=f(\boldsymbol{r})-\boldsymbol{r}'\cdot\nabla f(\boldsymbol{r})+\frac{1}{2!}\boldsymbol{r}'\boldsymbol{r}':\nabla\nabla f(\boldsymbol{r})+\cdots \tag{3.36}$$

$$\xrightarrow{\text{用张量指标方法}} f(\boldsymbol{r}-\boldsymbol{r}')=f(r^m)-r'^i\partial_i f(r^m)+\frac{1}{2!}r'^i r'^j\partial_i\partial_j f(r^m)+\cdots \tag{3.37}$$

式 (3.36) 的第二行用到了微分算符 ∇ 的定义 (1.85). 第 n 项的展开公式为 $\dfrac{(-1)^n}{n!}r'^{i_1}r'^{i_2}\cdots r'^{i_n}\partial_{i_1}\partial_{i_2}\cdots\partial_{i_n}f$. 用这个公式展开 (3.34) 中的 $1/|\boldsymbol{r}-\boldsymbol{r}'|$ 可得

$$\begin{aligned}\frac{1}{|\boldsymbol{r}-\boldsymbol{r}'|}&=\frac{1}{r}-\boldsymbol{r}'\cdot\nabla\frac{1}{r}+\frac{1}{2!}\boldsymbol{r}'\boldsymbol{r}':\nabla\nabla\frac{1}{r}+\cdots\\&\xrightarrow{\text{用张量指标方法}}\frac{1}{r}-r'^i\partial_i\frac{1}{r}+\frac{1}{2!}r'^i r'^j\partial_i\partial_j\frac{1}{r}+\cdots\end{aligned} \tag{3.38}$$

注意到

$$\begin{aligned}&\nabla\frac{1}{r}=-\frac{\boldsymbol{r}}{r^3},\quad(\boldsymbol{r}'\boldsymbol{r}':\nabla\nabla)\frac{1}{r}=\frac{\boldsymbol{r}'\boldsymbol{r}':(3\boldsymbol{r}\boldsymbol{r}-r^2\overleftrightarrow{I})}{r^5}\\&\xrightarrow{\text{用张量指标方法}}\partial_i\frac{1}{r}=-\frac{r_i}{r^3},\quad r'^i r'^j\partial_i\partial_j\frac{1}{r}=\frac{r'^i r'^j(3r_i r_j-r^2\delta_{ij})}{r^5}\end{aligned} \tag{3.39}$$

展开式可以写成

$$\begin{aligned}\frac{1}{|\boldsymbol{r}-\boldsymbol{r}'|}&=\frac{1}{r}+\frac{\boldsymbol{r}'\cdot\boldsymbol{r}}{r^3}+\frac{\boldsymbol{r}'\boldsymbol{r}':(3\boldsymbol{r}\boldsymbol{r}-r^2\overleftrightarrow{I})}{2r^5}+\cdots\\&\xrightarrow{\text{用张量指标方法}}\frac{1}{r}+\frac{r'^i r_i}{r^3}+\frac{r'^i r'^j(3r_i r_j-r^2\delta_{ij})}{2r^5}\end{aligned} \tag{3.40}$$

展开式的第三项就出现了并矢的二次点乘. 下面我们将这一项左边的 $\boldsymbol{r}'\boldsymbol{r}'$ 移到右边去, 这样做对提取电四极矩是方便的

$$\boldsymbol{r}'\boldsymbol{r}':(3\boldsymbol{r}\boldsymbol{r}-r^2\overleftrightarrow{I})=r^2r'^2\hat{\boldsymbol{e}}_{r'}\hat{\boldsymbol{e}}_{r'}:(3\hat{\boldsymbol{e}}_r\hat{\boldsymbol{e}}_r-\overleftrightarrow{I})=r^2r'^2(3\hat{\boldsymbol{e}}_{r'}\hat{\boldsymbol{e}}_{r'}-\overleftrightarrow{I}):\hat{\boldsymbol{e}}_r\hat{\boldsymbol{e}}_r \tag{3.41}$$

$$\boldsymbol{r}'\boldsymbol{r}':(3\boldsymbol{r}\boldsymbol{r}-r^2\overleftrightarrow{I})=r^2(3\boldsymbol{r}'\boldsymbol{r}'-r'^2\overleftrightarrow{I}):\hat{\boldsymbol{e}}_r\hat{\boldsymbol{e}}_r \tag{3.42}$$

其中, $\hat{e}_r=\dfrac{r_i}{r}$. 上式第二个等号用到了单位并矢的性质

$$\hat{\boldsymbol{e}}_{r'}\hat{\boldsymbol{e}}_{r'}:\overleftrightarrow{I}=1=\overleftrightarrow{I}:\hat{\boldsymbol{e}}_r\hat{\boldsymbol{e}}_r \tag{3.43}$$

如果用指标记号的方法, 则

$$
\begin{aligned}
r'^i r'^j \left(3r_i r_j - r^2 \delta_{ij}\right) &= 3r_i r_j r'^i r'^j - r^2 r'^2 = 3r'^i r'^j r_i r_j - r'^2 \delta^{ij} r_i r_j \\
&= \left(3r'^i r'^j - r'^2 \delta^{ij}\right) r_i r_j
\end{aligned}
\tag{3.44}
$$

形如式 (3.43) 的张量缩并实际是矢量的内积. 由此, 对 $1/|\boldsymbol{r}-\boldsymbol{r}'|$ 的泰勒展开可以写成

$$
\begin{aligned}
\frac{1}{|\boldsymbol{r}-\boldsymbol{r}'|} &= \frac{1}{r} + \frac{\boldsymbol{r}'\cdot\hat{\boldsymbol{e}}_r}{r^2} + \frac{(3\boldsymbol{r}'\boldsymbol{r}' - r'^2\overleftrightarrow{I}):\hat{\boldsymbol{e}}_r\hat{\boldsymbol{e}}_r}{2r^3} + \cdots \\
&\xrightarrow{\text{用张量指标方法}} \frac{1}{r} + \frac{r'^i r_i}{r^3} + \frac{\left(3r'^i r'^j - r'^2\delta^{ij}\right) r_i r_j}{2r^5} + \cdots
\end{aligned}
\tag{3.45}
$$

3.2.1 静电势和磁矢势的多极展开

利用展开式 (3.45), 我们可以讨论静电势和磁矢势的多极展开问题.

1. 静电势的多极展开

将式 (3.45) 代回式 (3.34), 可得

$$
\varphi(\boldsymbol{r}) = \frac{1}{4\pi\varepsilon}\int \rho_{\mathrm{f}}(\boldsymbol{r}')\left[\frac{1}{r} + \frac{\boldsymbol{r}'\cdot\hat{\boldsymbol{e}}_r}{r^2} + \frac{(3\boldsymbol{r}'\boldsymbol{r}' - r'^2\overleftrightarrow{I}):\hat{\boldsymbol{e}}_r\hat{\boldsymbol{e}}_r}{2r^3} + \cdots\right]\mathrm{d}V' \tag{3.46}
$$

$$
\varphi(\boldsymbol{r}) \equiv \frac{1}{4\pi\varepsilon}\left(\frac{Q}{r} + \frac{\boldsymbol{p}\cdot\hat{\boldsymbol{e}}_r}{r^2} + \frac{\overleftrightarrow{D}:\hat{\boldsymbol{e}}_r\hat{\boldsymbol{e}}_r}{2r^3} + \cdots\right) \tag{3.47}
$$

$$
\xrightarrow{\text{用张量指标方法}} \varphi(\boldsymbol{r}) = \frac{1}{4\pi\varepsilon}\left(\frac{Q}{r} + \frac{p_i r^i}{r^3} + \frac{D_{ij} r^i r^j}{2r^5} + \cdots\right) \tag{3.48}
$$

其中,

$$
\text{电单极矩 (电荷):}\quad Q \equiv \int \rho_{\mathrm{f}}(\boldsymbol{r}')\mathrm{d}V' \tag{3.49}
$$

$$
\text{电偶极矩:}\quad \boldsymbol{p} \equiv \int \rho_{\mathrm{f}}(\boldsymbol{r}')\boldsymbol{r}'\mathrm{d}V' \xrightarrow{\text{用张量指标方法}} p^i \equiv \int \rho_{\mathrm{f}}(\boldsymbol{r}')r'^i\mathrm{d}V' \tag{3.50}
$$

$$
\begin{aligned}
&\text{电四极矩:}\quad \overleftrightarrow{D} \equiv \int \rho_{\mathrm{f}}(\boldsymbol{r}')(3\boldsymbol{r}'\boldsymbol{r}' - r'^2\overleftrightarrow{I})\mathrm{d}V' \\
&\qquad\xrightarrow{\text{用张量指标方法}} D_{ij} \equiv \int \rho_{\mathrm{f}}(\boldsymbol{r}')\left(3r'^i r'^j - r'^2\delta^{ij}\right)\mathrm{d}V'
\end{aligned}
\tag{3.51}
$$

2. 磁矢势的多极展开

电流源激发的磁矢势由式 (3.25) 描述, 即

$$\boldsymbol{A}=\frac{\mu}{4\pi}\int\frac{\boldsymbol{J}_{\rm f}(\boldsymbol{r}')}{|\boldsymbol{r}-\boldsymbol{r}'|}{\rm d}V' \tag{3.52}$$

将式 (3.45) 代入可得

$$\begin{aligned}\boldsymbol{A}&=\frac{\mu}{4\pi}\int\boldsymbol{J}_{\rm f}(\boldsymbol{r}')\left[\frac{1}{r}+\frac{\boldsymbol{r}'\cdot\hat{\boldsymbol{e}}_r}{r^2}+\frac{(3\boldsymbol{r}'\boldsymbol{r}'-r'^2\overleftrightarrow{I}):\hat{\boldsymbol{e}}_r\hat{\boldsymbol{e}}_r}{2r^3}+\cdots\right]{\rm d}V'\\ A_k&=\frac{\mu}{4\pi}\int J_{{\rm f}k}(\boldsymbol{r}')\left[\frac{1}{r}+\frac{r'^ir_i}{r^3}+\frac{(3r'^ir'^j-r'^2\delta^{ij})\,r_ir_j}{2r^5}+\cdots\right]{\rm d}V'\end{aligned} \tag{3.53}$$

从以上的展开式 (3.53) 可以看出, 在远场情况下, 即 $r\gg r'$ 时, 多极展开的每一项与前一项之比, 即 $\sim r'/r$ 都远小于 1. 因此, 如果只做比较粗糙的近似, 则只需保留第一阶不为 0 的项即可; 若还需要更精确的势, 则可以保留更多的项. 当然, 从数学上看, 越高阶的项, 其数学形式越复杂. 上面我们只展开到四极矩, 就已经出现了二阶张量, 若展开到更高阶, 会出现八极项、十六极项……对应数学上则会有三阶张量、四阶张量……由于多极展开的前几项是主要的, 下面我们就来分别看看它们的物理图像.

补充说明

多极展开的基本思想是, 在远场处将 $|\boldsymbol{r}-\boldsymbol{r}'|$ 按照 $1/r$ 的幂级数展开. 展开的方式除了泰勒级数以外, 还可以用勒让德级数. 注意到

$$\frac{1}{|\boldsymbol{r}-\boldsymbol{r}'|}=\frac{1}{\sqrt{r^2+r'^2-2rr'\cos\theta}}=\frac{1}{r}\sum_{n=0}^{\infty}\left(\frac{r'}{r}\right)^n{\rm P}_n(\cos\theta)\quad(r'<r) \tag{3.54}$$

静电势和磁矢势可以展开为

$$\begin{aligned}\varphi&=\frac{1}{4\pi\varepsilon}\int\frac{\rho_{\rm f}(\boldsymbol{r}')}{|\boldsymbol{r}-\boldsymbol{r}'|}{\rm d}V'=\frac{1}{4\pi\varepsilon}\sum_{n=0}^{\infty}\int\frac{r'^n}{r^{n+1}}\rho_{\rm f}(\boldsymbol{r}'){\rm P}_n(\cos\theta){\rm d}V'\\&=\frac{1}{4\pi\varepsilon}\left[\frac{1}{r}\int\rho_{\rm f}(\boldsymbol{r}'){\rm d}V'+\frac{1}{r^2}\int\rho_{\rm f}(\boldsymbol{r}')r'\cos\theta{\rm d}V'\right.\\&\quad\left.+\frac{1}{r^3}\int\rho_{\rm f}(\boldsymbol{r}')r'^2\left(\frac{3}{2}\cos^2\theta-\frac{1}{2}\right){\rm d}V'+\cdots\right]\end{aligned} \tag{3.55}$$

$$
\begin{aligned}
\boldsymbol{A} &= \frac{\mu}{4\pi}\int \frac{\boldsymbol{J}_\mathrm{f}(\boldsymbol{r}')}{|\boldsymbol{r}-\boldsymbol{r}'|}\mathrm{d}V' = \frac{\mu}{4\pi}\sum_{n=0}^{\infty}\int \frac{r'^n}{r^{n+1}}\boldsymbol{J}_\mathrm{f}(\boldsymbol{r}')\mathrm{P}_n(\cos\theta)\mathrm{d}V' \\
&= \frac{\mu}{4\pi}\left[\frac{1}{r}\int \boldsymbol{J}_\mathrm{f}(\boldsymbol{r}')\mathrm{d}V' + \frac{1}{r^2}\int \boldsymbol{J}_\mathrm{f}(\boldsymbol{r}')r'\cos\theta\mathrm{d}V'\right. \\
&\quad \left. + \frac{1}{r^3}\int \boldsymbol{J}_\mathrm{f}(\boldsymbol{r}')r'^2\left(\frac{3}{2}\cos^2\theta - \frac{1}{2}\right)\mathrm{d}V' + \cdots\right]
\end{aligned} \tag{3.56}
$$

与泰勒展开的式 (3.46) 和式 (3.53) 对比, 结果完全一样. 这样展开的好处是不需要烦琐的矢量运算, 所以求势的时候比较容易; 缺点是不能显示出展开式每一项的源, 因而物理图像不是那么清楚.

3.2.2 单极项

1. 电单极项

静电势展开的第一项称为电单极项, 其形式为

$$
\varphi^{(0)} = \frac{Q}{4\pi\varepsilon_0 r} \tag{3.57}
$$

其中, $Q = \int \rho_\mathrm{f}(\boldsymbol{r}')\mathrm{d}V'$ 是产生电单极项的源, 因此称为电单极子, 很显然, 它就是电荷. 从物理上看, 如果场点离源很远, 则将源看成是一个点电荷是合理的. 作为领头阶的近似, 我们忽略了源的一切几何形状分布给电势带来的影响. 电单极激发的电场就是我们熟悉的点电荷电场.

2. 磁单极项

磁矢势展开的第一项称为磁单极项, 其形式为

$$
\boldsymbol{A}^{(0)} = \frac{\mu}{4\pi r}\int \boldsymbol{J}_\mathrm{f}(\boldsymbol{r}')\mathrm{d}V' \tag{3.58}
$$

利用恒定电流条件 $\nabla\cdot\boldsymbol{J}_\mathrm{f} = 0$, 可知电流线永远是闭合的, 这样恒定电流可以看成是由许多封闭的流管构成. 在同一条流管内, 电流强度 I 是不变的, 因此可以把电流密度的体积分写成一系列流管的闭合回路积分之和, 每一个流管的积分都为 0, 即

$$
\int_V \boldsymbol{J}_\mathrm{f}(\boldsymbol{r}')\mathrm{d}V' = \sum_i I_i \oint_{L_i} \mathrm{d}\boldsymbol{l} = 0 \tag{3.59}
$$

由此可以证明, 磁单极项恒为 0, 不存在与电荷对应的“磁荷 (磁单极子)”, 这与麦克斯韦方程中 $\nabla\cdot\boldsymbol{B} = 0$ 是自洽的.

3.2.3 偶极项

1. 电偶极项

静电势展开的第二项称为电偶极项, 其形式为

$$\varphi^{(1)}=\frac{\boldsymbol{p}\cdot\hat{\boldsymbol{e}}_r}{4\pi\varepsilon r^2} \tag{3.60}$$

其中,

$$\boldsymbol{p}\equiv\int\rho_{\mathrm{f}}(\boldsymbol{r}')\boldsymbol{r}'\mathrm{d}V' \tag{3.61}$$

是产生电偶极项的源, 因此称为电偶极矩. 若源的电荷分布关于原点对称, 则式 (3.61) 的被积函数是奇函数, 在全空间的积分值为 0, 因此只有关于原点不对称的源分布才有电偶极矩. 换句话说, 如果源电荷分布呈现正负电荷分离的特征, 则它的电偶极矩不为 0；若恰好此时的正负电荷的代数和为 0, 则电单极项为 0, 电偶极项成为远场电势的领头阶. 一般说来, 电偶极矩依赖于坐标原点的选择, 但在某些特殊条件下, 它可以不依赖于坐标原点, 这个特殊条件是什么? 请参考本章的思考题.

电偶极子产生的电场可以由式 (3.60) 的负梯度给出

$$\boldsymbol{E}^{(1)}=-\nabla\varphi^{(1)}=\frac{3(\boldsymbol{p}\cdot\hat{\boldsymbol{e}}_r)\hat{\boldsymbol{e}}_r-\boldsymbol{p}}{4\pi\varepsilon r^3} \tag{3.62}$$

证明过程留作练习题.

最简单的具有电偶极矩的电荷体系是一对相距为 l、带电量为 $\pm q$ 的等量异种的电荷构成的体系, 称为电偶极子 (这即是我们将式(3.61)所定义的量称为电偶极子的原因). 将点电荷的电荷密度写成 δ 函数的形式, 容易证明, 其电偶极矩为 $\boldsymbol{p}=q\boldsymbol{l}$, 正是我们熟悉的形式. 值得说明的是, 在电势的多极展开中, 我们把电偶极项也看成是电偶极子激发的势, 这个“电偶极子”与两个点电荷构成的电偶极子有一点细微的区别, 不妨把它们分别称为理想电偶极子和物理电偶极子. 理想电偶极子可以看成是一个点源, 其源强是矢量 $\boldsymbol{p}$；物理电偶极子不是点源, 其源分布的尺寸就是两异号电荷的距离. 若一个理想电偶极子和一个物理电偶极子的电偶极矩均为 $\boldsymbol{p}$, 则两者在远场处产生的电势几乎是一样的, 但近场, 尤其是两电荷的中心区域则完全不同, 如图 3.6 所示. 事实上, 这两个图像并不矛盾, 因为理想的电偶极子就是物理电偶极子在 $l\to 0$ 条件下的对应 (当然此时 $q\to\infty$). 理想电偶极子当然是不存在的, 但当我们考虑远场条件时,

它可以由物理电偶极子来实现；反过来说，远场条件下，电势的偶极项可以看成是由一对靠得很近的物理电偶极子所激发的.

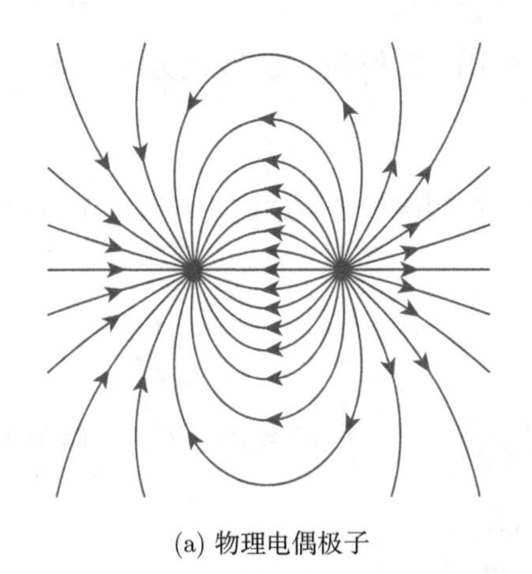

(a) 物理电偶极子

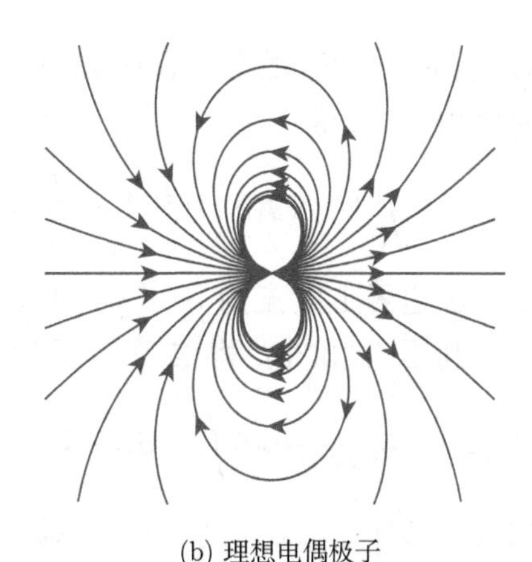

(b) 理想电偶极子

图 3.6　电偶极子的电场

2. 磁偶极项

磁矢势展开的第二项称为磁偶极项，它也是磁场多极展开的领头阶，其形式为

$$\boldsymbol{A}^{(1)} = \frac{\mu}{4\pi r^2}\hat{\boldsymbol{e}}_r \cdot \int \boldsymbol{r}'\boldsymbol{J}_{\mathrm{f}}(\boldsymbol{r}')\mathrm{d}V' = \frac{\mu}{4\pi}\frac{\boldsymbol{m}\times\hat{\boldsymbol{e}}_r}{r^2} \tag{3.63}$$

其中，

$$\boldsymbol{m} \equiv \frac{1}{2}\int \boldsymbol{r}' \times \boldsymbol{J}_{\mathrm{f}}(\boldsymbol{r}')\mathrm{d}V' \tag{3.64}$$

是产生磁偶极项的源，因此称为磁偶极矩，简称磁矩.

式 (3.63) 的第二个等号的证明过程如下所述.

证明　先证明一个数学关系

$$\int (\boldsymbol{r}'\boldsymbol{J}_{\mathrm{f}} + \boldsymbol{J}_{\mathrm{f}}\boldsymbol{r}')\mathrm{d}V' = 0 \tag{3.65}$$

由 ∇ 算符的微分特性和并矢运算的就近原则有

$$\nabla' \cdot (\boldsymbol{J}_{\mathrm{f}}\boldsymbol{r}') = (\nabla' \cdot \boldsymbol{J}_{\mathrm{f}})\boldsymbol{r}' + \boldsymbol{J}_{\mathrm{f}} \cdot \nabla'\boldsymbol{r}' = (\nabla' \cdot \boldsymbol{J}_{\mathrm{f}})\boldsymbol{r}' + \boldsymbol{J}_{\mathrm{f}} \cdot \overleftrightarrow{I} = (\nabla' \cdot \boldsymbol{J}_{\mathrm{f}})\boldsymbol{r}' + \boldsymbol{J}_{\mathrm{f}} \tag{3.66}$$

$$\nabla' \cdot (\boldsymbol{J}_{\mathrm{f}}\boldsymbol{r}'\boldsymbol{r}') = [\nabla' \cdot (\boldsymbol{J}_{\mathrm{f}}\boldsymbol{r}')]\boldsymbol{r}' + \boldsymbol{r}'\boldsymbol{J}_{\mathrm{f}} \cdot \nabla'\boldsymbol{r}' = (\nabla' \cdot \boldsymbol{J}_{\mathrm{f}})\boldsymbol{r}'\boldsymbol{r}' + \boldsymbol{J}_{\mathrm{f}}\boldsymbol{r}' + \boldsymbol{r}'\boldsymbol{J}_{\mathrm{f}} \tag{3.67}$$

利用恒定电流条件 $\nabla' \cdot \boldsymbol{J}_\mathrm{f} = 0$, 可知

$$\nabla' \cdot (\boldsymbol{J}_\mathrm{f}\boldsymbol{r}'\boldsymbol{r}') = \boldsymbol{J}_\mathrm{f}\boldsymbol{r}' + \boldsymbol{r}'\boldsymbol{J}_\mathrm{f} \tag{3.68}$$

对式 (3.68) 两边做源所在区域的体积分, 并利用高斯积分变换转化为源边界上的面积分, 可得

$$\int_V \nabla' \cdot (\boldsymbol{J}_\mathrm{f}\boldsymbol{r}'\boldsymbol{r}')\mathrm{d}V' = \oint_S (\boldsymbol{J}_\mathrm{f}\boldsymbol{r}'\boldsymbol{r}')\mathrm{d}\boldsymbol{S} = \int_V (\boldsymbol{J}_\mathrm{f}\boldsymbol{r}' + \boldsymbol{r}'\boldsymbol{J}_\mathrm{f})\mathrm{d}V' \tag{3.69}$$

由于源边界上电流为 0, 故式 (3.65) 得证.

利用式 (3.65), 将 $\boldsymbol{A}^{(1)}$ 改写为

$$\boldsymbol{A}^{(1)} = \frac{\mu}{8\pi r^2}\hat{\boldsymbol{e}}_r \cdot \int (\boldsymbol{r}'\boldsymbol{J}_\mathrm{f} - \boldsymbol{J}_\mathrm{f}\boldsymbol{r}')\mathrm{d}V' = -\frac{\mu}{4\pi}\frac{1}{2r^2}\hat{\boldsymbol{e}}_r \times \int (\boldsymbol{r}' \times \boldsymbol{J}_\mathrm{f})\mathrm{d}V' \tag{3.70}$$

如式 (3.64) 定义磁偶极矩 $\boldsymbol{m}$, 即可证明式 (3.63).

对式 (3.63) 求旋度即可得到磁偶极项的磁场

$$\boldsymbol{B}^{(1)} = \nabla \times \boldsymbol{A}^{(1)} = \frac{\mu}{4\pi}\nabla \times \left(\boldsymbol{m} \times \frac{\boldsymbol{r}}{r^3}\right) = \frac{\mu}{4\pi r^3}[3(\boldsymbol{m} \cdot \hat{\boldsymbol{e}}_r)\hat{\boldsymbol{e}}_r - \boldsymbol{m}] \tag{3.71}$$

证明过程也留作练习题.

从磁矩的定义式 (3.64) 出发, 将其用于圈电流的情形

$$\boldsymbol{m} = \frac{1}{2}\int \boldsymbol{r}' \times \boldsymbol{J}_\mathrm{f}(\boldsymbol{r}')\mathrm{d}V' = \frac{I}{2}\oint_L \boldsymbol{r}' \times \mathrm{d}\boldsymbol{l}' \equiv I\boldsymbol{S} \tag{3.72}$$

其中, $\boldsymbol{S} = \dfrac{1}{2}\oint_L \boldsymbol{r}' \times \mathrm{d}\boldsymbol{l}'$, 显然对于平面电流圈来说, $\boldsymbol{S}$ 就是面积矢量, 这个面积的定义可以推广到任意形状的电流圈 (可以是任意折叠的圈电流). 同电偶极子一样, 我们把磁偶极项的源称为磁偶极子, 它是一个物理上理想的点源, 其激发的矢势或磁场等价于一个圈电流在远场处产生的效果, 但在近场处, 它们的磁场是不同的.

3.3 唯一性定理

近场问题需要考虑场对源分布的反作用, 此时就要在一定的边界条件下求解泊松方程. 泊松方程中的自由电荷或传导电流的分布是可控的实验条件, 通常作为已知条件. 需要什么样的边界条件, 方程的解才是唯一的呢? 唯一性定理就是这个问题的答案. 唯一性定理是如此重要且特别, 它告诉我们——只要找到一个解, 且它同时满足方程和符合唯一性定理规定的边界条件, 那么这个解就是**正确且唯一**的.

3.3.1 静电问题的唯一性定理

为了叙述定理的方便, 先定义两类边界条件.

(1) 第一类边界条件: 在有限区域 V 的边界 S 上, 电势的边界值已知, 即 $\varphi|_S$ 已知.

(2) 第二类边界条件: 在有限区域 V 的边界 S 上, 电势导数的边界值已知, 即 $\left.\dfrac{\partial\varphi}{\partial n}\right|_S$ 已知.

静电问题中绝缘介质和导体的性质不同, 因此分为两种情况来讨论.

绝缘介质的唯一性定理 若有限区域 V 内有几种均匀绝缘介质, 且 V 内自由电荷分布 ρ_{f} 已知, 则当 V 的外表面电势 φ 满足第一类或第二类边界条件时, V 内的电场唯一地确定.

满足第一类边界条件的定解问题称为第一类边值问题, 满足第二类边界条件的问题称为第二类边值问题. 下面证明这个定理.

证明 先讨论单一均匀介质情形. 假设有两个解 φ 和 φ' 同时满足泊松方程和第一类或第二类边界条件

$$\nabla^2\varphi_i = -\frac{\rho_{\mathrm{f}}}{\varepsilon} \quad (\varphi_i = \varphi, \varphi') \tag{3.73}$$

$$\varphi_i|_S = f \quad 或 \quad \left.\frac{\partial\varphi_i}{\partial n}\right|_S = g \tag{3.74}$$

其中, f 和 g 是两个已知函数. 引入 $\varPhi = \varphi - \varphi'$. 为了证明唯一性定理, 只需证明 $\varPhi$ 是个常数即可. 由定义知, $\varPhi$ 满足的方程和边界条件是

$$\nabla^2\varPhi = 0 \tag{3.75}$$

$$\varPhi|_S = 0 \quad 或 \quad \left.\frac{\partial\varPhi}{\partial n}\right|_S = 0 \tag{3.76}$$

注意到

$$\nabla\cdot(\varPhi\nabla\varPhi) = \varPhi\nabla^2\varPhi + \nabla\varPhi\cdot\nabla\varPhi \tag{3.77}$$

对式 (3.77) 两边做 V 内的体积分, 并利用高斯积分变换把散度积分化为面积分, 然后将式 (3.75) 代入, 可得

$$\oint_S \varPhi\nabla\varPhi\cdot\mathrm{d}\boldsymbol{S} = \int_V |\nabla\varPhi|^2\mathrm{d}V \tag{3.78}$$

考虑到式 (3.76), 无论是第一类还是第二类边界条件, 式 (3.78) 的左边都为 0, 而右边的被积函数是非负的, 故推知 $\nabla\Phi$ 处处为 0, 即 Φ 只能是常数. 由于电势增加一个常数不影响电场, 故电场是唯一确定的.

若 V 内有两种介质 1 和 2, 如图 3.7 所示, 电势在这两个区域内各有两组解, φ_1, φ_1' 和 φ_2, φ_2', 仍按前面的方法定义两个解之差, $\Phi_1 = \varphi_1 - \varphi_1'$, $\Phi_2 = \varphi_2 - \varphi_2'$.

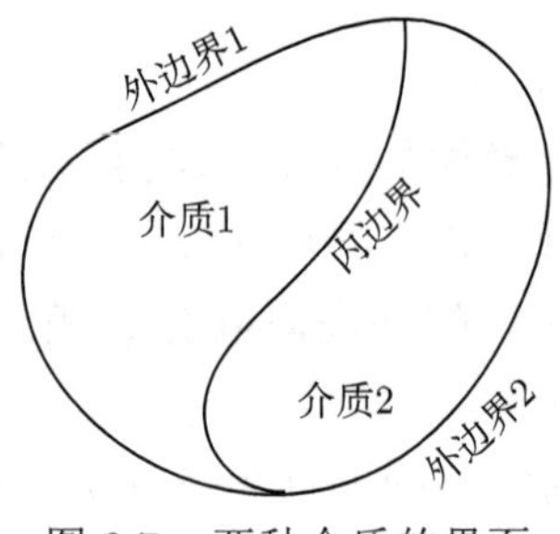

图 3.7　两种介质的界面

把式 (3.77) 分别应用到两个区域并做积分, 再利用拉普拉斯方程可以得到

$$\int_{S外1} \Phi_1 \nabla \Phi_1 \cdot \mathrm{d}\boldsymbol{S} + \int_{S内1} \Phi_1 \nabla \Phi_1 \cdot \mathrm{d}\boldsymbol{S} = \int_{V_1} |\nabla \Phi_1|^2 \mathrm{d}V \tag{3.79}$$

$$\int_{S外2} \Phi_2 \nabla \Phi_2 \cdot \mathrm{d}\boldsymbol{S} + \int_{S内2} \Phi_2 \nabla \Phi_2 \cdot \mathrm{d}\boldsymbol{S} = \int_{V_2} |\nabla \Phi_2|^2 \mathrm{d}V \tag{3.80}$$

由第一类或第二类边界条件可知, 式 (3.79) 和式 (3.80) 中在外边界上的积分项为 0, 我们只需考虑内表面的积分. 注意到电势的边值关系 (3.13), 则

$$\varepsilon_2 \frac{\partial \varphi_2}{\partial n} - \varepsilon_1 \frac{\partial \varphi_1}{\partial n} = -\sigma_{\mathrm{f}} \tag{3.81}$$

$$\varepsilon_2 \frac{\partial \varphi_2'}{\partial n} - \varepsilon_1 \frac{\partial \varphi_1'}{\partial n} = -\sigma_{\mathrm{f}} \tag{3.82}$$

两式相减可得

$$\varepsilon_1 \frac{\partial \Phi_1}{\partial n} - \varepsilon_2 \frac{\partial \Phi_2}{\partial n} = 0 \tag{3.83}$$

将式 (3.79) 和式 (3.80) 两式分别乘以 ε_1 和 ε_2 后相加, 并注意到:

(1) 由电势的连续性条件 (3.12) 可知, 在内边界上 $\varphi_1 = \varphi_2$, $\varphi_1' = \varphi_2'$, 即 $\Phi_1 = \Phi_2 \equiv \Phi$;

(2) 内表面积分的面元在两个区域边界上大小相等、方向相反, 即 $\mathrm{d}\boldsymbol{S_1} = -\mathrm{d}\boldsymbol{S_2}$, 最终我们将得到

$$\int_{V_1} \varepsilon_1 |\nabla \varPhi_1|^2 \mathrm{d}V_1 + \int_{V_2} \varepsilon_2 |\nabla \varPhi_2|^2 \mathrm{d}V_2 = \int_{S内} \varPhi \left(\varepsilon_1 \frac{\partial \varPhi_1}{\partial n} - \varepsilon_2 \frac{\partial \varPhi_2}{\partial n} \right) \mathrm{d}S = 0 \quad (3.84)$$

这同样意味着 $\nabla\varPhi_1$ 和 $\nabla\varPhi_2$ 在各自的区域内处处为 0, 即电势的两个不同解之间只能相差一个常数, 它们所对应的电场只有唯一确定值.

若存在导体, 为了唯一确定电场, 还需要附加一个条件: 给定导体的电势, 或导体上的总电荷.

导体存在时的唯一性定理 区域 V 内有若干导体, 导体外的电荷分布 ρ_f 已知, 每个导体上的电荷或电势已知, 且 V 的外表面上电势满足第一类或第二类边界条件, 则区域 V 内的电场是唯一确定的.

证明 如图 3.8 所示, 已知区域 V 内有两个导体, 将挖去导体后剩余的部分称为 V', 将整个 V 的外边界称为 S, 内部与导体的界面称为 S_1 和 S_2. 将导体看作求解区域 V' 的边界, 由于导体在静电平衡态下是等势体, 故当导体上的电势已知时, 相当于已知求解区域的第一类边界条件, 因此唯一性定理可以立刻得到证明.

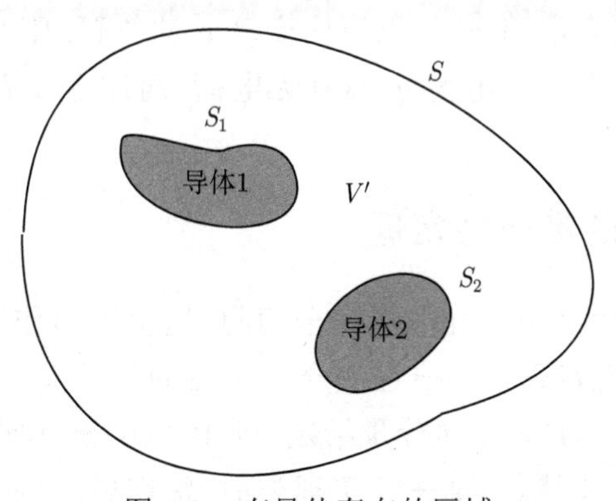

图 3.8 有导体存在的区域

若不给定导体上的电势, 而是给定两个导体上的带电量 Q_1 和 Q_2, 则

$$\oint_{S_1} \nabla\varphi \cdot \mathrm{d}\boldsymbol{S} = -\frac{Q_1}{\varepsilon}, \quad \oint_{S_2} \nabla\varphi \cdot \mathrm{d}\boldsymbol{S} = -\frac{Q_2}{\varepsilon} \quad (3.85)$$

若有两个解 φ、φ' 同时满足泊松方程和相同的边界条件, 则两解之差 $\varPhi = \varphi - \varphi'$ 应满足

$$\oint_{S_1} \nabla\varPhi \cdot \mathrm{d}\boldsymbol{S} = 0, \quad \oint_{S_2} \nabla\varPhi \cdot \mathrm{d}\boldsymbol{S} = 0 \tag{3.86}$$

考虑到导体的等势性, 导体边界上势是常数, 将式 (3.86) 的两式分别乘以对应的电势, 可得

$$\oint_{S_1} \varPhi\nabla\varPhi \cdot \mathrm{d}\boldsymbol{S} = 0, \quad \oint_{S_2} \varPhi\nabla\varPhi \cdot \mathrm{d}\boldsymbol{S} = 0 \tag{3.87}$$

再对 V' 区域运用与前面完全一样的证明方法, 可以得到 $\nabla\varPhi$ 处处为 0 的结论, 则有导体存在时的唯一性定理得证.

3.3.2 静电唯一性定理的应用

唯一性定理指出, 给定区域 V 中的电荷分布, 以及 V 边界上的电势 (或电势沿法向的导数), 则 V 中的静电场有唯一解. 唯一性定理具有非常广泛的用途, 具体我们以思考题的形式给出几例①.

(1) 不带电金属壳内有若干电荷分布 $q_1, q_2, \cdots, q_n$, 壳外有电荷 $q_1', q_2', \cdots, q_m'$, 简述球壳导体中的电荷分布情况.

(2) 若改变球壳外的电荷分布, 则球壳导体中的电荷分布会如何变化? 球壳内空间中的电场会如何变化?

(3) 若金属壳内有电荷 q, 如果壳内变动 q 的位置, 则壳外电场如何变化?

(4) 若接地金属壳内有电荷 q, 球外无电荷, 简述金属壳导体中的电荷分布以及壳外的电场.

3.3.3 静磁问题的唯一性定理

磁标势的唯一性定理与静电势完全相同, 这里不另作说明.

磁矢势的唯一性定理 设线性磁介质所在的区域 V 内, 传导电流分布 $\boldsymbol{J}_\mathrm{f}$ 给定, 在 V 的边界上 $\boldsymbol{A}$ 的切向分量给定, 则 V 内的磁场唯一确定.

证明方法与静电问题的唯一性定理类似, 留作思考题.

3.4 镜像法

根据唯一性定理, 我们可以使用各种手段去寻找满足方程和边界条件的解. 如果你非常聪明地通过物理直觉猜到了一个解, 则唯一性定理保证这就是正确且唯一的解. 下面看两个典型例子.

---

① 更多内容请参考文献 [3].

例 3.1 如图 3.9(a) 所示, 点电荷 q 位于一块无限大的接地导体平板的上方, 与板的距离为 d, 求平板上方空间的电势分布.

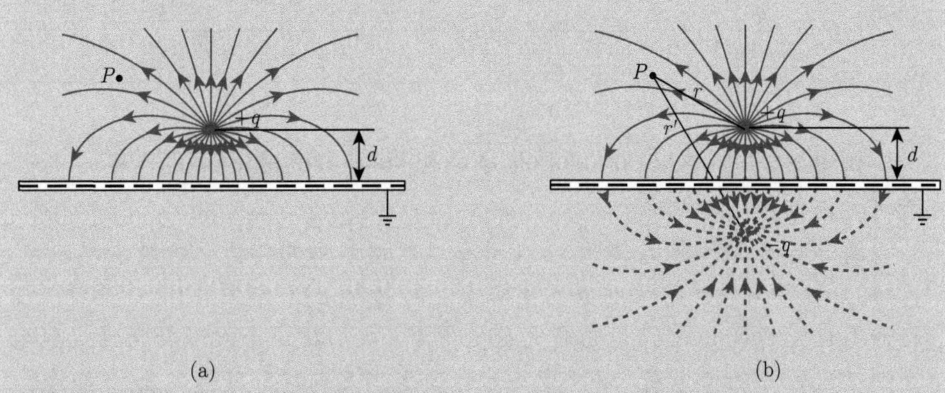

图 3.9 无限大接地导体平板在点电荷电场中的感应

解 首先分析物理过程. 导体平板在点电荷激发的电场作用下会发生静电感应, 导体表面会出现感应电荷. 感应电荷产生的场与点电荷电场叠加, 最终决定上半平面的电场分布. 由于导体平板接地, 所以平板上的电荷还有来自大地的贡献, 其代数和并不为零. 若我们能用假想电荷 (称为像电荷) 来代替感应电荷, 则这个像电荷既不改变上半平面的方程

$$\nabla^2\varphi = \frac{q}{\varepsilon_0}\delta^3(\boldsymbol{r} - d\hat{\boldsymbol{e}}_y) \tag{3.88}$$

又满足和真实体系相同的边界条件, 那么点电荷 q 和像电荷的电势叠加, 就构成了上半平面的电势唯一正确的形式.

现在问题转化为: 像电荷在哪里, 电荷量是多少? 这两个问题的答案取决于导体平板为等势体这一边界条件. 这一边界条件要求平板表面的电场线与平板垂直. 如图 3.9(b) 所示, 我们在平板下方对称的位置引入一个电量为 $-q$ 的电荷, 则这一对等量异号电荷的电场线刚好在平板表面满足原来的边界条件, 而且引入的这个像电荷在下半平面内, 不改变上半平面的方程, 由此我们可以肯定, 像电荷 $-q$ 完全可以取代感应电荷, 它和原电荷的电势叠加, 决定了上半平面的电势分布, 即

$$\varphi_P = \frac{q}{4\pi\varepsilon_0}\left(\frac{1}{r} - \frac{1}{r'}\right) \tag{3.89}$$

其中, r、r' 分别是原电荷和像电荷到场点的距离. 更明显地, 在直角坐标系中

$$\varphi_P = \frac{q}{4\pi\varepsilon_0}\left(\frac{1}{\sqrt{x^2+y^2+(z-d)^2}} - \frac{1}{\sqrt{x^2+y^2+(z+d)^2}}\right) \tag{3.90}$$

例 3.2 一半径为 R_0 的导体球接地, 球外距离球心为 a 处有一点电荷 $+q$, 求空间电势分布.

解 与例 3.1 类似, 导体球表面在点电荷电场的作用下会产生感应电荷, 感应电荷与原电荷的电势之和给出空间电势分布, 如图 3.10(a) 所示. 现在的关键问题是如何得到感应电荷的电势. 我们把这个问题转化为: 寻找求解区域以外的像电荷 (不改变方程), 使之满足与实际问题完全相同的边界条件 (不改变边界条件).

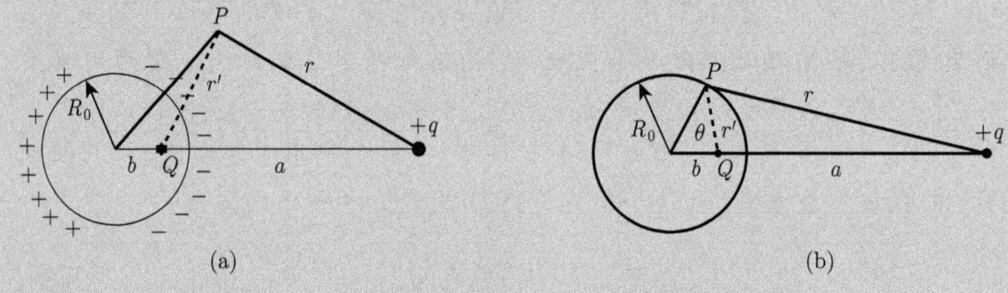

图 3.10 导体球在点电荷电场中的静电感应问题

由于体系具有轴对称性 (对称轴为球心和 q 的连线), 故像电荷应位于对称轴上. 又因为不能破坏求解区域的方程, 故像电荷应位于导体球内. 设像电荷的电荷量为 Q, 到球心的距离为 $b(b < R_0)$, 利用导体球等势的条件来确定 Q 和 b. 考虑球面上任意一点, 如图 3.10(b) 所示, 球面电势为 0 这一边界条件要求

$$\frac{q}{r} + \frac{Q}{r'} = 0 \tag{3.91}$$

式 (3.91) 对球面上任意一点都成立, 故

$$\frac{r'}{r} = -\frac{Q}{q} = 常数 \tag{3.92}$$

要使 r'/r 为常数, 则要求以 θ 为共同顶角的两个三角形相似, 由此可得

$$\frac{R_0}{a} = \frac{b}{R_0} = \frac{r'}{r} = -\frac{Q}{q} = 常数 \tag{3.93}$$

从式 (3.93) 中解出 b 和 Q, 即可得到像电荷的位置及其大小

$$b = \frac{R_0^2}{a}, \quad Q = -\frac{R_0}{a}q \tag{3.94}$$

唯一性定理保证, 这一像电荷与原电荷产生的叠加电场, 就是满足原方程和边界条件的唯一正确的电场, 其对应的球外电势为

$$\varphi_P = \frac{q}{4\pi\varepsilon_0}\left(\frac{1}{r} - \frac{R_0}{ar'}\right) \tag{3.95}$$

讨论一下结果的合理性和对应的物理图像. 由高斯定理知, 球面的电场通量为 Q/ε_0, 由于 $|Q| = \dfrac{R_0}{a}q < q$, 包围点电荷的高斯面上的电通量大于球面的电通量, 这说明从点电荷发出的场线, 只有一部分收敛于导体球表面, 剩下的部分延伸到无穷远, 如图 3.11 所示.

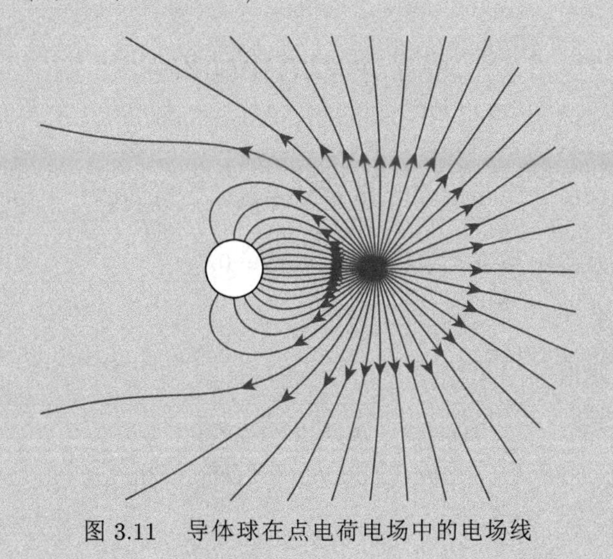

图 3.11 导体球在点电荷电场中的电场线

3.5 分离变量法

分离变量法是求解偏微分方程的常用方法, 其基本思想是通过分离变量将偏微分方程分解为几个常微分方程, 然后求解. 对于齐次的偏微分方程, 可以直接进行分离变量, 得到通解, 然后通过边界条件定解. 对于非齐次的偏微分方程, 则需要先找到它的一个特解, 然后将对应的齐次方程的通解和这个特解

叠加在一起, 再利用边界条件定解. 下面我们先讨论静电势的齐次方程, 即拉普拉斯方程的定解问题, 然后再讨论更一般的非齐次方程, 即泊松方程的定解问题.

3.5.1 拉普拉斯方程的定解问题

在许多实际问题中, 我们要研究的电场区域是没有自由电荷的. 例如, 电容器的内部只有电场, 所有的电荷都分布在介质和导体的表面. 所以在这些区域电势所满足的方程就是拉普拉斯方程. 拉普拉斯方程的通解形式我们已经在数学物理方法课程中研究过, 下面仅列出其结果.

1. 直角坐标系

拉普拉斯方程

$$\nabla^2\varphi=\frac{\partial^2\varphi}{\partial x^2}+\frac{\partial^2\varphi}{\partial y^2}+\frac{\partial^2\varphi}{\partial z^2}=0 \tag{3.96}$$

分离变量

$$\varphi(x,y,z)=X(x)Y(y)Z(z) \tag{3.97}$$

通解形式

$$\varphi(x,y,z)=(a_1\mathrm{e}^{\mathrm{i}k_xx}+a_2\mathrm{e}^{-\mathrm{i}k_xx})(b_1\mathrm{e}^{\mathrm{i}k_yy}+b_2\mathrm{e}^{-\mathrm{i}k_yy})(c_1\mathrm{e}^{\mathrm{i}k_zz}+c_2\mathrm{e}^{-\mathrm{i}k_zz}) \tag{3.98}$$

其中, a、b、c 为待定系数, 且 $k_x^2+k_y^2+k_z^2=0$.

2. 柱坐标系

拉普拉斯方程

$$\nabla^2\varphi=\frac{1}{r}\frac{\partial}{\partial r}\left(r\frac{\partial\varphi}{\partial r}\right)+\frac{1}{r^2}\frac{\partial^2\varphi}{\partial\theta^2}+\frac{\partial^2\varphi}{\partial z^2}=0 \tag{3.99}$$

分离变量

$$\varphi(\rho,\theta,z)=R(\rho)\Theta(\theta)Z(z) \tag{3.100}$$

通解形式 (沿 z 轴平移对称)

$$\varphi(\rho,\phi)=A_0+B_0\ln\rho+\sum_{n=1}^{\infty}(A_n\rho^n+B_n\rho^{-n})\cos(n\phi)+\sum_{n=1}^{\infty}(C_n\rho^n+D_n\rho^{-n})\sin(n\phi) \tag{3.101}$$

其中, A、B、C、D 为待定系数.

3. 球坐标系

拉普拉斯方程

$$\nabla^2\Psi = \frac{1}{r^2}\frac{\partial}{\partial r}\left(r^2\frac{\partial\Psi}{\partial r}\right) + \frac{1}{r^2\sin\theta}\frac{\partial}{\partial\theta}\left(\sin\theta\frac{\partial\Psi}{\partial\theta}\right) + \frac{1}{r^2\sin^2\theta}\frac{\partial^2\Psi}{\partial\phi^2} = 0 \tag{3.102}$$

分离变量

$$\Psi(r,\theta,\phi) = R(r)\Theta(\theta)\Phi(\phi) \tag{3.103}$$

一般通解形式

$$\begin{aligned}\varphi(r,\theta,\phi) = &\sum_{n,m}\left(a_{nm}r^n + \frac{b_{nm}}{r^{n+1}}\right)\mathrm{P}_n^m(\cos\theta)\cos(m\phi)\\ &+\sum_{n,m}\left(c_{nm}r^n + \frac{d_{nm}}{r^{n+1}}\right)\mathrm{P}_n^m(\cos\theta)\sin(m\phi)\end{aligned} \tag{3.104}$$

其中, P_n^m 为缔合勒让德 (Legendre) 多项式.

轴对称条件下 $(m=0)$ 的通解

$$\Psi(r,\theta) = \sum_n\left(a_n r^n + \frac{b_n}{r^{n+1}}\right)\mathrm{P}_n(\cos\theta) \tag{3.105}$$

球对称条件下 $(m=n=0)$ 的通解

$$\Psi(r) = a + \frac{b}{r} \tag{3.106}$$

其中, a、b 均为待定系数.

针对不同系统的对称性, 要选择合适的通解形式, 然后用边界条件来确定通解中的各项系数, 这一过程叫作定解. 下面我们通过两道例题来熟悉定解过程.

例 3.3 如图 3.12 所示, 内、外半径分别为 R_2 和 R_3 的导体球壳, 带电荷 Q, 其内部还有一个同心且半径为 R_1 的导体球接地, 求空间各点电势以及内部导体球上的感应电荷.

解 导体球壳和导体球将空间分为两个部分 (导体球本身等势, 无须单独讨论), 设球壳内电势为 φ_1, 球壳外的电势为 φ_2, 如图 3.12 所示.

第 1 步: 根据物理条件写出泛定方程和定解条件.

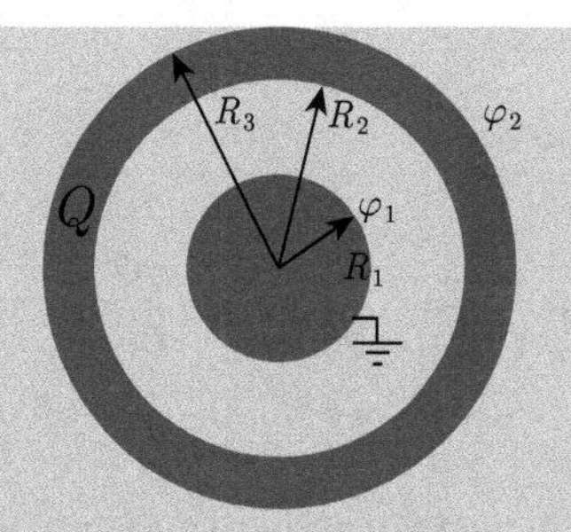

图 3.12 例 3.3 图

电势满足的泛定方程为

$$\nabla^2\varphi_1 = 0, \qquad \nabla^2\varphi_2 = 0 \tag{3.107}$$

边界条件如下.

(1) 外边界条件

$$\varphi_1|_{r=R_1} = 0 \quad (\text{内球接地}), \quad \varphi_2|_{r\to\infty} = 0 \tag{3.108}$$

(2) 内边界条件 (连接条件)

$$\varphi_1|_{r=R_2} = \varphi_2|_{r=R_3} \quad (\text{电势连续性条件}) \tag{3.109}$$

(3) 导体需要的额外边界条件

$$\oint_{R_3} \frac{\partial\varphi_2}{\partial r}\mathrm{d}S - \oint_{R_2} \frac{\partial\varphi_1}{\partial r}\mathrm{d}S = -\frac{Q}{\varepsilon_0} \quad (\text{外球壳电荷条件, 来自高斯定理}) \tag{3.110}$$

第 2 步: 根据对称性, 选择通解这个问题显然具有球对称性, 故选择球坐标系下的拉普拉斯方程的球对称通解 (3.106)

$$\varphi_1 = a + \frac{b}{r}, \quad \varphi_2 = c + \frac{d}{r} \tag{3.111}$$

第 3 步: 利用边界条件定解, 根据外边界条件 (1), 可得

$$a + \frac{b}{R_1} = 0, \quad c = 0 \tag{3.112}$$

根据连接条件 (2) 可得

$$a + \frac{b}{R_2} = \frac{d}{R_3} \tag{3.113}$$

根据导体需要的额外边界条件 (3) 可得

$$-\frac{d}{R_3^2}\cdot 4\pi R_3^2+\frac{b}{R_2^2}\cdot 4\pi R_2^2=-\frac{Q}{\varepsilon_0} \tag{3.114}$$

联立以上 4 个关于待定系数 a、b、c、d 的方程式 (3.111)∼ 式 (3.114), 可得

$$a=-\frac{Q_1}{4\pi\varepsilon_0 R_1},\quad b=\frac{Q_1}{4\pi\varepsilon_0},\quad c=0,\quad d=\frac{Q+Q_1}{4\pi\varepsilon_0} \tag{3.115}$$

其中,

$$Q_1=-\frac{R_3^{-1}}{R_1^{-1}-R_2^{-1}+R_3^{-1}}Q \tag{3.116}$$

将这些系数代回通解形式 (3.106) 中, 可得电势

$$\varphi_1=\frac{Q_1}{4\pi\varepsilon_0}\left(\frac{1}{r}-\frac{1}{R_1}\right)\qquad (R_1<r<R_2) \tag{3.117}$$

$$\varphi_2=\frac{Q+Q_1}{4\pi\varepsilon_0 r}\qquad (r>R_3) \tag{3.118}$$

利用高斯定理, 可得导体球上的感应电荷为

$$Q'=-\varepsilon_0\oint_{R_1}\frac{\partial\varphi_1}{\partial r}\mathrm{d}S=Q_1 \tag{3.119}$$

此题亦可用镜像法求解, 请读者自己尝试一下.

例 3.4 半径为 R_0、电容率为 ε 的介质球置于匀强外电场 E_0 中, 如图 3.13 所示, 求空间各点电势分布.

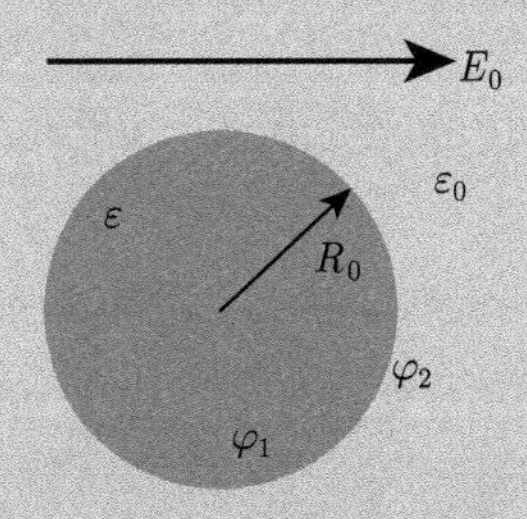

图 3.13 例 3.4 图

解 设球内电势为 φ_1, 球外电势为 φ_2.

第 1 步: 根据物理条件写出泛定方程和定解条件.

电势满足的泛定方程为

$$\nabla^2\varphi_1 = 0, \quad \nabla^2\varphi_2 = 0 \tag{3.120}$$

边界条件如下.

(1) 外边界条件

$$\varphi_1|_{r=0} = \text{有限}, \quad \varphi_2|_{r\to\infty} = -E_0 r\cos\theta \tag{3.121}$$

外边界条件来自未置入介质球时的匀强电场产生的电势, 默认取介质球置入处中心点为电势零点. 原则上, 置入介质球后极化电荷会影响电势分布, 并修正无穷远处的电势. 然而, 极化电荷的分布范围有限, 只会在无穷处产生强度次于匀强电场对应的电势. 因此, 无穷远处的电势仍为式 (3.121) .

(2) 内边界条件 (连接条件)

$$\varphi_1|_{r=R_0} = \varphi_2|_{r=R_0} \quad \text{(电势连续性条件)} \tag{3.122}$$

$$\varepsilon\left.\frac{\partial\varphi_1}{\partial r}\right|_{r=R_0} = \varepsilon_0\left.\frac{\partial\varphi_2}{\partial r}\right|_{r=R_0} \quad \text{(电势导数的跃变条件)} \tag{3.123}$$

第 2 步: 根据对称性, 选择通解.

这个问题具有轴对称性, 对称轴为通过球心、沿外场 $\boldsymbol{E}_0$ 方向的轴线, 取此轴线为球坐标中的极轴, 利用式 (3.105) 写出两个区域电势的通解为

$$\varphi_1 = \sum_n \left(a_n r^n + \frac{b_n}{r^{n+1}}\right)\mathrm{P}_n(\cos\theta) \tag{3.124}$$

$$\varphi_2 = \sum_n \left(c_n r^n + \frac{d_n}{r^{n+1}}\right)\mathrm{P}_n(\cos\theta) \tag{3.125}$$

其中, a_n、b_n、c_n、d_n 是待定系数, 注意, 因为 n 的取值可以从 0 到 ∞, 因此待定系数可能不止 4 个.

第 3 步: 利用边界条件定解 (注意, 利用勒让德级数的正交性).

根据外边界条件 (1), 并注意到 $\mathrm{P}_1(\cos\theta) = \cos\theta$, 可得

$$\varphi_1|_{r=0} = \text{有限} \Rightarrow b_n = 0 \tag{3.126}$$

$$\varphi_2|_{r\to\infty} = -E_0 r\cos\theta \Rightarrow \sum_n c_n r^n \mathrm{P}_n(\cos\theta) = -E_0 r\cos\theta$$

$$\Rightarrow c_1 = -E_0, \quad c_n = 0 \quad (n \neq 1) \quad (\text{比较 } \mathrm{P}_n \text{ 的系数}) \tag{3.127}$$

此时, 两个通解可写成

$$\varphi_1 = \sum_n a_n r^n \mathrm{P}_n(\cos\theta) \tag{3.128}$$

$$\varphi_2 = -E_0 r\cos\theta + \sum_n \left(\frac{d_n}{r^{n+1}}\right) \mathrm{P}_n(\cos\theta) \tag{3.129}$$

根据内边界条件 (2) 可得

$$\sum_n a_n R_0^n \mathrm{P}_n(\cos\theta) = -E_0 R_0 \cos\theta + \sum_n \left(\frac{d_n}{R_0^{n+1}}\right) \mathrm{P}_n(\cos\theta) \tag{3.130}$$

$$\frac{\varepsilon}{\varepsilon_0} \sum_n n a_n R_0^{n-1} \mathrm{P}_n(\cos\theta) = -E_0 \cos\theta - \sum_n (n+1) \left(\frac{d_n}{R_0^{n+2}}\right) \mathrm{P}_n(\cos\theta) \tag{3.131}$$

分别对比 P_n 的系数.

• P_0 的系数

$$a_0 = \frac{d_0}{R_0}, \quad 0 = \frac{d_0}{R_0^2} \quad \Rightarrow \quad a_0 = d_0 = 0 \tag{3.132}$$

• P_1 的系数

$$a_1 R_0 = -E_0 R_0 + \frac{d_1}{R_0^2}, \quad \frac{\varepsilon}{\varepsilon_0} a_1 = -E_0 - \frac{2d_1}{R_0^3} \tag{3.133}$$

解之得

$$a_1 = -\frac{3\varepsilon_0}{\varepsilon + 2\varepsilon_0} E_0, \quad d_1 = \frac{\varepsilon - \varepsilon_0}{\varepsilon + 2\varepsilon_0} E_0 R_0^3 \tag{3.134}$$

• $\mathrm{P}_n (n \geqslant 2)$ 的系数

$$a_n R_0^n = \frac{d_n}{R_0^{n+1}}, \quad \frac{\varepsilon}{\varepsilon_0} n a_n R_0^{n-1} = -(n+1)\left(\frac{d_n}{R_0^{n+2}}\right) \tag{3.135}$$

只有当 $a_n = d_n = 0$ $(n \geqslant 2)$ 的时候, 式 (3.135) 中两个方程才能恒成立.

至此所有系数均已确定, 本问题的解为

$$\varphi_1 = -\frac{3\varepsilon_0}{\varepsilon+2\varepsilon_0}E_0 r\cos\theta \tag{3.136}$$

$$\varphi_2 = -E_0 r\cos\theta + \frac{\varepsilon-\varepsilon_0}{\varepsilon+2\varepsilon_0}\frac{E_0 R_0^3\cos\theta}{r^2} \tag{3.137}$$

下面讨论一下解的物理图像. 对式 (3.136) 求负梯度可得球内电场

$$\boldsymbol{E_1} = -\nabla\varphi_1 = \frac{3\varepsilon_0}{\varepsilon+2\varepsilon_0}\boldsymbol{E_0} \tag{3.138}$$

显然这是一个匀强电场, 其强度小于外电场 $\boldsymbol{E_0}$. 这是因为介质极化后, 在介质界面上存在束缚电荷, 这些电荷激发了一个与外场反向的内电场, 使总电场减弱. 由线性关系, 可以算出介质的极化强度为

$$\boldsymbol{P} = (\varepsilon-\varepsilon_0)\boldsymbol{E} = \frac{\varepsilon-\varepsilon_0}{\varepsilon+2\varepsilon_0}3\varepsilon_0\boldsymbol{E_0} \tag{3.139}$$

介质球总的电偶极矩为

$$\boldsymbol{p} = \frac{4}{3}\pi R_0^3\boldsymbol{P} = \frac{\varepsilon-\varepsilon_0}{\varepsilon+2\varepsilon_0}4\pi\varepsilon_0 R_0^3\boldsymbol{E_0} \tag{3.140}$$

代入电磁学中我们学过的电偶极子的电势表达式中

$$\varphi_{\text{电偶极子}} = \frac{1}{4\pi\varepsilon_0}\frac{\boldsymbol{p}\cdot\boldsymbol{r}}{r^3} = \frac{\varepsilon-\varepsilon_0}{\varepsilon+2\varepsilon_0}\frac{E_0 R_0^3\cos\theta}{r^2} \tag{3.141}$$

这正是式 (3.137) 的第二项, 说明球外的电场就是原电场和介质球极化引起的电场的叠加, 如图 3.14 所示.

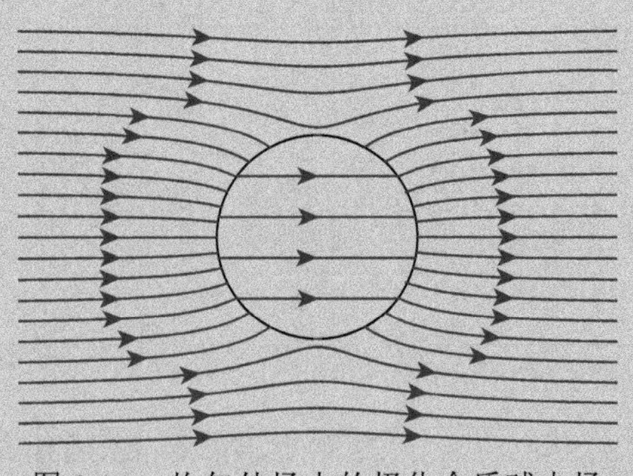

图 3.14　均匀外场中的极化介质球电场

例 3.5 一磁铁球半径为 R_0, 在外磁场的诱导下发生了均匀磁化, 磁化强度为 $\boldsymbol{M_0}$, 求空间各点的磁场.

解 铁球外没有磁介质, 磁荷 $\rho_{\rm m1}=0$; 铁球内的磁介质均匀磁化, 磁荷 $\rho_{\rm m2}=-\nabla\cdot\boldsymbol{M_0}=0$, 故铁球内、外的磁标势 $\varphi_{\rm m1}$、$\varphi_{\rm m2}$ 均满足拉普拉斯方程

$$\nabla^2\varphi_{\rm m1}=0,\quad \nabla^2\varphi_{\rm m2}=0 \tag{3.142}$$

该体系显然具有轴对称性, 对称轴为过球心沿 $\boldsymbol{M_0}$ 方向的极轴, 故选择球坐标下的轴对称通解

$$\varphi_{\rm m1}=\sum_n\left(a_nr^n+\frac{b_n}{r^{n+1}}\right){\rm P}_n(\cos\theta) \tag{3.143}$$

$$\varphi_{\rm m2}=\sum_n\left(c_nr^n+\frac{d_n}{r^{n+1}}\right){\rm P}_n(\cos\theta) \tag{3.144}$$

由外边界条件

$$\varphi_{\rm m1}|_{r=0}=\text{有限},\quad \varphi_{\rm m2}|_{r\to\infty}=0 \tag{3.145}$$

可知, $b_n=c_n=0$ 通解变成

$$\varphi_{\rm m1}=\sum_n a_nr^n{\rm P}_n(\cos\theta) \tag{3.146}$$

$$\varphi_{\rm m2}=\sum_n \frac{d_n}{r^{n+1}}{\rm P}_n(\cos\theta) \tag{3.147}$$

再考虑内边界上的连续性条件

$$\nabla\times\boldsymbol{H}=0\Rightarrow\varphi_{\rm m1}|_{r=R_0}=\varphi_{\rm m2}|_{r=R_0}\quad(\text{保守场条件}) \tag{3.148}$$

$$\nabla\cdot\boldsymbol{B}=0\Rightarrow B_{1r}=B_{2r}\Rightarrow\left(-\mu_0\frac{\partial\varphi_{\rm m1}}{\partial r}+\mu_0M_0\cos\theta\right)_{r=R_0}=-\mu_0\left.\frac{\partial\varphi_{\rm m2}}{\partial r}\right|_{r=R_0} \tag{3.149}$$

注意, 铁磁介质中 $\boldsymbol{B}$ 和 $\boldsymbol{H}$ 没有线性关系, 故连接条件中 $\mu H_{1r}\neq\mu_0H_{2r}$.

将边界条件代回通解 (3.143) 和 (3.144) 中可得

$$\sum_n a_n R_0^n \mathrm{P}_n(\cos\theta) = \sum_n \frac{d_n}{R_0^{n+1}} \mathrm{P}_n(\cos\theta) \tag{3.150}$$

$$-\mu_0 \sum_n n a_n R_0^{n-1} \mathrm{P}_n(\cos\theta) + \mu_0 M_0 \cos\theta = \mu_0 \sum_n (n+1) \frac{d_n}{R_0^{n+2}} \mathrm{P}_n(\cos\theta) \tag{3.151}$$

比较 P_n 的系数, 得

$$a_1 = \frac{1}{3} M_0, \quad d_1 = \frac{1}{3} M_0 R_0^3, \quad a_n = d_n = 0 \quad (n \neq 1) \tag{3.152}$$

代回通解 (3.143) 和 (3.144) 中可得

$$\varphi_{\mathrm{m}1} = \frac{1}{3} M_0 r \cos\theta = \frac{1}{3} \boldsymbol{M_0} \cdot \boldsymbol{r} \tag{3.153}$$

$$\varphi_{\mathrm{m}2} = \frac{M_0 R_0^3}{3} \frac{\cos\theta}{r^2} = \frac{R_0^3}{3} \frac{\boldsymbol{M}_0 \cdot \boldsymbol{r}}{r^3} \tag{3.154}$$

将式 (3.154) 对比磁偶极子的标势

$$\varphi_{\mathrm{m}} = \frac{\boldsymbol{m} \cdot \boldsymbol{r}}{4\pi r^3} \tag{3.155}$$

可知, 球外的磁场是磁偶极子的磁场. 介质球的磁偶极矩为

$$\boldsymbol{m} = \frac{4\pi R_0^3}{3} \boldsymbol{M_0} = \boldsymbol{M_0} V \tag{3.156}$$

符合均匀磁化的图像.

对式 (3.153) 求负梯度可得球内磁场强度:

$$\boldsymbol{H_1} = -\nabla \varphi_{\mathrm{m}1} = -\frac{1}{3} \boldsymbol{M_0} \tag{3.157}$$

对应的磁感应强度为

$$\boldsymbol{B_1} = \mu_0 (\boldsymbol{H} + \boldsymbol{M}_0) = \frac{2}{3} \mu_0 \boldsymbol{M_0} \tag{3.158}$$

我们将磁场强度 $\boldsymbol{H}$ 和磁感应强度 $\boldsymbol{B}$ 的场进行对比, 如图 3.15 所示, 可以看到, $\boldsymbol{B}$ 在球面是连续的, 而 $\boldsymbol{H}$ 则是不连续的, 此外在球内 $\boldsymbol{B}$ 和 $\boldsymbol{H}$ 的方向也不相同. 要谨记, $\boldsymbol{B}$ 才是总的宏观磁场, $\boldsymbol{H}$ 只是一个辅助量.

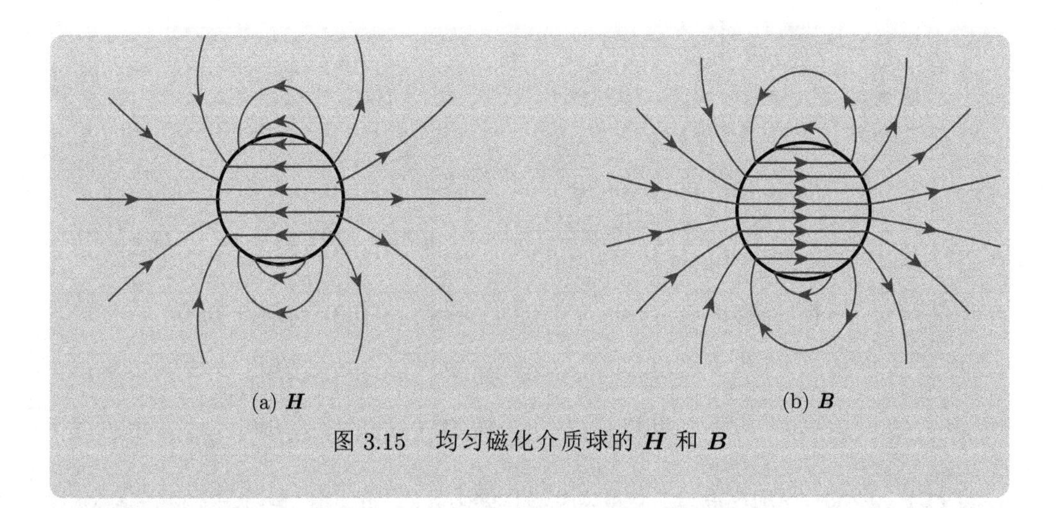

图 3.15　均匀磁化介质球的 $\boldsymbol{H}$ 和 $\boldsymbol{B}$

例 3.6　尖端放电问题. 在电磁学中我们知道, 导体表面的电荷密度是随曲率半径的减小而增大的. 这一定性结论一方面可以通过实验来验证, 另一方面也可以在理论上严格证明. 请以接地圆锥为例讨论导体尖端的电荷密度问题.

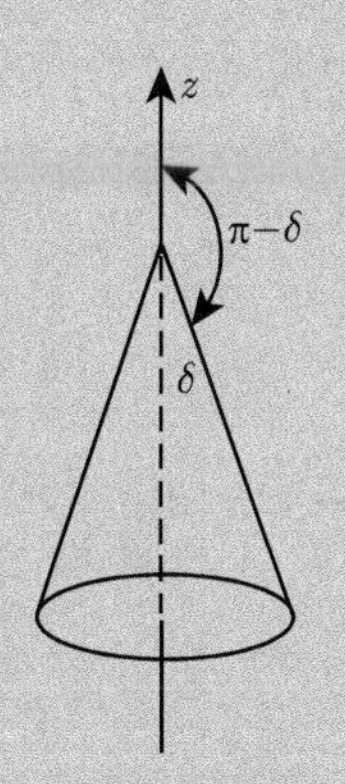

图 3.16　接地导体圆锥

解　一圆锥形导体如图 3.16 所示放置, 对称轴为 z 轴, 锥面与 z 轴的夹角为 δ. 设导体外部电势为 φ, 满足拉普拉斯方程

$$\nabla^2\varphi = 0 \tag{3.159}$$

在球坐标系中, 方程可写为

$$\frac{1}{r^2}\frac{\partial}{\partial r}\left(r^2\frac{\partial\varphi}{\partial r}\right) + \frac{1}{r^2\sin\theta}\frac{\partial}{\partial\theta}\left(\sin\theta\frac{\partial\varphi}{\partial\theta}\right) = 0 \tag{3.160}$$

由轴对称性可知, 方程与方位角 φ 无关.

分离变量, 将 $\varphi(r,\theta)=R(r)\Theta(\theta)$ 代入式 (3.160) 可得

$$r^2\frac{\mathrm{d}^2R}{\mathrm{d}r^2}+2r\frac{\mathrm{d}R}{\mathrm{d}r}-\nu(\nu+1)R=0 \tag{3.161}$$

$$\frac{\mathrm{d}}{\mathrm{d}\zeta}\left[(1-\zeta^2)\frac{\mathrm{d}\Theta}{\mathrm{d}\zeta}\right]+\nu(\nu+1)\Theta=0 \tag{3.162}$$

其中, $\zeta=\cos\theta$; ν 是非负实数. 式 (3.161) 和式 (3.162) 的解分别是

$$R(r)=Ar^{\nu}+Br^{-\nu-1} \tag{3.163}$$

$$\Theta(\zeta)=C\mathrm{P}_{\nu}(\zeta)+D\mathrm{Q}_{\nu}(\zeta) \tag{3.164}$$

其中, P_ν 和 Q_ν 分别是第一类和第二类勒让德函数, 且有 $\mathrm{P}_\nu(1)=1$, $\mathrm{Q}_\nu(1)\to\infty$.

导体圆锥满足边界条件:

$$\varphi|_{r=0}=\text{有限},\quad \varphi|_{\theta=0}=\text{有限} \tag{3.165}$$

$$\varphi|_{\theta=\pi-\delta}=0 \tag{3.166}$$

由式 (3.165) 可知, $B=D=0$. 再由式 (3.166) 可得

$$\mathrm{P}_{\nu}(-\cos\delta)=0 \tag{3.167}$$

设 ν_n 为方程 (3.167) 的解, 且 $\nu_1<\nu_2<\nu_3<\cdots$, 则拉普拉斯方程的解为

$$\varphi(r,\theta)=\sum_n A_n r^{\nu_n}\mathrm{P}_{\nu_n}(\cos\theta) \tag{3.168}$$

在锥尖附近, $r\to 0$, 只保留领头阶

$$\varphi(r\to 0,\theta)=A_1 r^{\nu_1}\mathrm{P}_{\nu_1}(\cos\theta) \tag{3.169}$$

锥尖附近的电场为

$$\boldsymbol{E}=E_r\boldsymbol{e}_r+E_\theta\boldsymbol{e}_\theta=-\frac{\partial\varphi}{\partial r}\boldsymbol{e}_r-\frac{1}{r}\frac{\partial\varphi}{\partial\theta}\boldsymbol{e}_\theta \tag{3.170}$$

$$E_r=-A_1\nu_1 r^{\nu_1-1}\mathrm{P}_{\nu_1}(\cos\theta) \tag{3.171}$$

$$E_\theta=A_1 r^{\nu_1-1}\sin\theta\mathrm{P}'_{\nu_1}(\cos\theta) \tag{3.172}$$

其中, $\mathrm{P}'_{\nu_1}(\cos\theta)=\dfrac{\mathrm{dP}_{\nu_1}(\cos\theta)}{\mathrm{d}\cos\theta}$. 锥尖表面的电荷面密度为

$$\sigma=-\varepsilon_0 E_\theta|_{\theta=\pi-\delta}=-\varepsilon_0 A_1 r^{\nu_1-1}\sin\theta \mathrm{P}'_{\nu_1}(-\cos\delta)|_{\theta=\pi-\delta} \tag{3.173}$$

可见, 电场强度和电荷分布都是随 r^{ν_1-1} 变化的, 因此确定 ν_1 的取值特征是极为重要的, 这一特征完全由方程 (3.167) 决定.

下面我们讨论, 当圆锥非常"尖"时, 导体锥尖外的电场特征, 即在 $\delta\to 0$ 条件下求解方程 (3.167).

首先假设 $\nu_1\ll 1$[①]. 将 $\mathrm{P}_{\nu_1}(\zeta)$ 按 ν_1 的幂次展开

$$\mathrm{P}_{\nu_1}(\zeta)=\mathrm{P}^{(0)}_{\nu_1}(\zeta)+\nu_1\mathrm{P}^{(1)}_{\nu_1}(\zeta)+O(\nu_1^2) \tag{3.174}$$

将展开式 (3.177) 代回勒让德方程

$$\frac{\mathrm{d}}{\mathrm{d}\zeta}\left[(1-\zeta^2)\frac{\mathrm{dP}_{\nu_1}}{\mathrm{d}\zeta}\right]+\nu(\nu+1)\mathrm{P}_{\nu_1}=0 \tag{3.175}$$

中, 忽略 $O(\nu_1^2)$ 可以得到

$$\frac{\mathrm{d}}{\mathrm{d}\zeta}\left[(1-\zeta^2)\frac{\mathrm{dP}^{(0)}_{\nu_1}}{\mathrm{d}\zeta}\right]=0 \tag{3.176}$$

$$\frac{\mathrm{d}}{\mathrm{d}\zeta}\left[(1-\zeta^2)\frac{\mathrm{dP}^{(1)}_{\nu_1}}{\mathrm{d}\zeta}\right]+\nu(\nu+1)\mathrm{P}^{(0)}_{\nu_1}=0 \tag{3.177}$$

注意到, $\mathrm{P}_0(1)=1$, 取 $\mathrm{P}^{(0)}_{\nu_1}=1$, 则方程 (3.177) 化为

$$\frac{\mathrm{d}}{\mathrm{d}\zeta}\left[(1-\zeta^2)\frac{\mathrm{dP}^{(1)}_{\nu_1}}{\mathrm{d}\zeta}\right]=-1 \tag{3.178}$$

两边积分得

$$(1-\zeta^2)\frac{\mathrm{dP}^{(1)}_{\nu_1}}{\mathrm{d}\zeta}=1-\zeta \tag{3.179}$$

其中, 积分常数使得 $\mathrm{P}^{(1)}_{\nu_1}(1)$ 非奇异. 再次积分得

$$\mathrm{P}^{(1)}_{\nu_1}(\zeta)=\ln\frac{1+\zeta}{2} \tag{3.180}$$

①这一假设现在看来并无道理, 但后面我们会证明这一假设实际上与 $\delta\to 0$ 是一致的.

其中, 积分常数使得 $\mathrm{P}_{\nu_1}^{(1)}(1)=0$. 因此,

$$\mathrm{P}_{\nu_1}^{(1)}(\zeta)=1+\nu_1\ln\frac{1+\zeta}{2}+O(\nu_1^2) \tag{3.181}$$

当 $\zeta=-\cos\delta$ 时, 由边界条件 (3.166) 可知, ν_1 满足方程

$$1+\nu_1\ln\frac{1-\cos\delta}{2}=0 \tag{3.182}$$

显然 $\delta\to 0$ 时, ν_1 也需趋于 0 才能满足方程, 由此可以说明, 我们前面假设 $\nu_1\ll 1$ 是合理的. 将 $\cos\delta\approx 1-\delta^2/2$ 代入式 (3.182) 可以解得

$$\nu_1\approx\left(2\ln\frac{2}{\delta}\right)^{-1} \tag{3.183}$$

当 $\delta\to 0$ 时, $\nu_1\to 0$, 相应地, 在针尖附近 $(r\to 0)$ 电场和电荷密度为

$$(E,\sigma)\sim\frac{1}{r}\to\infty \tag{3.184}$$

这正是尖端放电现象中我们熟知的结论.

3.5.2 泊松方程的定解问题

泊松方程是拉普拉斯方程的非齐次形式, 它的解就是满足泊松方程的特解叠加上对应的拉普拉斯方程的通解. 利用物理上的边界条件同样可以定解. 下面我们用这种方法重新解一下例 3.2, 请大家在练习中证明两种方法的结果是相同的.

例 3.7 一半径为 R_0 的导体球接地, 球外距离球心为 a 处有一点电荷 $+q$, 求空间电势分布.

解 第 1 步: 根据物理条件写出泛定方程和定解条件.

球外电势满足的泛定方程为

$$\nabla^2\varphi=-\frac{q}{\varepsilon_0}\delta^3(\boldsymbol{r}-a\hat{\boldsymbol{e}}_z) \tag{3.185}$$

边界条件为

$$\varphi|_{r=R_0}=0,\quad \varphi|_{r\to\infty}=0 \tag{3.186}$$

第 2 步: 写出非齐次方程的解的结构: 特解 + 通解.

这个问题具有轴对称性, 对称轴为球心与电荷 q 的连线, 取此轴线为球坐标中的极轴. 注意到, 泊松方程是拉普拉斯方程的非齐次形式, 其解的结构为对应的拉普拉斯方程的通解叠加上泊松方程的特解. 通解的形式由轴对称性可以选择球坐标中的式 (3.105), 特解只要找到一个满足泊松方程的形式即可. 显然, 点电荷的电势就是一个特解. 从物理上看, 通解对应的是感应电荷的电势, 特解对应的是自由电荷的电势.

$$\varphi=\sum_n\left(a_nr^n+\frac{b_n}{r^{n+1}}\right)\mathrm{P}_n(\cos\theta)+\frac{q}{4\pi\varepsilon_0|\boldsymbol{r}-a\hat{\boldsymbol{e}}_z|} \tag{3.187}$$

第 3 步: 利用边界条件定解.

根据无穷远边界条件可知, $a_n=0$, 则解可写成

$$\varphi=\sum_n\frac{b_n}{r^{n+1}}\mathrm{P}_n(\cos\theta)+\frac{q}{4\pi\varepsilon_0|\boldsymbol{r}-a\hat{\boldsymbol{e}}_z|} \tag{3.188}$$

再利用导体球边界上的电势连续条件可以定出 b_n. 具体的计算过程留作练习题.

3.6 格林函数法

格林函数法是微分方程理论中一种重要的求解方法. 它是通过构造一个特定的函数 (被称作格林函数), 从而求解给定的边界值问题或初值问题.

3.6.1 格林函数的定义

函数 $G(x,s)$ 叫作线性微分算子 $L(x)$ 的格林函数, 如果

$$LG(x,s)=\delta(s-x) \tag{3.189}$$

利用 δ 函数的挑选性, 可以求解如下形式的算子 L 的方程

$$Lu(x)=f(x) \tag{3.190}$$

利用格林函数, 我们可以将式 (3.189) 和式 (3.190) 转化为如下的积分形式:

$$\int LG(x,s)f(s)\,\mathrm{d}s=\int\delta(x-s)f(s)\,\mathrm{d}s=f(x) \tag{3.191}$$

联立式 (3.189)~ 式 (3.191), 我们可以得到

$$Lu(x) = L\left(\int G(x,s)f(s)\,\mathrm{d}s\right) \quad \to \quad u(x) = \int G(x,s)f(s)\,\mathrm{d}s \tag{3.192}$$

当我们考虑一个单位点电荷时, 它所产生的电势 $\psi(\boldsymbol{x})$ 会满足下面的泊松方程:

$$\nabla^2\psi(\boldsymbol{x}) = -\frac{1}{\varepsilon_0}\delta(\boldsymbol{x}-\boldsymbol{x}') \tag{3.193}$$

接下来, 我们讨论 ψ 在边界上的取值问题. 现在我们假设一个空间区域 V, 其中包含有 $\boldsymbol{x}'$, 且其边界被记作 S. 依据格林函数在边界 S 上的条件, 我们可以将方程(3.193)分为两种情况.

(1) 如果格林函数在边界 S 上满足

$$\psi|_S = 0. \tag{3.194}$$

则 ψ 称为泊松方程在 V 中满足第一类边值问题的格林函数.

(2) 如果格林函数在边界 S 上满足

$$\left.\frac{\partial\psi}{\partial n}\right|_S = -\frac{1}{\varepsilon_0 S} \tag{3.195}$$

则 ψ 称为泊松方程在 V 中满足第二类边值问题的格林函数.

3.6.2 常见区域的格林函数

以下是一些常见区域的格林函数.

(1) 无界空间的格林函数. 无界空间不涉及边界, 格林函数 ψ 无须满足边界条件, 只须满足式 (3.193) 即可. 因此, 无界空间的格林函数可以写为

$$G(\boldsymbol{x},\boldsymbol{x}') = \frac{1}{4\pi\varepsilon_0}\frac{1}{|\boldsymbol{x}-\boldsymbol{x}'|} \tag{3.196}$$

(2) 上半空间格林函数 (满足第一类边值问题). 常见的问题是给定无穷大平面上的电势以及上半空间的电荷分布, 求解上半空间的电势分布.

令 $\tilde{\boldsymbol{x}}$ 为 $\boldsymbol{x}'$ 的关于 $z=0$ 镜面对称的矢量 (即 $\tilde{\boldsymbol{x}}=(x',y',-z')$), 对于该问题的格林函数可以表示为

$$G(\boldsymbol{x},\boldsymbol{x}') = \frac{1}{4\pi\varepsilon_0}\left(\frac{1}{|\boldsymbol{x}-\boldsymbol{x}'|} - \frac{1}{|\boldsymbol{x}-\tilde{\boldsymbol{x}}|}\right) \tag{3.197}$$

原理在于, 为满足 $\psi|_S=0$, 可以在原格林函数基础之上减去其关于 $z=0$ 镜面对称的格林函数, 如此构造的格林函数肯定满足第一类边值问题.

(3) 球外空间格林函数 (满足第一类边值问题). 常见的问题是给定球面上的电势及球外电荷的分布, 求解球外空间的电势分布.

我们可以仿照上半空间格林函数的构造, 令 $\tilde{\boldsymbol{x}}=\left(\frac{R_0}{|\boldsymbol{x}'|}\right)^2\boldsymbol{x}'$, 这样可以保证满足 $\psi|_S=0$, 得到球外空间的格林函数为

$$G\left(\boldsymbol{x},\boldsymbol{x}'\right)=\frac{1}{4\pi\varepsilon_0}\left(\frac{1}{|\boldsymbol{x}-\boldsymbol{x}'|}-\frac{R_0}{|\boldsymbol{x}'||\boldsymbol{x}-\tilde{\boldsymbol{x}}|}\right) \tag{3.198}$$

事实上, 满足第一类边值问题的球外格林函数借鉴了镜像法的思想. 在求解区域以外引入镜像电荷, 使得格林函数满足第一类边值问题. 请大家思考, 如何构造满足第一类边值问题的球内格林函数?

小结 这些方法同时给出了构造出满足第一类边值问题的格林函数的思路, 即可以从无边界的格林函数出发, 找出一个新的 $\tilde{\boldsymbol{x}}$, 要求 $\boldsymbol{x}'|_S=\tilde{\boldsymbol{x}}$, 且 $\tilde{\boldsymbol{x}}$ 始终位于该区域之外.

通常, 简单几何形状的 V 区域上的格林函数比较容易求解, 但一般形状的 V 上的格林函数则难以求解.

3.6.3 格林函数方法求解泊松方程

现在我们的目的是求解如下形式的泊松方程:

$$\nabla^2\varphi=-\frac{1}{\varepsilon_0}\rho \tag{3.199}$$

静电势满足的方程就是泊松方程. 格林函数法在求解静电场的电势问题中有非常直观的物理含义. 首先, 点电荷在空间某处产生电势, 这个电势的表达式就是格林函数. 同时, 格林函数法所基于的一个前提是线性叠加原理, 这也是电磁学的一个重要特性, 也就是说, 无论在空间的任何地方, 由任何电荷产生的电势, 都可以相互叠加.

我们将待求解的电势问题转化为积分表达式, 这个积分对应的就是我们将待求区域内的电荷分布, 以点电荷的方式叠加起来形成的电势. 每一个小部分电荷产生的电势就好比是这个小部分电荷以点电荷的形式形成的电势, 也就是格林函数. 那么整体的电势则是这些微小电势的叠加, 即电荷分布与格林函数的卷积.

所以, 格林函数法求电势就成为静电势的求解中非常直观的物理图像: 我们把待求电势空间内的每个微元中的电荷看作点电荷, 然后根据库仑定律计算出这些电荷与其他点的互动, 也就是它们之间的电势. 这样, 整个空间内的电势就可以由这些点电荷之间的电势叠加得到.

下面我们阐述详细格林函数方法求解静电势的原理和过程. 我们可以将格林函数应用到两个 V 区域上的标量场 φ 和 ψ. 利用格林第一恒等式, 我们可以积分得到

$$\int_V \left(\psi\nabla^2\varphi - \varphi\nabla^2\psi\right) \mathrm{d}V = \oint_S \left(\psi\nabla\varphi - \varphi\nabla\psi\right) \cdot \mathrm{d}\boldsymbol{S} \tag{3.200}$$

取 φ 为待求解的电势, 取 ψ 为格林函数, 我们可以得到

$$\begin{aligned}&\int_V \left[G\left(\boldsymbol{x}', x\right) \nabla'^2\varphi\left(\boldsymbol{x}'\right) - \varphi\left(\boldsymbol{x}'\right) \nabla'^2 G\left(\boldsymbol{x}', \boldsymbol{x}\right)\right] \mathrm{d}V' \\ =& \oint_S \left[G\left(\boldsymbol{x}', \boldsymbol{x}\right) \frac{\partial\varphi\left(\boldsymbol{x}'\right)}{\partial n} - \varphi\left(\boldsymbol{x}'\right) \frac{\partial G\left(\boldsymbol{x}', \boldsymbol{x}\right)}{\partial n}\right] \mathrm{d}S'\end{aligned} \tag{3.201}$$

式 (3.201) 左边第二项为

$$\frac{1}{\varepsilon_0} \int \varphi\left(\boldsymbol{x}'\right) \delta\left(\boldsymbol{x}' - \boldsymbol{x}\right) \mathrm{d}V' = \frac{\varphi\left(\boldsymbol{x}\right)}{\varepsilon_0} \tag{3.202}$$

于是有

$$\varphi\left(\boldsymbol{x}\right) = \int_V G\left(\boldsymbol{x}', \boldsymbol{x}\right) \rho\left(\boldsymbol{x}'\right) \mathrm{d}V' + \varepsilon_0 \oint_S \left[G\left(\boldsymbol{x}', \boldsymbol{x}\right) \frac{\partial\varphi}{\partial n'} - \varphi\left(\boldsymbol{x}'\right) \frac{\partial G\left(\boldsymbol{x}', \boldsymbol{x}\right)}{\partial n'}\right] \mathrm{d}S' \tag{3.203}$$

至此可以看出, 格林函数可以求解出电势, 下面处理不同形式的边界条件.

(1) 第一类边值问题 $G\left(\boldsymbol{x}', \boldsymbol{x}\right)|_S = 0$.

由式(3.203) 可得第一类边值问题的解

$$\varphi\left(\boldsymbol{x}\right) = \int_V G\left(\boldsymbol{x}', \boldsymbol{x}\right) \rho\left(\boldsymbol{x}'\right) \mathrm{d}V' - \varepsilon_0 \oint_S \varphi\left(\boldsymbol{x}'\right) \frac{\partial G\left(\boldsymbol{x}', \boldsymbol{x}\right)}{\partial n'} \mathrm{d}S' \tag{3.204}$$

(2) 第二类边值问题 $\left.\dfrac{\partial G\left(\boldsymbol{x}', \boldsymbol{x}\right)}{\partial n'}\right|_{\boldsymbol{x}' \in S} = -\dfrac{1}{\varepsilon_0 S}$.

由式 (3.203) 可得第二类边值问题的解

$$\varphi\left(\boldsymbol{x}\right) = \int_V G\left(\boldsymbol{x}', \boldsymbol{x}\right) \rho\left(\boldsymbol{x}'\right) \mathrm{d}V' + \varepsilon_0 \oint_S G\left(\boldsymbol{x}', \boldsymbol{x}\right) \frac{\partial\varphi}{\partial n'} \mathrm{d}S' + \langle\varphi\rangle_S \tag{3.205}$$

其中, $\langle\varphi\rangle_S$ 为电势在 S 上的平均值.

请证明, 式(3.204) 和式 (3.205) 确实满足对应边界条件的泊松方程的解.

例 3.8 无穷大导体平面上有半径为 a 的圆, 圆内和圆外用极窄绝缘环隔开. 设圆内电势为 V_0, 导体板其余部分电势为 0, 求上半空间的电势.

解 分析题设可知, 本题可用满足第一类边值问题的上半空间格林函数来求解.

根据式 (3.204) 有

$$\varphi(\boldsymbol{x})=-\varepsilon_0\oint_S\varphi(\boldsymbol{x}')\frac{\partial G(\boldsymbol{x}',\boldsymbol{x})}{\partial n'}\mathrm{d}S' \tag{3.206}$$

其中, S 是 $z'=0$ 的面, 法向沿 $-z'$ 方向. 将式 (3.197) 代入式 (3.206) 可以计算出 $\varphi(\boldsymbol{x})$. 具体的计算过程留作练习题.

课堂讨论

通过本章的学习, 请读者阅读超级电容器的相关材料[①], 并在课堂讨论中分享你对超级电容器原理的理解以及应用前景的看法.

思考题

1. 想一想式 (3.12) 和式 (3.10) 有什么关系?
2. 证明唯一性定理用到的式 (3.81) 和式 (3.82) 来自 $D=\varepsilon E$. 若介质不满足这种线性关系, 则唯一性定理能否成立?
3. 如何证明矢势 $\boldsymbol{A}$ 的边界方程式 (3.23) 和式 (3.24), 这个边界条件是否隐含了库仑规范?
4. 请小结一下分离变量法的基本过程, 想一想, 镜像法和分离变量法之间有什么联系?
5. 一个均匀带电的椭球, 它的电偶极矩是多少?
6. 一般来说, 电偶极矩依赖于坐标原点的选择, 为什么? 但如果总电荷为 0, 则电偶极矩不依赖于原点的选择, 试证明之.
7. 磁偶极矩是否依赖于坐标原点的选择? 为什么?

练习题

1. 选择无穷远为电势零点, 利用库仑定律计算电荷电势; 并证明点电荷电势以及连续带电体电势 (3.9) 均满足泊松方程.

---

① https://en.wikipedia.org/wiki/Supercapacitor.

2. 请总结一下在绝缘介质边界、导体边界、绝缘介质与导体边界上电势所要满足的方程.
3. 同心的导体球和导体球壳之间充满了两种介质, 左半部分的电容率为 ε_1, 右半部分的电容率为 ε_2, 如图 3.17 所示. 设导体球上带电荷 Q, 外球壳接地, 求电场和球壳上的电荷分布 (提示: 电荷分布用边界方程来求).

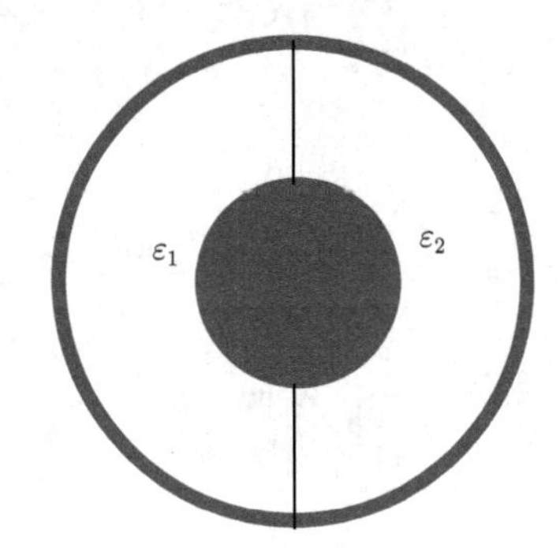

图 3.17 填充两种介质的导体球壳

4. 写出如图 3.18 体系的镜像电荷的位置并确定其大小 (实线表示导体, 几何参数如图所示).

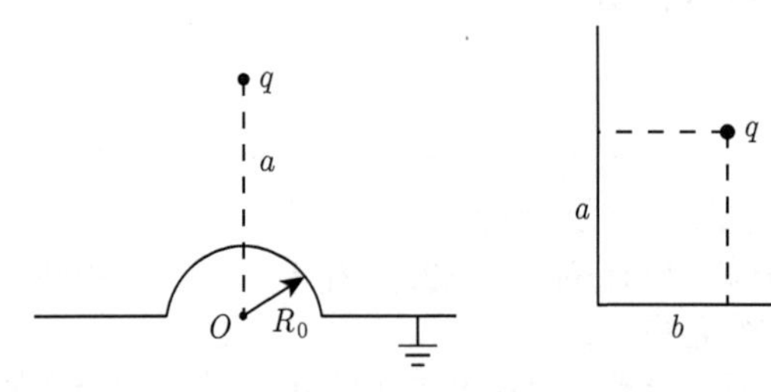

(a) 带有半球形隆起的接地导体平面　　(b) 接地水平导体面与垂直导体面

图 3.18 镜像电荷问题

5. 半径为 R_0 的金属球置于匀强外电场 E_0 中, 导体球上带电荷量 Q_0, 求空间电势分布.
6. 一半径为 R_0 的导体球, 带有电荷 Q_0, 球外距离球心为 a 处有一点电荷 q, 求:

   (1) 空间电势分布;

   (2) 空间电场分布;

   (3) 电荷 q 所受的作用力. 利用你算出的结果讨论, 若 Q_0、q 同号, 则点电荷与导体球之间的作用力是斥力还是引力?
7. 完成例 3.7 的定解过程, 并证明例 3.2 和例 3.7 的结果是相同的.

   提示: $\dfrac{1}{r}=\dfrac{1}{\sqrt{R_0^2+a^2-2R_0a\cos\theta}}=\dfrac{1}{a}\sum_{n=0}^{\infty}\left(\dfrac{R_0}{a}\right)^n \mathrm{P}_n(\cos\theta),\quad R_0<a.$

8. 证明电偶极电场公式 (3.62) 和磁偶极磁场公式 (3.71).
9. 证明磁偶极子的磁标势为

$$\varphi_{\mathrm{m}}^{(1)} = \frac{\boldsymbol{m} \cdot \boldsymbol{r}}{4\pi r^3} \tag{3.207}$$

提示: 先把磁偶极磁场 (3.71) 写成某一个标量函数的梯度, 然后对照磁标势的定义.

10. 一个半径为 R_0 的球, 球心位于原点, 电荷密度为

$$\rho(r, \theta) = k\frac{R_0}{r^2}(R_0 - r)\sin\theta \tag{3.208}$$

其中, k 是常数; r、θ 是球坐标. 求远场处 z 轴上的电势 (近似到偶极项).

11. 请完成例 3.8 的计算, 得出该例题上半空间中的电势和电场.
12. 请证明, 电偶极子产生的电场可以由式 (3.60) 的负梯度给出, 即

$$\boldsymbol{E}^{(1)} = -\nabla\varphi^{(1)} = \frac{3(\boldsymbol{p} \cdot \boldsymbol{e}_r)\boldsymbol{e}_r - \boldsymbol{p}}{4\pi\varepsilon r^3}.$$

13. 请证明, 对式 (3.63) 求旋度即可得到磁偶极项的磁场

$$\boldsymbol{B}^{(1)} = \nabla \times \boldsymbol{A}^{(1)} = \frac{\mu}{4\pi}\nabla \times \left(\boldsymbol{m} \times \frac{\boldsymbol{r}}{r^3}\right) = \frac{\mu}{4\pi r^3}[3(\boldsymbol{m} \cdot \boldsymbol{e}_r)\boldsymbol{e}_r - \boldsymbol{m}]$$

14. 请完成例题 3.8 中最后部分的证明.

第 4 章　电磁波的传播

本章的思维导图如图 4.1 所示.

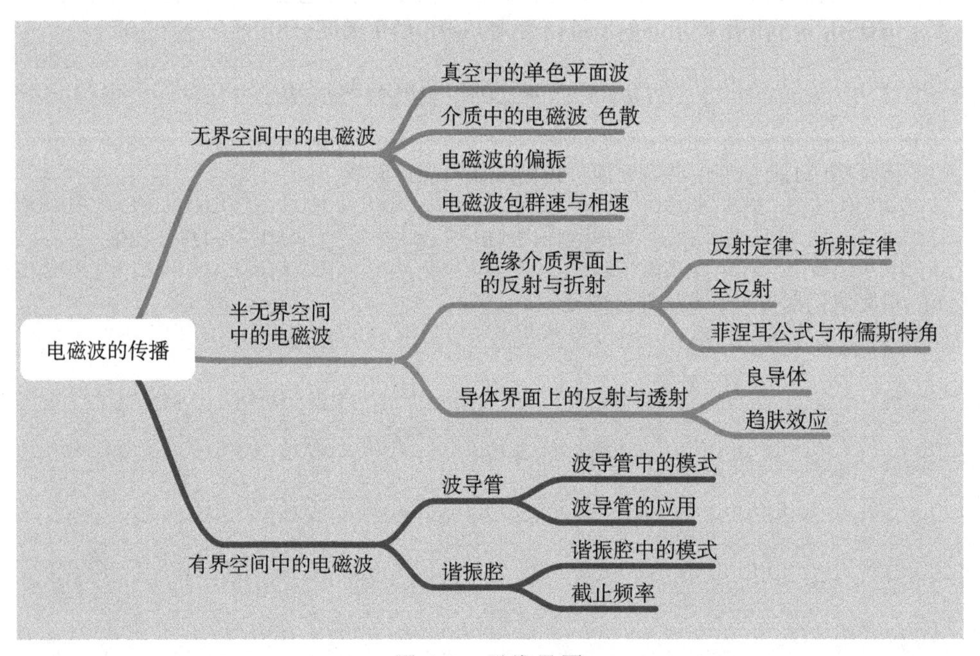

图 4.1　思维导图

前面我们讨论了静场问题, 这一章我们讨论场随时间变化的问题. 在电磁学和光学中我们已经知道, 变化的电磁场会形成电磁波. 电磁波在介质（包括导体）中传播时, 还会由于感应、极化、磁化等引起源分布的变化, 而源分布的变化也会激发相应的电磁波, 因此, 最终的电磁波行为的描述, 需要通过求解一定边界条件下的电磁波波动方程来获得. 本章用这个思路分别讨论无界空间、半无界空间和有界空间中的电磁波性质.

4.1 无界空间中的电磁波

当电磁波在均匀介质中传播时, 麦克斯韦方程中所有的静场源, 如 ρ_f、$\boldsymbol{J}_f$ 都为 0, 即

$$\nabla \cdot \boldsymbol{D} = 0 \tag{4.1}$$

$$\nabla \times \boldsymbol{E} = -\frac{\partial \boldsymbol{B}}{\partial t} \tag{4.2}$$

$$\nabla \cdot \boldsymbol{B} = 0 \tag{4.3}$$

$$\nabla \times \boldsymbol{H} = \frac{\partial \boldsymbol{D}}{\partial t} \tag{4.4}$$

4.1.1 真空中的单色平面波

在真空中, $\boldsymbol{D} = \varepsilon_0 \boldsymbol{E}, \boldsymbol{B} = \mu_0 \boldsymbol{H}$. 分别取式 (4.2) 的旋度, 再利用式 (4.1) 可以得到

$$\begin{aligned} \nabla \times (\nabla \times \boldsymbol{E}) &= \nabla(\nabla \cdot \boldsymbol{E}) - \nabla^2 \boldsymbol{E} \\ &= -\nabla^2 \boldsymbol{E} \\ &= -\frac{\partial}{\partial t} \nabla \times \boldsymbol{B} \\ &= -\mu_0 \varepsilon_0 \frac{\partial^2 \boldsymbol{E}}{\partial t^2} \end{aligned} \tag{4.5}$$

整理得

$$\nabla^2 \boldsymbol{E} - \frac{1}{c^2} \frac{\partial^2 \boldsymbol{E}}{\partial t^2} = 0 \tag{4.6}$$

其中, $c = 1/\sqrt{\varepsilon_0 \mu_0}$ 是常数. 同样, 在式 (4.4) 中消去电场, 可得磁场 $\boldsymbol{B}$ 的方程

$$\nabla^2 \boldsymbol{B} - \frac{1}{c^2} \frac{\partial^2 \boldsymbol{B}}{\partial t^2} = 0 \tag{4.7}$$

式 (4.6) 和式 (4.7) 是无界空间中的电磁波波动方程, 由于没有边界, 其解就是各种形式的自由电磁波. 第 5 章中我们可以证明, c 是电磁场在真空中的传播速度, 即光速.

方程 (4.6) 和 (4.7) 的一个显然的特解为 (请在练习题中验证)

$$\boldsymbol{E}(\boldsymbol{r}, t) = \boldsymbol{E_0} \mathrm{e}^{\mathrm{i}(\boldsymbol{k} \cdot \boldsymbol{r} - \omega t)}, \quad \boldsymbol{B}(\boldsymbol{r}, t) = \boldsymbol{B_0} \mathrm{e}^{\mathrm{i}(\boldsymbol{k} \cdot \boldsymbol{r} - \omega t)} \tag{4.8}$$

其中, $\boldsymbol{k}$ 是任意常矢量; ω 是相应的常数, 且有 $\omega = kc$; 它们分别称为电磁波的波矢和频率. 式 (4.8) 称为单色平面波或时谐平面波. 容易证明, 不同频率的单色平面波线性叠加之后仍然满足波动方程, 故单色平面波的性质是基本且具有代表性的, 下面我们来看看它的具体性质.

1. 单色平面波的相位、波长和频率

单色平面波中的"单色"比较容易理解, 就是单一频率的意思. 但"平面"是什么意思呢? 我们来看式 (4.8) 的相位

$$\boldsymbol{k}\cdot\boldsymbol{r}-\omega t \tag{4.9}$$

它由两个因素决定: 场点 $\boldsymbol{r}$ 和时间 t. 所有相位相同的点满足方程

$$\boldsymbol{k}\cdot\boldsymbol{r}-\omega t=\text{const} \tag{4.10}$$

在同一时刻 (即 t 不变), 等相位条件意味着 $\boldsymbol{r}$ 在 $\boldsymbol{k}$ 方向的投影都是等长的, 满足这个条件的 $\boldsymbol{r}$ 被限制在一个垂直于 $\boldsymbol{k}$ 的平面内, 因此这种波就称为平面波, 其二维示意图如图4.2所示.

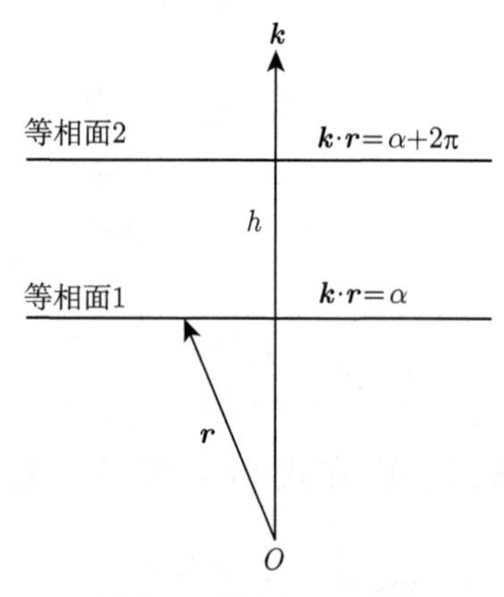

图 4.2 等相面示意图

同一时刻, 相位相差 2π 的两个等相面上的点具有完全相同的振动状态, 因此它们之间的空间距离是波长, 即 $h=\lambda$, 如图4.2所示. 考虑到两个等相面的相位差

$$\begin{aligned}\boldsymbol{k}\cdot\boldsymbol{r}_2-\omega t-(\boldsymbol{k}\cdot\boldsymbol{r}_1-\omega t)&=\boldsymbol{k}\cdot(\boldsymbol{r}_2-\boldsymbol{r}_1)\\&=kh=2\pi\end{aligned} \tag{4.11}$$

可得

$$k = \frac{2\pi}{\lambda} \quad 或 \quad \lambda = \frac{2\pi}{k} \tag{4.12}$$

这表明 k 是单位长度 2π 内的波数, 即角波数. 再加上其方向垂直于等相面, 因此它的方向是等相面传播的方向, 也就是电磁波的传播方向, 故 $\boldsymbol{k}$ 就是波矢量. 再来看, 同一场点, 两个不同时刻也可能引起 2π 的相位变化, 这是电磁场完成一次完整振动所用的时间, 我们把这个时间差称为周期 T, 由这个定义

$$\boldsymbol{k}\cdot\boldsymbol{r} - \omega t - [\boldsymbol{k}\cdot\boldsymbol{r} - \omega(t+T)] = 2\pi \tag{4.13}$$

整理可得

$$T = \frac{2\pi}{\omega} \quad 或 \quad \omega = \frac{2\pi}{T} = 2\pi f \tag{4.14}$$

其中, f 是频率. 由此可见, ω 是 2π 时间间隔内的振动次数, 就是电磁波的角频率.

当相位中的 $\boldsymbol{r}$、t 都在变化时, 等相面也在不断向前传播. 将等相位面方程 (4.10) 两边求时间导数

$$\boldsymbol{k}\cdot\frac{\mathrm{d}\boldsymbol{r}}{\mathrm{d}t} - \omega = 0 \tag{4.15}$$

假设电磁波沿 z 方向传播, $\boldsymbol{k} = k\hat{\boldsymbol{e}}_z$, 可知等相面的传播速度为

$$v_{\mathrm{p}} = \frac{\mathrm{d}z}{\mathrm{d}t} = \frac{\omega}{k} \tag{4.16}$$

该速度称为电磁波的**相速**, 是电磁波相位的前进速度. 在真空中, 它就是光速 c.

2. 单色平面波是横波

单色平面波满足式 (4.1) 和式 (4.3), 而真空中 $\boldsymbol{D} = \varepsilon_0\boldsymbol{E}$, 故 $\boldsymbol{E}$、$\boldsymbol{B}$ 的散度均为 0. 利用 ∇ 的性质 (第 1 章例 1.1), 可知

$$\boldsymbol{k}\cdot\boldsymbol{E} = 0, \quad \boldsymbol{k}\cdot\boldsymbol{B} = 0 \tag{4.17}$$

也就是说, 单色平面波的波矢 $\boldsymbol{k}$ 始终垂直于电场和磁场 $\boldsymbol{E}$、$\boldsymbol{B}$. 将式 (4.8) 代入式 (4.2), 有

$$\nabla\times\boldsymbol{E} = \mathrm{i}\boldsymbol{k}\times\boldsymbol{E} = \mathrm{i}\omega\boldsymbol{B} \qquad \Rightarrow \qquad \boldsymbol{k}\times\boldsymbol{E} = \omega\boldsymbol{B} \tag{4.18}$$

说明 $\boldsymbol{E}$ 和 $\boldsymbol{B}$ 亦互相垂直. 同理可证明

$$\nabla\times\boldsymbol{B} = \mathrm{i}\boldsymbol{k}\times\boldsymbol{B} = -\mathrm{i}\omega\mu_0\varepsilon_0\boldsymbol{E} \qquad \Rightarrow \qquad \boldsymbol{k}\times\boldsymbol{B} = -\frac{\omega}{c^2}\boldsymbol{E} \tag{4.19}$$

因此 $\boldsymbol{k}$、$\boldsymbol{E}$、$\boldsymbol{B}$ 两两垂直, 单色平面波是横波, 如图4.3所示.

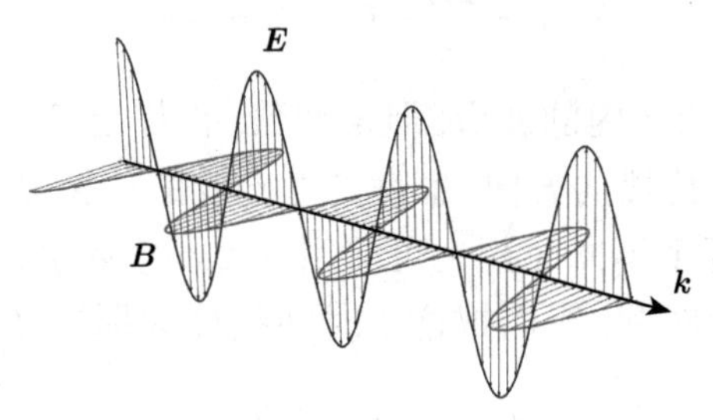

图 4.3　单色平面波的 $\boldsymbol{B}$、$\boldsymbol{E}$ 矢量

3. 单色平面波的能量和能流

将式 (4.8) 代入式 (2.76) 和式 (2.77), 可以得到单色平面波的能量密度

$$\begin{aligned}\mathcal{W} &= \frac{1}{2}(\boldsymbol{E}\cdot\boldsymbol{D}+\boldsymbol{H}\cdot\boldsymbol{B}) \\ &= \frac{1}{2}\left(\varepsilon_0 E^2+\frac{1}{\mu_0}B^2\right) \\ &= \varepsilon_0 E^2 \\ &= \frac{1}{\mu_0}B^2\end{aligned} \tag{4.20}$$

和能流密度

$$\begin{aligned}\boldsymbol{S} &= \boldsymbol{E}\times\boldsymbol{H} \\ &= \frac{1}{\mu_0}\boldsymbol{E}\times\boldsymbol{B} \\ &= \frac{1}{\mu_0}EB\hat{\boldsymbol{e}}_k \\ &= \frac{1}{\mu_0 c}E^2\hat{\boldsymbol{e}}_k \\ &= c\mathcal{W}\hat{\boldsymbol{e}}_k\end{aligned} \tag{4.21}$$

其中, $\hat{\boldsymbol{e}}_k$ 是 $\boldsymbol{k}$ 的单位矢量. 可见, 单色平面波的能流的方向就是波矢 $\boldsymbol{k}$ 的方向, 也就是说, 能量是伴随着电磁波的传播而向前传播的. 对于单色平面波来说, 能量传播的速度也是其相位传播的速度, 但这个结论不能简单地推广到非单色波.

电磁波是随时间瞬变的, 且频率往往很高, 故人们常以其平均值来代替瞬时值. 由于能量密度和能流密度是场强的二次式, 所以不能把场强的复数表示直接代入计算, 而应将其实数表示代入. 在一个周期内, 利用求平均值的数学公式

$$\begin{aligned}\overline{fg} &= \frac{\omega}{2\pi}\int_0^{\frac{2\pi}{\omega}} \mathrm{d}t f_0 \cos\omega t \cdot g_0 \cos(\omega t - \phi) \\ &= \frac{1}{2} f_0 g_0 \cos\phi \\ &= \frac{1}{2}\mathrm{Re}\,(f^* g)\end{aligned} \tag{4.22}$$

其中, f、g 是任意两个同频的周期函数, 它们的复表示为 $f(t) = f_0 \mathrm{e}^{-\mathrm{i}\omega t}, g(t) = g_0 \mathrm{e}^{-\mathrm{i}(\omega t - \phi)}$, 可以算出单色平面波的能量密度和能流密度的平均值为

$$\overline{\mathcal{W}} = \frac{1}{2}\varepsilon_0 E_0^2 = \frac{1}{2\mu_0} B_0^2 \tag{4.23}$$

$$\bar{\boldsymbol{S}} = \frac{1}{2}\mathrm{Re}(\boldsymbol{E}^* \times \boldsymbol{H}) \tag{4.24}$$

4.1.2 介质中的电磁波　色散

介质的情况要复杂一些. 对于线性介质, 一般来说, 某种频率的单色电磁波会引起介质相同频率的极化和磁化, 也就是说

$$\boldsymbol{D}(\omega) = \varepsilon(\omega)\boldsymbol{E}(\omega) \tag{4.25}$$

$$\boldsymbol{B}(\omega) = \mu(\omega)\boldsymbol{H}(\omega) \tag{4.26}$$

所以, 即使是同一种介质中, 电容率和磁导率也是不同的, 它们依赖于电磁波的频率, 这一现象称为**介质的色散**. 由于色散的存在, 对一般的包含多种频率成分的电磁波来说, 线性关系不再成立, 即 $\boldsymbol{D}(t) \neq \varepsilon \boldsymbol{E}(t), \boldsymbol{B} \neq \mu \boldsymbol{H}(t)$. 因此, 不能简单地在式 (4.6) 和式 (4.7) 中做替换 $(\varepsilon_0, \mu_0) \to (\varepsilon, \mu)$ 来得到介质中的波动方程. 但因为 ε 和 μ 只是 ω 的函数, 即

$$\varepsilon = \varepsilon(\omega), \quad \mu = \mu(\omega) \tag{4.27}$$

则讨论单一频率的电磁波时, 线性关系依然成立. 我们知道, 任何复杂波都可以通过傅里叶变换分解成各种不同频率的波的叠加, 因此单色波在介质中的传播性质是具有基础性地位的, 而这种情况, 恰恰只需在波动方程中把真空中的 ε_0 和 μ_0 换成介质中的 ε 和 μ 即可. 例如,

在真空中

$$k=\frac{\omega}{c}=\omega\sqrt{\varepsilon_0\mu_0} \tag{4.28}$$

在介质中

$$k=\frac{\omega}{v}=\omega\sqrt{\varepsilon\mu} \tag{4.29}$$

其中, v 是介质中电磁波的传播速度.

补充说明

色散 (dispersion) 这个词最早来源于光学. 将一束白光照到三棱镜上, 光线会按照不同的颜色散开, 故称色散, 如图 4.4 所示. 光的色散现象的本质是不同频率的光在介质中穿过时, 所引起的不同响应, 而介质的响应性质恰恰是由 ε 和 μ 来描述的. 因此, 如果式 (4.27) 已知, 利用 $c'=1/\sqrt{\varepsilon\mu}$ 可以得到介质中的光速, 以及介质中对不同频率光的折射率, $n=c/c'$, 而折射率正是描述色散现象的参量. 由此看来, 光学中所说的色散和式 (4.27) 所描述的色散本质上是同一个概念. 事实上式 (4.27) 的性质本质上是由 ω 和 k 的关系决定的, 人们通常用介质中的电磁波频率和波矢的关系来描述色散, 称为色散关系, 即

$$\omega=\omega(k) \tag{4.30}$$

这一关系完全由介质性质决定, 是反映介质基本性质的重要关系. 利用波粒二象性, 也可以把色散关系写成光子能量和动量的关系, 这一概念, 甚至可以推广到电磁场以外的其他场, 成为描述介质中的各种激发模式性质的重要手段.

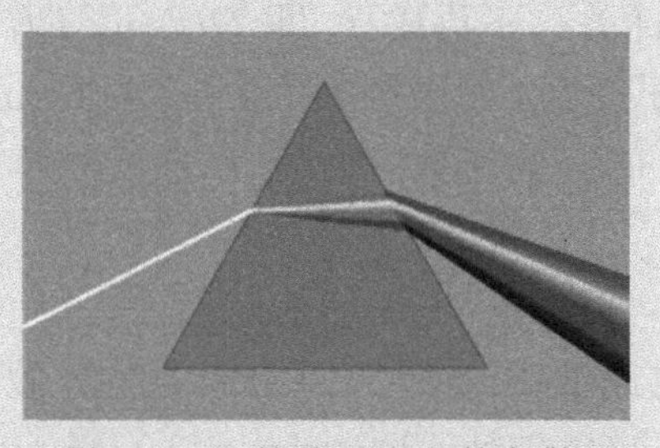

图 4.4　三棱镜对白光的色散

4.1.3 电磁波的偏振

设单色平面波沿 z 方向传播, 其波函数为

$$\boldsymbol{E} = \boldsymbol{E}_0 \mathrm{e}^{\mathrm{i}(kz-\omega t)} \tag{4.31}$$

$$\boldsymbol{B} = \boldsymbol{B}_0 \mathrm{e}^{\mathrm{i}(kz-\omega t)} \tag{4.32}$$

由于 $\boldsymbol{k}$、$\boldsymbol{E}_0$、$\boldsymbol{B}_0$ 相互垂直且同相位, 因此只要讨论其中一个即可. 由于人眼对可见光中的电场敏感, 因此在光学中我们一般都讨论电矢量 $\boldsymbol{E}$.

注意到在式 (4.31) 中加入初相位因子, 也并不改变其是波动方程解的事实. 一般起见, 我们把电矢量投影到两个正交方向上, 并赋予两个分量以不同的初相位 ϕ_x 和 ϕ_y

$$\boldsymbol{E}_x = \boldsymbol{E}_{0x} \mathrm{e}^{\mathrm{i}(kz-\omega t+\phi_x)} \tag{4.33}$$

$$\boldsymbol{E}_y = \boldsymbol{E}_{0y} \mathrm{e}^{\mathrm{i}(kz-\omega t+\phi_y)} \tag{4.34}$$

这是一个典型的垂直方向振动合成问题, 由于两个方向的振动频率相同, 合成后的李萨如图形是一个椭圆, 也就是说, $\boldsymbol{E}$ 矢量的端点轨迹是椭圆, 如图 4.5 所示, 这就是光学中的椭圆偏振. 为了更直观地了解这一现象, 请读者运行 "ch4_椭圆偏振.nb" 程序, 并通过调节相位差来观察不同类型的偏振, 例如左旋和右旋的椭圆偏振, 以及线偏振.

由此可见, 任意椭圆偏振（包括线偏振）均可分解为两个垂直方向的线偏振的叠加, 我们用两个基本的线偏振模式来定义一组基

$$\boldsymbol{\varepsilon}_1 = \boldsymbol{e}_x \mathrm{e}^{\mathrm{i}(kz-\omega t)} \tag{4.35}$$

$$\boldsymbol{\varepsilon}_2 = \boldsymbol{e}_y \mathrm{e}^{\mathrm{i}(kz-\omega t)} \tag{4.36}$$

则任意椭圆偏振均可分解为

$$\boldsymbol{E} = E_1 \boldsymbol{\varepsilon}_1 + E_2 \boldsymbol{\varepsilon}_2 \tag{4.37}$$

其中, 组合系数 E_1、E_2 为任意复数. 当 E_1、E_2 的相位差为 π 的整数倍时, 椭圆偏振退化为线偏振.

当相位差 $\phi_x - \phi_y = \pm\pi/2$ 时, 李萨如图形为正椭圆, 即椭圆的长短轴在坐标轴上, 若此时 $E_{0x} = E_{0y}$, 椭圆变成正圆, 对应的电磁波叫圆偏振波. 当 $\phi_x - \phi_y = \pi/2$ 时, 迎着电磁波传播方向看, 转动矢量的顶端做顺时针转动, 光学中称为右旋圆偏振[①]; 当 $\phi_x - \phi_y = -\pi/2$ 时, 则称为左旋圆偏振, 如图4.6所示.

---

① 注意, 光学里定义的右旋偏振与我们通常所说的右旋是相反的. 我们通常以平动方向为参考, 满足右手螺旋定则的旋转称为右旋. 但光学中的参考方向是迎着光的方向, 与光的传播方向相反.

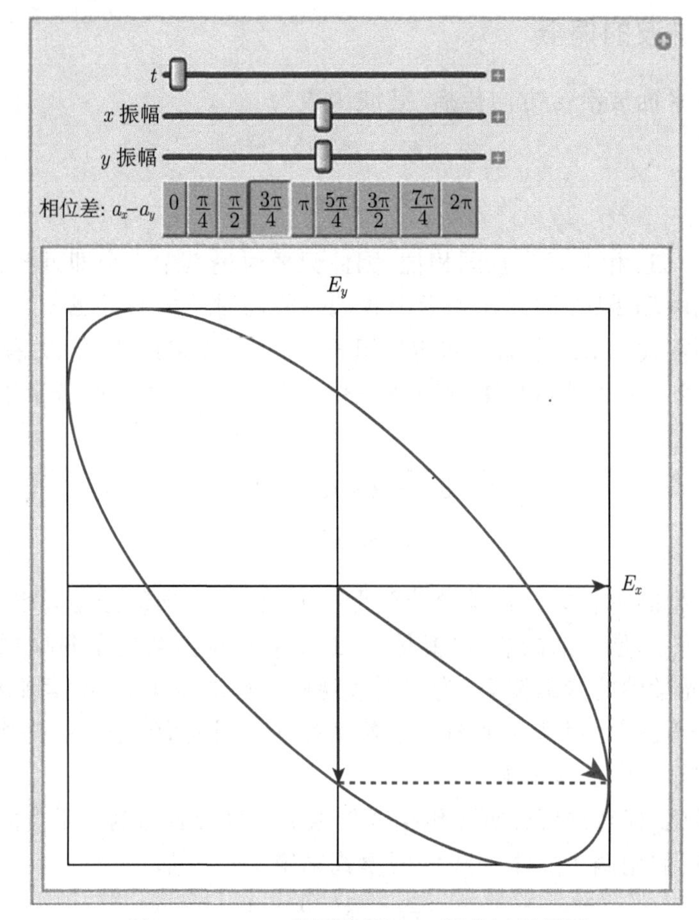

图 4.5 “ch4_ 椭圆偏振.nb” 程序运行界面

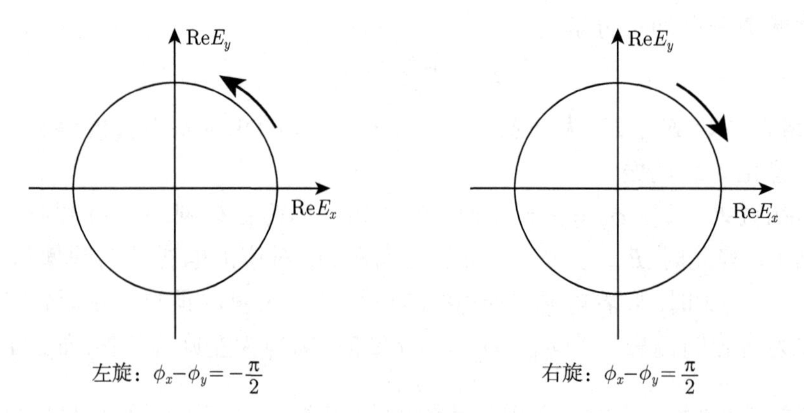

图 4.6 圆偏振

这两组基本的圆偏振模式也构成一组基

$$\tilde{\boldsymbol{\varepsilon}}_1 = \boldsymbol{e}_1 \mathrm{e}^{\mathrm{i}(kz-\omega t)} \tag{4.38}$$

$$\tilde{\boldsymbol{\varepsilon}}_2 = \boldsymbol{e}_2 \mathrm{e}^{\mathrm{i}(kz-\omega t)} \tag{4.39}$$

其中, $\boldsymbol{e}_1$、$\boldsymbol{e}_2$ 定义为

$$\boldsymbol{e}_1 = \frac{1}{\sqrt{2}}(\boldsymbol{e}_x - \mathrm{i}\boldsymbol{e}_y) \tag{4.40}$$

$$\boldsymbol{e}_2 = \frac{1}{\sqrt{2}}(\boldsymbol{e}_x + \mathrm{i}\boldsymbol{e}_y) \tag{4.41}$$

它们是两个振幅为 1 的单位圆偏振. 容易看出, $\tilde{\boldsymbol{\varepsilon}}_1$ 表示右旋, $\tilde{\boldsymbol{\varepsilon}}_2$ 表示左旋.

任意椭圆偏振也可以用这组基展开

$$\boldsymbol{E} = \tilde{E}_1 \tilde{\boldsymbol{\varepsilon}}_1 + \tilde{E}_2 \tilde{\boldsymbol{\varepsilon}}_2 \tag{4.42}$$

其组合系数 $\tilde{E}_1$、$\tilde{E}_2$ 为任意复数, 描述右旋和左旋基上的振幅和初相位. 比较式 (4.37) 和式 (4.42) 可知

$$E_1 = \frac{1}{\sqrt{2}}(\tilde{E}_1 + \tilde{E}_2) \tag{4.43}$$

$$E_2 = \frac{\mathrm{i}}{\sqrt{2}}(\tilde{E}_2 - \tilde{E}_1) \tag{4.44}$$

这是用两组不同基对同一个矢量展开后展开系数间的关系. 由此可见, 任意一个单色平面波, 既可以分解为两个线偏振波的叠加, 也可以分解为两个圆偏振波的叠加. 实际问题中采用哪一组基, 往往取决于测量手段. 需要再次强调的是, 单色平面波并不止线偏振一种偏振状态, 它亦可以是椭圆偏振的, 其偏振状态取决于两个独立分量的相位差.

请运行 “ch4_ 旋光.nb” 程序，该程序展示了两个圆偏振光的叠加效果. 程序的运行界面如图 4.7 所示. 通过改变相位差和振幅，读者可以控制两个圆偏振光波的叠加方式，从而生成不同类型的偏振光.

4.1.4 电磁波包群速与相速

单色平面波是无界空间中最简单最基本的电磁波形式. 实际上, 更多情况下我们遇到的波包, 即是由不同频率的单色波叠加而成的复杂波. 下面我们从一个简单的例子出发, 讨论波包的形成及其性质.

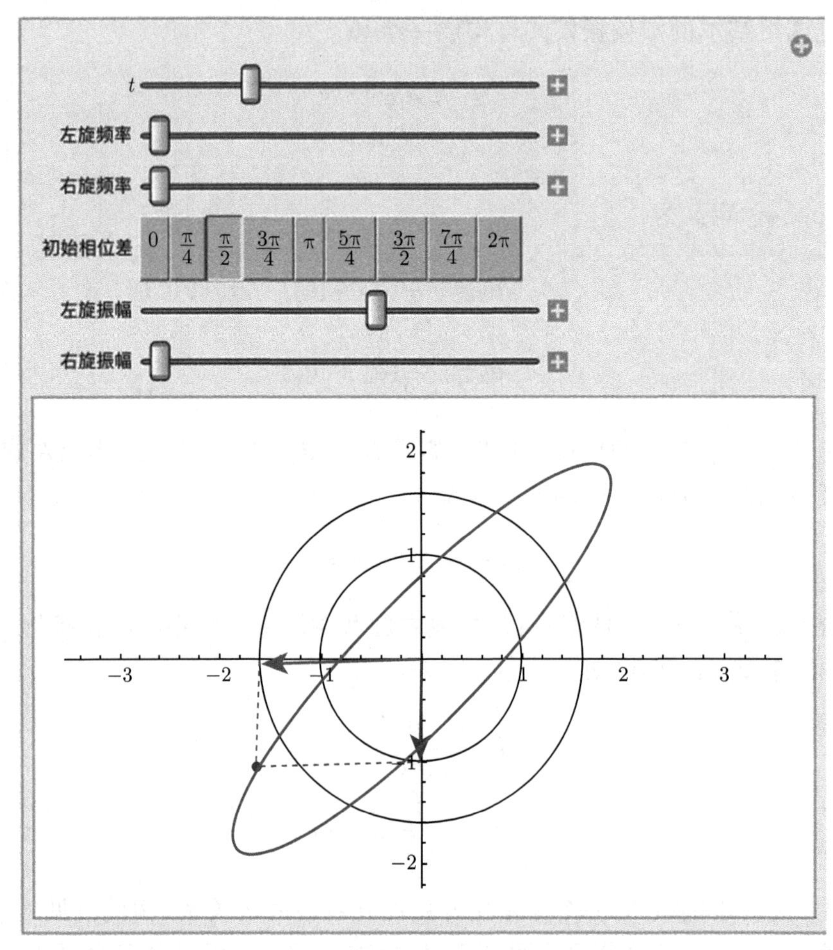

图 4.7 “ch4_ 旋光.nb” 程序运行界面

考虑两列沿 z 方向传播, 偏振方向、振幅相同, 频率分别为 $\omega \pm \Delta\omega$ 的单色平面波的合成. 两列波频率不同, 波矢亦不同, 记为 $\boldsymbol{k} \pm \Delta \boldsymbol{k}$. 合成后的波函数为

$$\begin{aligned}\boldsymbol{E} =& \boldsymbol{E}_0 \exp[\mathrm{i}(\omega + \Delta\omega)t - \mathrm{i}(k + \Delta k)z] + \boldsymbol{E}_0 \exp[\mathrm{i}(\omega - \Delta\omega)t - \mathrm{i}(k - \Delta k)z] \\ =& 2\boldsymbol{E}_0 \cos(\Delta k \cdot z - \Delta\omega \cdot t)\mathrm{e}^{\mathrm{i}(\omega t - kz)} \end{aligned} \tag{4.45}$$

显然, 合成波的振幅随时间变化, 不再是单色平面波. 但我们可以将其看作振幅受到调制的单色波, 其振幅的变化也是一个波. 请运行 “ch4_ 波包 (两列波合成).nb” 程序, 其运行界面如图 4.8 所示. 通过调节程序中的参数可以发现, 波包的包络线和其 “相位” 的运动速度是不同的. 定义包络线的速度为波包的

群速v_{g}, 相位的运动速度为波包的相速 v_{p}, 从式 (4.45) 可以得到

$$v_{\mathrm{g}}=\frac{\Delta\omega}{\Delta k},\quad v_{\mathrm{p}}=\frac{\omega}{k} \tag{4.46}$$

由于电磁波的能量正比于振幅的平方, 包络线的振幅最大处就是波包能量最集中的地方. 故群速就是电磁波的能量传播速度, 而相速, 则是电磁波振动相位, 即振动面貌传播的速度.

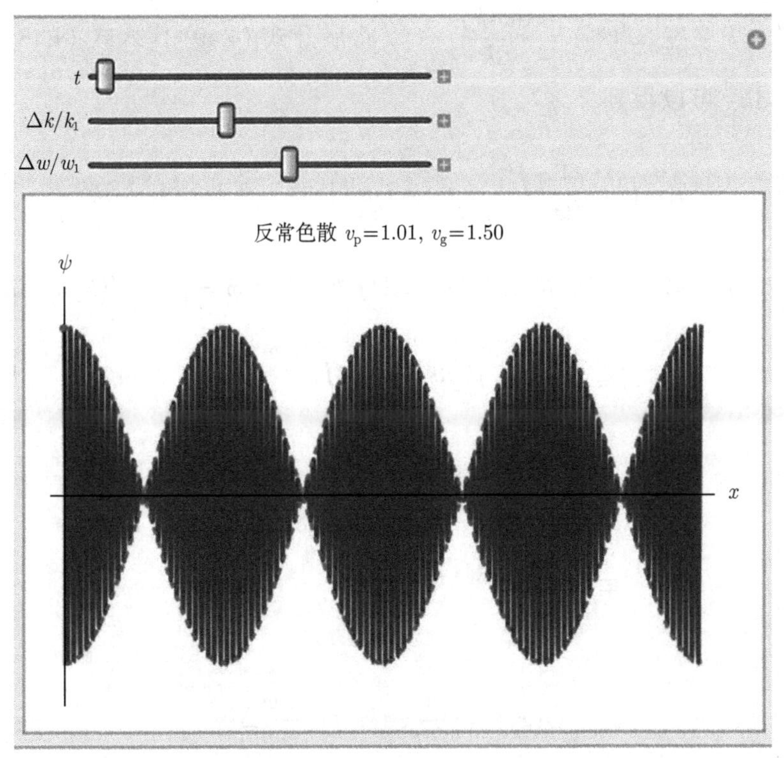

图 4.8 "ch4_ 波包 (两列波合成). nb" 运行界面

推广到多列频率相近的单色波合成. 设 $E_i(z,t)$ 为电磁场的某一直角分量, 由傅里叶分析知, 它可以写成各种不同频率的单色波的叠加

$$E_i(z,t)=\frac{1}{2\pi}\int_{-\infty}^{\infty}C(k,t)\mathrm{e}^{\mathrm{i}(kz-\omega t)}\mathrm{d}k \tag{4.47}$$

其中, $C(k,t)$ 是各单色波的权重, 可以由傅里叶逆变换求出. 当考虑频率相近

的单色波合成时, $\Delta\omega$ 很小, 因而 Δk 也很小, 式 (4.47) 可以改写为

$$E_i(z,t)=\frac{1}{2\pi}\int_{k_0-\Delta k/2}^{k_0+\Delta k/2}C(k,t)\mathrm{e}^{\mathrm{i}(kz-\omega t)}\mathrm{d}k \tag{4.48}$$

考虑到 ω 是 k 的函数, 在 k_0 附近对 ω 进行展开并保留到一阶

$$\omega(k)\approx\omega_0+\omega'(k_0)k' \tag{4.49}$$

其中, $k'=k-k_0$, $\omega'(k_0)=\left.\frac{\mathrm{d}\omega(k)}{\mathrm{d}k}\right|_{k=k_0}$. 将展开式 (4.49) 代入式 (4.48) 并注意到 $\mathrm{d}k=\mathrm{d}k'$, 可以得到

$$E_i(z,t)=\frac{1}{2\pi}\int_{-\Delta k/2}^{\Delta k/2}C(k,t)\mathrm{e}^{\mathrm{i}[k_0z+k'z-\omega_0t-\omega'(k_0)k't]}\mathrm{d}k' \tag{4.50}$$

若 $C(k,t)$ 随 k 缓慢变化, 可将其提出积分外, 并令 $\phi=[z-\omega'(k_0)t]\,\Delta k/2$

$$\begin{aligned}E_i(z,t)&=\frac{1}{2\pi}C(k_0,t)\mathrm{e}^{\mathrm{i}(k_0z-\omega_0t)}\int_{-\Delta k/2}^{\Delta k/2}\mathrm{e}^{\mathrm{i}k'[z-\omega'(k_0)t]}\mathrm{d}k'\\&=\frac{1}{2\pi}C(k_0,t)\frac{\sin\phi}{\phi}\Delta k\mathrm{e}^{\mathrm{i}(k_0z-\omega_0t)} &(4.51)\\&\equiv C(x,t)\mathrm{e}^{\mathrm{i}(k_0z-\omega_0t)} &(4.52)\end{aligned}$$

其中,

$$C(x,t)=\frac{1}{2\pi}C(k_0,t)\frac{\sin\phi}{\phi}\Delta k \tag{4.53}$$

称为准单色波包的低频包络; $k_0z-\omega_0t$ 称为高频相位因子. 图 4.9 是一个典型的准单色波包，其合成演示见 “ch4_ 波包 (多列波合成).nb”. 请读者调节程序中的波列数对多列波的合成效果的影响.

为了计算波包的群速, 也就是包络线的运动速度, 我们取包络线的最大值位置作为参考点, 计算这个点的速度. 显然当 $\phi=0$ 时, $\frac{\sin\phi}{\phi}$ 有最大值, 故波包中心 z_c 满足条件

$$z_\mathrm{c}-\omega'(k_0)t=0 \tag{4.54}$$

按照群速的定义, 对式 (4.54) 两边求时间导数可得

$$v_{\mathrm{g}}=\frac{\mathrm{d}z_{\mathrm{c}}}{\mathrm{d}t}=\omega'(k_0)=\left.\frac{\mathrm{d}\omega}{\mathrm{d}k}\right|_{k=k_0} \tag{4.55}$$

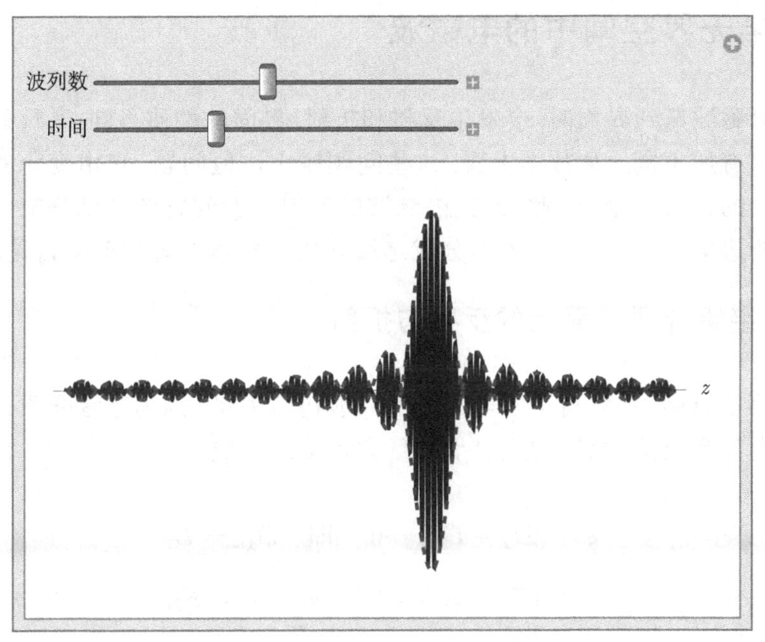

图 4.9 “ch4_ 波包 (多列波合成).nb” 运行界面

对没有色散的介质, $k=\omega\sqrt{\varepsilon\mu}=\frac{\omega}{c}n$, n 与 ω 无关

$$v_{\mathrm{g}}=\left.\frac{\mathrm{d}\omega}{\mathrm{d}k}\right|_{k=k_0}=\frac{\mathrm{d}}{\mathrm{d}k}\left(\frac{kc}{n}\right)=\frac{c}{n}=v_{\mathrm{p}} \tag{4.56}$$

群速与相速相等.

对于有色散的介质, n 是频率（或波长）的函数

$$v_{\mathrm{g}}=\left.\frac{\mathrm{d}\omega}{\mathrm{d}k}\right|_{k=k_0}=\frac{\mathrm{d}}{\mathrm{d}k}\left(\frac{kc}{n}\right)=\frac{c}{n}-\left.\frac{kc}{n^2}\frac{\mathrm{d}n}{\mathrm{d}k}\right|_{k=k_0} \tag{4.57}$$

注意到, $\lambda=2\pi/k$, $\mathrm{d}k=-\frac{2\pi}{\lambda^2}\mathrm{d}\lambda$, 式 (4.57) 可化为

$$v_g = v_p \left(1 + \frac{\lambda}{n}\frac{dn}{d\lambda}\right) \tag{4.58}$$

当 $\dfrac{dn}{d\lambda} < 0$ 时为正常色散, $v_g < v_p$; 当 $\dfrac{dn}{d\lambda} > 0$ 时为反常色散, $v_g > v_p$.

4.2 半无界空间中的电磁波

当电磁波遇到界面时, 会发生反射和折射, 界面的性质不同, 其反射和折射的规律也有所不同. 从数学上看, 这些问题属于边值问题, 它由变化的电磁场在边界上的行为决定. 因此, 研究电磁波的反射折射问题的基础是电磁场在界面两侧的边值关系. 我们将界面分成绝缘介质和导体两种情况来讨论.

4.2.1 绝缘介质界面上的反射与折射

在第 2 章中, 我们讨论了电磁场的一般边值关系. 因为绝缘介质边界上没有自由电荷和电流, 相应的边界上的场方程可以写成

$$\hat{\boldsymbol{e}}_n \cdot (\boldsymbol{D}_2 - \boldsymbol{D}_1) = 0, \quad 即 \quad D_{1n} = D_{2n} \tag{4.59}$$

$$\hat{\boldsymbol{e}}_n \times (\boldsymbol{E}_2 - \boldsymbol{E}_1) = 0, \quad 即 \quad E_{1t} = E_{2t} \tag{4.60}$$

$$\hat{\boldsymbol{e}}_n \cdot (\boldsymbol{B}_2 - \boldsymbol{B}_1) = 0, \quad 即 \quad B_{1n} = B_{2n} \tag{4.61}$$

$$\hat{\boldsymbol{e}}_n \times (\boldsymbol{H}_2 - \boldsymbol{H}_1) = 0, \quad 即 \quad H_{1t} = H_{2t} \tag{4.62}$$

下面我们利用这些边界条件来讨论电磁波在介质界面的反射和折射. 如图4.10所示, 以 $z=0$ 平面为介质界面, 上半空间和下半空间分别充满了两种不同的介质, 其性质由 (ε, μ) 和 (ε', μ') 来刻画. 因一般的波可以分解为单色平面波的叠加, 故我们考虑单色平面波入射的情形. 不妨假设反射波和折射波也都是单色平面波 (这一假设是否成立, 可以用它是否满足边界条件来检验), 将这些波的电场分量写成

$$\begin{aligned} &入射波 \quad \boldsymbol{E} = \boldsymbol{E}_0 e^{i(\boldsymbol{k}\cdot\boldsymbol{r} - \omega t)} \\ &反射波 \quad \boldsymbol{E}' = \boldsymbol{E}'_0 e^{i(\boldsymbol{k}'\cdot\boldsymbol{r} - \omega' t)} \\ &折射波 \quad \boldsymbol{E}'' = \boldsymbol{E}''_0 e^{i(\boldsymbol{k}''\cdot\boldsymbol{r} - \omega'' t)} \end{aligned} \tag{4.63}$$

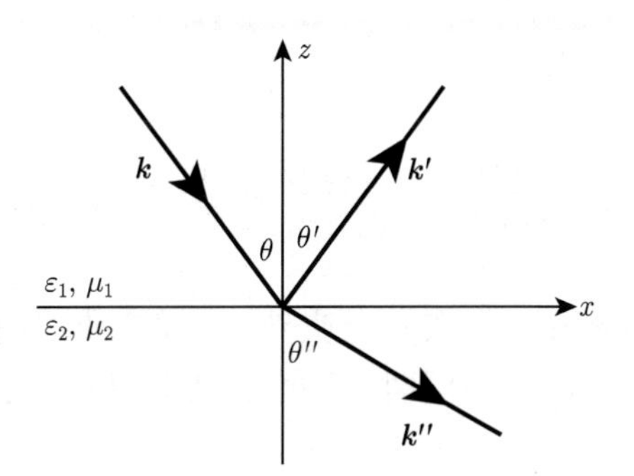

图 4.10　电磁波的反射和折射

考虑到界面处 $z=0$, 利用边值关系 (4.60) 有

$$E_{0t}\mathrm{e}^{\mathrm{i}(k_x x+k_y y-\omega t)}+E'_{0t}\mathrm{e}^{\mathrm{i}(k'_x x+k'_y y-\omega' t)}=E''_{0t}\mathrm{e}^{\mathrm{i}(k''_x x+k''_y y-\omega'' t)} \tag{4.64}$$

在界面 $z=0$ 的任意位置, 任意时刻, 即 x、y、t 取任意值, 式 (4.64) 都应该成立, 这要求三个波的相位相等, 故必有

$$\omega=\omega'=\omega'' \tag{4.65}$$

$$k_x=k'_x=k''_x \tag{4.66}$$

$$k_y=k'_y=k''_y \tag{4.67}$$

$$E_{0t}+E'_{0t}=E''_{0t} \tag{4.68}$$

从上面这些关系出发, 可以证明一些我们熟知的光学定律.

1. 反射折射定律

将入射、反射、折射波的波矢投影到 x 轴上, 并注意到式 (4.29), 可以得到

$$k_x=k\sin\theta=\omega\sqrt{\varepsilon_1\mu_1}\sin\theta \tag{4.69}$$

$$k'_x=k'\sin\theta'=\omega'\sqrt{\varepsilon_1\mu_1}\sin\theta' \tag{4.70}$$

$$k''_x=k''\sin\theta''=\omega''\sqrt{\varepsilon_2\mu_2}\sin\theta'' \tag{4.71}$$

将式 (4.69) 和式 (4.70) 代入式 (4.66) 并注意到式 (4.65), 即有反射定律

$$\theta=\theta' \tag{4.72}$$

将式 (4.69) 和式 (4.71) 代入式 (4.66) 并注意到式 (4.65), 即有折射定律

$$\frac{\sin\theta}{\sin\theta''}=\sqrt{\frac{\varepsilon_2\mu_2}{\varepsilon_1\mu_1}}=\frac{n_2}{n_1}\equiv n_{21} \tag{4.73}$$

其中, n_{21} 称为相对折射率. 除铁磁介质外, 一般介质都有 $\mu\approx\mu_0$, 因此通常可以认为 $n_{21}=\sqrt{\varepsilon_2/\varepsilon_1}$. 频率不同时, 折射率也不相同, 这就是色散现象在折射问题中的表现.

2. 菲涅耳 (Fresnel) 公式

光学中, 自然光可以看成两种线偏振光的混合. 对于电磁波, 我们也可以按照电矢量与入射面（入射波的波矢方向与界面法向确定的平面）的关系, 将单色平面波分成垂直波（电场与入射面垂直）和平行波（电场与入射面平行）两种成分. 设入射面为 xOz 平面, 介质界面为 xOy 平面, 此时 $k_y=k'_y=k''_y=0$, 如图4.11所示.

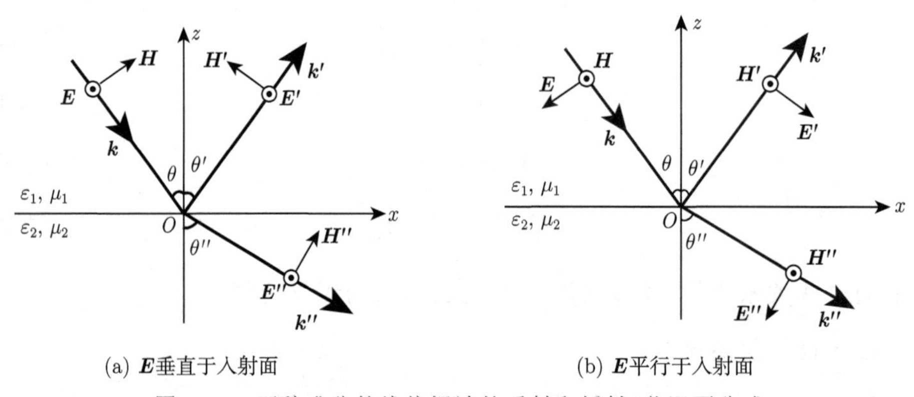

(a) $\boldsymbol{E}$垂直于入射面　　(b) $\boldsymbol{E}$平行于入射面

图 4.11　两种成分的线偏振波的反射和折射, 菲涅耳公式

1) 垂直波（$\boldsymbol{E}$ 垂直于入射面）

如图 4.11(a) 所示, 当入射波电场 $\boldsymbol{E}$ 垂直于入射面时, 根据平面波的横波特性, 其磁场 $\boldsymbol{H}$ 平行于入射面（在入射面内）. 根据边界条件式 (4.60) 和式 (4.62), 并注意到指数相因子可以约掉, 可以推得振幅所满足的关系为

$$E_0+E'_0=E''_0 \tag{4.74}$$

$$H_0\cos\theta-H'_0\cos\theta'=H''_0\cos\theta'' \tag{4.75}$$

注意到, $\varepsilon {E_0}^2 = {B_0}^2/\mu$, 且当 $\mu \approx \mu_0$ 时, 可以得到

$$\left(\frac{E_0'}{E_0}\right)_\perp = \frac{\sqrt{\varepsilon_1}\cos\theta - \sqrt{\varepsilon_2}\cos\theta''}{\sqrt{\varepsilon_1}\cos\theta + \sqrt{\varepsilon_2}\cos\theta''} = -\frac{\sin(\theta-\theta'')}{\sin(\theta+\theta'')} \tag{4.76}$$

$$\left(\frac{E_0''}{E_0}\right)_\perp = \frac{2\sqrt{\varepsilon_1}\cos\theta}{\sqrt{\varepsilon_1}\cos\theta + \sqrt{\varepsilon_2}\cos\theta''} = \frac{2\cos\theta\sin\theta''}{\sin(\theta+\theta'')} \tag{4.77}$$

2) 平行波（$\boldsymbol{E}$ 平行于入射面）

如图 4.11(b) 所示, 当入射波电场 $\boldsymbol{E}$ 平行于入射面时, 其磁场 $\boldsymbol{H}$ 垂直于入射面. 根据边界条件可以写出

$$E_0\cos\theta - E_0'\cos\theta' = E_0''\cos\theta'' \tag{4.78}$$

$$H_0 + H_0' = H_0'' \tag{4.79}$$

可以解得

$$\left(\frac{E_0'}{E_0}\right)_{/\!/} = \frac{\tan(\theta-\theta'')}{\tan(\theta+\theta'')} \tag{4.80}$$

$$\left(\frac{E_0''}{E_0}\right)_{/\!/} = \frac{2\cos\theta\sin\theta''}{\sin(\theta+\theta'')\cos(\theta-\theta'')} \tag{4.81}$$

式 (4.76)、式 (4.77)、式 (4.80) 和式 (4.81) 就是**菲涅耳公式**, 最早在 1823 年由菲涅耳利用以太理论导出. 后来麦克斯韦的电磁理论也能导出这几个公式, 成为当时论证光的本性是电磁波的一个重要证据.①

从菲涅耳公式出发, 我们可以讨论光学中的几个重要规律.

3. 半波损失

观察式 (4.76), 分子 $\sin(\theta-\theta'')$ 的符号可正可负. 当 $\theta > \theta''$, 即 $n_1 < n_2$ 时, $\sin(\theta-\theta'') > 0$ 使得 $(E'/E)_\perp < 0$, 这意味着反射波与入射波相比, 产生了 π 的相位跃变, 这就是反射光的半波损失.

4. 布儒斯特定律

电磁波经过介质界面的折射与反射后, 其偏振成分的比例会发生改变, 定性来看, 就是反射波中的垂直波多于平行波, 折射波则刚好相反. 平行波和垂

① 虽然菲涅耳第一次得到的这组公式的出发点并不正确, 但按照科学界的惯例, 还是以首次发现者的名字来命名.

直波的比例可以用反射系数来描述. 反射系数 R 定义为: 在介质的分界面上, 垂直通过单位面积的平均入射能量和反射能量之比, 即

$$R=\frac{\bar{\boldsymbol{S}}'\cdot\hat{\boldsymbol{e}}_A}{\bar{\boldsymbol{S}}\cdot\hat{\boldsymbol{e}}_A}=\frac{\bar{S}'\cos\theta'}{\bar{S}\cos(\pi-\theta)}=\frac{\bar{S}'}{\bar{S}}=\frac{{E_0'}^2}{E_0^2} \tag{4.82}$$

其中, $\hat{\boldsymbol{e}}_A$ 为界面上面积元的单位矢量; 最后一个等式用到了式 (4.24). 透射系数 T 也有类似定义, 但根据能量守恒 $T=1-R$, 故一般只讨论反射系数就够了. 将式 (4.76) 和式 (4.80) 代入式 (4.82), 可得垂直波与平行波的反射系数

$$R_{\perp}=\left(\frac{E_0'}{E_0}\right)_{\perp}^2=\frac{\sin^2(\theta-\theta'')}{\sin^2(\theta+\theta'')} \tag{4.83}$$

$$R_{/\!/}=\left(\frac{E_0'}{E_0}\right)_{/\!/}^2=\frac{\tan^2(\theta-\theta'')}{\tan^2(\theta+\theta'')} \tag{4.84}$$

反射波的偏振度定义为

$$P(\theta)=\frac{R_{/\!/}-R_{\perp}}{R_{/\!/}+R_{\perp}} \tag{4.85}$$

请运行程序 “ch4_ 布儒斯特定律.nb”, 将垂直波和平行波的反射系数随入射角的变化关系画出来, 如图4.12所示, 可以看出:

(1) 自然光入射时, 反射光为部分偏振光, 且垂直波占优势, 仅当 $\theta=0$ 时 (垂直入射), 反射光中两种成分相等, 仍是自然光.

(2) 当 $\theta=\theta_{\mathrm{B}}$ 时, $R_{/\!/}=0$, 不难看出, 这是因为式 (4.80) 中 $\tan(\theta+\theta'')\to\infty$, 此时 $\theta_{\mathrm{B}}=\pi/2-\theta''$, 这就是光学中的布儒斯特定律.

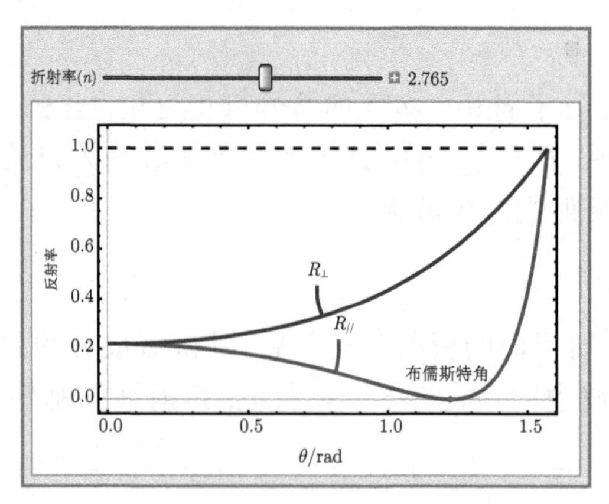

图 4.12 “ch4_ 布儒斯特定律.nb” 演示程序界面

5. 全反射

在反射问题中有一类特殊现象, 就是当 $n_1 > n_2$ 时, 逐渐增大入射角 θ, 则折射角 θ'' 也会随之增大, 并最终达到最大值 $\pi/2$, 此时对应的入射角称为临界角 θ_c, 这一现象称为全反射. 从折射定律 (4.73) 不难看出, 临界角满足的条件为

$$\sin\theta_c = n_{21} \tag{4.86}$$

将式 (4.69) 除以式 (4.71), 并利用边界条件式 (4.65) 和式 (4.66) 可以得到

$$\sin\theta_c = \frac{k''}{k} \tag{4.87}$$

当入射角从临界角开始继续增大时, 折射角不再变化, 此时

$$k''_x = k_x = k\sin\theta > k\sin\theta_c = k'' \tag{4.88}$$

因此折射波的波矢的模小于其分量的大小, 这意味着必有另一个分量是虚数, 即

$$\begin{aligned} k''_z &= \sqrt{k''^2 - k''^2_x} \\ &= \sqrt{(k\sin\theta_c)^2 - (k\sin\theta)^2} \\ &= \mathrm{i}k\sqrt{\sin^2\theta - n_{21}^2} \\ &\equiv \mathrm{i}\kappa \end{aligned} \tag{4.89}$$

代入折射波的电场中, 可得

$$\boldsymbol{E}'' = \boldsymbol{E}''_0 \mathrm{e}^{-\kappa z} \mathrm{e}^{\mathrm{i}\left(k''_x x - \omega t\right)} \tag{4.90}$$

折射波变成了一个沿 x 轴传播、但振幅在 z 方向指数衰减的平面波. 因此, 这种电磁波是存在于界面附近一个薄层内的表面波, 该层的典型厚度 $\sim \kappa^{-1}$, 其大小为

$$\kappa^{-1} = \frac{1}{k\sqrt{\sin^2\theta - n_{21}^2}} = \frac{\lambda_1}{2\pi\sqrt{\sin^2\theta - n_{21}^2}} \tag{4.91}$$

其中, λ_1 是介质 1 中的波长. 一般来说, 在全反射现象中, 介质表面的电磁波薄层厚度与电磁波的波长同数量级.

下面先来看一看折射波的能流. 在式 (4.18) 中, 将 $(\varepsilon_0, \mu_0) \to (\varepsilon_2, \mu_2)$, 可以得到折射波的磁场. 考虑垂直波的情形, 电场只有 y 分量, 磁场的两个分量

分别为

$$H''_{0z}=\sqrt{\frac{\varepsilon_2}{\mu_2}}\frac{k''_x}{k''}E''_{0y}=\sqrt{\frac{\varepsilon_2}{\mu_2}}\frac{\sin\theta}{n_{21}}E''_0 \tag{4.92}$$

$$H''_{0x}=-\sqrt{\frac{\varepsilon_2}{\mu_2}}\frac{k''_z}{k''}E''_{0y}=-\mathrm{i}\sqrt{\frac{\varepsilon_2}{\mu_2}}\sqrt{\frac{\sin^2\theta}{n_{21}^2}-1}E''_0 \tag{4.93}$$

可见, E''_0 与 H''_{0z} 同相, 但与 H''_{0x} 有 $\pi/2$ 的相位差.

由式 (4.24) 可以算出折射波的平均能流密度

$$\bar{S}''_x=\frac{1}{2}\mathrm{Re}(E''^*_y H''_z)=\frac{1}{2}\sqrt{\frac{\varepsilon_2}{\mu_2}}E''^2_0\frac{\sin\theta}{n_{21}}\mathrm{e}^{-2\kappa z} \tag{4.94}$$

$$\bar{S}''_z=-\frac{1}{2}\mathrm{Re}(E''^*_y H''_x)=0 \tag{4.95}$$

可见, 折射波的平均能流密度只有 x 分量, 沿 z 轴流入介质 2 的平均能流密度为 0, 这再一次证明, 全反射的折射波是介质界面上的表面波.

再来看看反射波. 注意到, 当 $\theta>\theta_{\mathrm{c}}$ 时, 只需做如下替换:

$$\sin\theta''\to\frac{k''_x}{k''}=\frac{\sin\theta}{n_{21}} \tag{4.96}$$

$$\cos\theta''\to\frac{k''_z}{k''}=\mathrm{i}\sqrt{\frac{\sin^2\theta}{n_{21}^2}-1} \tag{4.97}$$

仍然可以使用菲涅耳公式. 例如, 对垂直波来说, 利用式 (4.76) 可以得到

$$\left(\frac{E'_0}{E_0}\right)_{\perp}=\frac{\cos\theta-\mathrm{i}\sqrt{\sin^2\theta-n_{21}^2}}{\cos\theta+\mathrm{i}\sqrt{\sin^2\theta-n_{21}^2}}\equiv\mathrm{e}^{-2\mathrm{i}\phi} \tag{4.98}$$

也就是说, 反射波与入射波有相同的振幅, 但是相差一个相位 2ϕ, 因此它们的平均能流密度相等. 这意味着在全反射问题中, 电磁波的能量完全被反射出去, 没有能量进入介质 2 中, 这也和我们对折射波的分析结果是一致的.

需要注意的是, 尽管看起来在全反射过程中, 电磁波没有进入介质 2, 但不是说介质 2 是不起作用的. 这是因为, 尽管进入介质 2 的平均能流为 0, 但是由于入射波和反射波有一个相位差, 所以从实时角度来看, 介质 2 是有能量流入的, 只不过在前半个周期流入介质 2 的能量, 会在后半个周期中又流回到介质 1, 变成反射波的能量.

补充说明

隐失波 (evanescent wave)

在全反射问题中, 电磁波在密介质中向疏介质的表面入射, 当入射角达到或超过临界角时, 折射波在疏介质中消失, 成为介质界面上的表面波, 这个从外面看不到的波也叫作隐失波. 隐失波只能在疏介质表面很薄的一层内沿界面传播, 且由式 (4.90) 可知, 其相速

$$v_{\mathrm{p}}=\frac{\mathrm{d}x}{\mathrm{d}t}=\frac{\omega}{k_x''}=\frac{\omega}{k\sin\theta}=\frac{c}{n_1\sin\theta} \tag{4.99}$$

其中, 最后一个等号用到了

$$\frac{\omega}{k}=v=\frac{1}{\sqrt{\varepsilon_1\mu_1}}=\frac{\frac{1}{\sqrt{\varepsilon_0\mu_0}}}{\sqrt{\frac{\varepsilon_1\mu_1}{\varepsilon_0\mu_0}}}=\frac{c}{n_1} \tag{4.100}$$

注意到, 当入射角超过临界角后, $n_1\sin\theta>n_1\sin\theta_{\mathrm{c}}=n_2\geqslant 1$, 故隐失波的相速始终小于光速, 即使疏介质的折射率 $n_2=1$, 也是如此 (严格来说, 隐失波还是在疏介质中传播, 但即使疏介质是真空, 隐失波的速度也小于光速 c).

隐失波有很多重要的应用, 其中比较著名的是光子扫描隧道显微镜 (PSTM), 其基本原理就是利用隐失波只能在介质表面的薄层内传播这一性质, 用光学探针去探查样品表面的隐失波电场, 从而绘制出样品的表面形貌. PSTM 和普通的光学显微镜的原理完全不同, 因此它可以突破光学衍射极限, 将测量精度提高到 0.1 个波长, 有兴趣的同学可以自行了解相关原理.

4.2.2 导体界面上的反射与透射

导体界面与介质界面相比, 最大的区别就在于导体内有自由电子. 在电磁波的作用下, 自由电子会形成传导电流, 从而通过产生焦耳热的方式使电磁波的能量不断损耗. 由此可以看出, 导体内的电磁波是一种衰减波, 在传播过程中, 电磁场的能量转化为内能. 同讨论介质界面的电磁波的反射折射问题一样, 电磁波在导体界面上的行为也由电磁波方程和边界条件共同决定. 在具体讨论方程和边界条件之前, 我们先来看看导体内的自由电荷分布. 因在导体中只有自由电荷, 故在下面的讨论中, 我们都省略掉自由电荷和传导电流的下标 f.

在静电学中我们知道, 当外电场加于导体之上时, 导体会达到静电平衡状态, 自由电荷都只能分布在导体表面. 在电磁波的电场条件下, 自由电荷的分布是否仍有这个性质呢? 我们假设导体内部的自由电荷密度为 ρ, 则利用麦克斯韦方程和欧姆定律

$$\nabla \cdot \boldsymbol{E} = \frac{\rho}{\varepsilon}, \quad \boldsymbol{J} = \sigma \boldsymbol{E} \tag{4.101}$$

其中, σ 为电导率, 可以得到

$$\nabla \cdot \boldsymbol{J} = \frac{\sigma}{\varepsilon}\rho \tag{4.102}$$

与电荷的连续性方程 (2.27) 联立, 可得

$$\frac{\partial \rho}{\partial t} = -\nabla \cdot \boldsymbol{J} = -\frac{\sigma}{\varepsilon}\rho \tag{4.103}$$

这显然是关于电荷的一阶微分方程, 解之可得

$$\rho(t) = \rho_0 \mathrm{e}^{-\frac{\sigma}{\varepsilon}t} \equiv \rho_0 \mathrm{e}^{-\frac{t}{\tau}} \tag{4.104}$$

其中, ρ_0 为 $t=0$ 时的电荷密度; τ 是**衰减特征时间**, 定义为 ρ 下降为初始值的 $1/\mathrm{e}$ 时所用的时间

$$\tau \equiv \frac{\varepsilon}{\sigma} \tag{4.105}$$

当特征时间远小于电磁波的周期, 即特征时间的倒数远大于电磁波的频率 $\tau^{-1} \gg \omega$ 时, 就可以认为导体内部 $\rho(t) = 0$. 也就是说, 当电磁波的频率满足条件

$$\frac{\sigma}{\varepsilon\omega} \gg 1 \tag{4.106}$$

就可以认为电荷只分布在导体表面, 内部没有电荷, 我们把这样的导体称为良导体. 相应地, 式 (4.106) 称为**良导体条件**. 对于一般金属, 如金属银, 其电导率为 $6 \times 10^6 (\Omega \cdot \mathrm{m})^{-1}$, 近似认为金属中 $\varepsilon \approx \varepsilon_0$, 则相应地, $\tau \sim 10^{-18}\mathrm{s}$. 而可见光的典型频率为 $10^{14}\mathrm{Hz}$, 因此只要电磁波的频率不太高, 一般金属都可以看作良导体.

从以上讨论知道, 导体内部 $\rho = 0, \boldsymbol{J} = \sigma \boldsymbol{E}$, 麦克斯韦方程组变成

$$\nabla \cdot \boldsymbol{D} = 0 \tag{4.107}$$

$$\nabla \times \boldsymbol{E} = -\frac{\partial \boldsymbol{B}}{\partial t} \tag{4.108}$$

$$\nabla \cdot \boldsymbol{B} = 0 \tag{4.109}$$

$$\nabla \times \boldsymbol{H} = \frac{\partial \boldsymbol{D}}{\partial t} + \boldsymbol{J} \tag{4.110}$$

对一定频率的电磁波, $\boldsymbol{D} = \varepsilon \boldsymbol{E}, \boldsymbol{B} = \mu \boldsymbol{H}$, 则有

$$\nabla \cdot \boldsymbol{D} = 0 \tag{4.111}$$

$$\nabla \times \boldsymbol{E} = \mathrm{i}\omega\mu \boldsymbol{H} \tag{4.112}$$

$$\nabla \cdot \boldsymbol{B} = 0 \tag{4.113}$$

$$\nabla \times \boldsymbol{H} = -\mathrm{i}\omega\varepsilon \boldsymbol{E} + \sigma \boldsymbol{E} \equiv -\mathrm{i}\omega\varepsilon' \boldsymbol{E} \tag{4.114}$$

在最后一个方程中, 我们定义了**复电容率**

$$\varepsilon' \equiv \varepsilon + \mathrm{i}\frac{\sigma}{\omega} \tag{4.115}$$

这样导体中的麦克斯韦方程就与绝缘介质中的方程式 (4.1)~ 式 (4.4) 在形式上完全一样了. 因此只要我们将绝缘介质内的电磁波中的 ε 换作 ε', 就得到了导体中的电磁波解.

复电容率会导致导体内的电磁波的波矢亦为复数, 将复波矢记为 $\boldsymbol{K}$, 并写成明显的复数形式

$$\boldsymbol{K} \equiv \boldsymbol{\beta} + \mathrm{i}\boldsymbol{\alpha} = \omega\sqrt{\mu\varepsilon'} \tag{4.116}$$

则导体中的电磁波为

$$\boldsymbol{E}(\boldsymbol{r}, t) = \boldsymbol{E}_0 \mathrm{e}^{\mathrm{i}(\boldsymbol{K}\cdot\boldsymbol{r} - \omega t)} = \boldsymbol{E}_0 \mathrm{e}^{-\boldsymbol{\alpha}\cdot\boldsymbol{r}} \mathrm{e}^{\mathrm{i}(\boldsymbol{\beta}\cdot\boldsymbol{r} - \omega t)} \tag{4.117}$$

由此可见, 波矢的实部 $\boldsymbol{\beta}$ 描述波的相位, 称为**相位常数**; 虚部 $\boldsymbol{\alpha}$ 描述波的振幅, 称为**衰减常数**.

注意 $\boldsymbol{\alpha}$、$\boldsymbol{\beta}$ 并不独立, 将式 (4.115) 代入式 (4.116) 得

$$\boldsymbol{K}^2 = \beta^2 - \alpha^2 + 2\mathrm{i}\boldsymbol{\alpha}\cdot\boldsymbol{\beta} = \omega^2\mu\left(\varepsilon + \mathrm{i}\frac{\sigma}{\omega}\right) \tag{4.118}$$

比较实部和虚部有

$$\begin{aligned} \beta^2 - \alpha^2 &= \omega^2\mu\varepsilon \\ \boldsymbol{\alpha}\cdot\boldsymbol{\beta} &= \frac{1}{2}\omega\mu\sigma \end{aligned} \tag{4.119}$$

如同在介质界面利用边值关系得到菲涅耳公式一样, 我们也可以利用边界条件来确定导体界面的反射波和透射波的全部性质.

对折射到金属内的波来说, 其电矢量和介质中的电矢量在形式上完全相同, 只不过需要将波矢 $\boldsymbol{k}$ 替换为复波矢 $\boldsymbol{K}$ 而已. 由此, 如果考虑垂直入射的情况 (图4.13), $\alpha_x = \beta_x = 0$, $\boldsymbol{\alpha}$、$\boldsymbol{\beta}$ 都沿 z 轴方向, 由此可以通过式 (4.119) 解出 β 和 α

$$\beta = \omega\sqrt{\frac{\mu\varepsilon}{2}}\left(\sqrt{1+\frac{\sigma^2}{\varepsilon^2\omega^2}}+1\right)^{\frac{1}{2}} \tag{4.120}$$

$$\alpha = \omega\sqrt{\frac{\mu\varepsilon}{2}}\left(\sqrt{1+\frac{\sigma^2}{\varepsilon^2\omega^2}}-1\right)^{\frac{1}{2}} \tag{4.121}$$

透射到金属中的电磁波变成

$$\boldsymbol{E} = \boldsymbol{E}_0 \mathrm{e}^{-\alpha z}\mathrm{e}^{\mathrm{i}(\beta z-\omega t)} \tag{4.122}$$

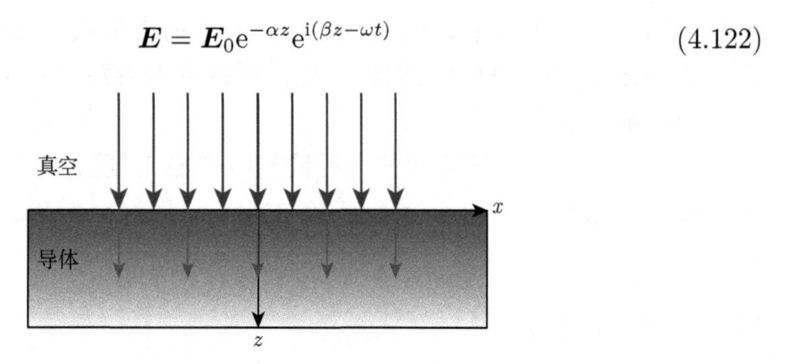

图 4.13 电磁波垂直入射导体表面

在良导体的条件下, $\dfrac{\sigma}{\varepsilon\omega} \gg 1$, 式 (4.120) 和式 (4.121) 可以简化为

$$\alpha \approx \beta \approx \sqrt{\frac{\omega\mu\sigma}{2}} \tag{4.123}$$

定义**穿透深度**δ 为波幅下降为原来的 1/e 倍时的传播距离, 则

$$\delta = \frac{1}{\alpha} = \sqrt{\frac{2}{\omega\mu\sigma}} \tag{4.124}$$

注意到, 穿透深度不仅与导体本身的性质 σ、μ 有关, 还与入射电磁波的频率 ω 有关. 入射电磁波的频率越高, 穿透深度越小. 例如, 对金属银来说, 当入射波频率为 50Hz 时, $\delta \sim 0.9\mathrm{cm}$; 当入射波频率为 100MHz 时, $\delta \sim 7\times10^{-6}\mathrm{m}$. 由

此可见, 对于高频电磁波, 电磁场不能进入导体内部, 只能存在于金属表面很薄的一层内, 这种现象称为**趋肤效应**. 趋肤效应使得导线在传输交变电场时的有效面积减小, 电阻增大, 因此传输高频信号时, 一般采用波导管而不是直接使用导线.

透射波的磁场可由式 (4.112) 得到

$$\boldsymbol{H}=\frac{-\mathrm{i}}{\omega\mu}\nabla\times\boldsymbol{E}=\frac{1}{\omega\mu}\boldsymbol{K}\times\boldsymbol{E}=\frac{1}{\omega\mu}(\beta+\mathrm{i}\alpha)\,\hat{\boldsymbol{e}}_K\times\boldsymbol{E} \tag{4.125}$$

在良导体条件下,

$$\begin{aligned}\boldsymbol{H}&\approx\sqrt{\frac{\sigma}{2\omega\mu}}(1+\mathrm{i})\hat{\boldsymbol{e}}_K\times\boldsymbol{E}\\&=\sqrt{\frac{\sigma}{\omega\mu}}\mathrm{e}^{\mathrm{i}\frac{\pi}{4}}\hat{\boldsymbol{e}}_K\times\boldsymbol{E}\end{aligned} \tag{4.126}$$

由此看出, 磁场的相位比电场落后 $\pi/4$, 且磁场能量和电场能量之比为

$$\frac{B^2/\mu}{\varepsilon E^2}=\frac{\sigma}{\omega\varepsilon}\gg 1 \tag{4.127}$$

故对透射入良导体的电磁波来说, 磁场远比电场重要, 金属中的电磁波能量主要是磁场能量.

例 4.1 电磁波在导体界面的非垂直入射.

如图4.14所示, 频率为 ω 的单色平面波从真空入射到导体表面, 已知入射角为 θ, 导体的电导率为 σ, 磁导率为 μ, 电容率为 ε, 求: (1) 复波矢 $\boldsymbol{K}=\boldsymbol{\beta}+\mathrm{i}\boldsymbol{\alpha}$; (2) 入射波在导体内的穿透深度 δ.

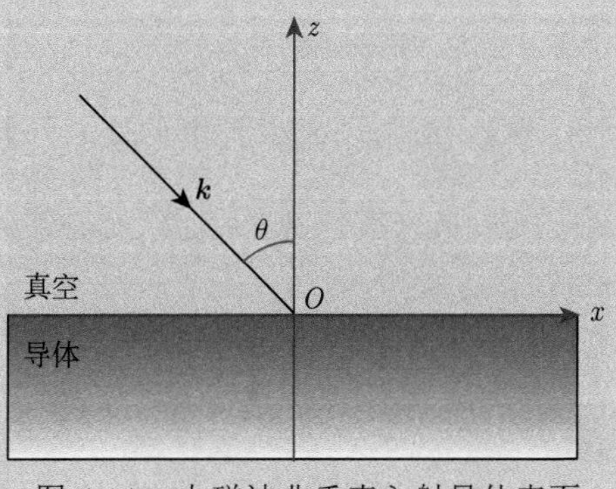

图 4.14　电磁波非垂直入射导体表面

解 设 xOz 平面是入射面, 则类比介质界面的反射折射问题可以写出

$$K_x = k_x = k\sin\theta = \frac{\omega}{c}\sin\theta \tag{4.128}$$

$$K_y = k_y = 0 \tag{4.129}$$

代入复波矢的定义可知

$$\alpha_x = \alpha_y = \beta_y = 0, \quad \beta_x = \frac{\omega}{c}\sin\theta \tag{4.130}$$

由此可见, 在一般情况下, $\boldsymbol{\alpha}$、$\boldsymbol{\beta}$ 并不同向. 由于 $\boldsymbol{\alpha}\cdot\boldsymbol{\beta} = \alpha_z\beta_z$, 关于 $\boldsymbol{\alpha}$、$\boldsymbol{\beta}$ 的方程变为

$$\frac{\omega^2}{c^2}\sin^2\theta + \beta_z^2 - \alpha_z^2 = \omega^2\mu\varepsilon \tag{4.131}$$

$$\alpha_z\beta_z = \frac{1}{2}\omega\mu\sigma \tag{4.132}$$

解之可得

$$\beta_z^2 = \frac{1}{2}\left(\omega^2\mu\varepsilon - \frac{\omega^2}{c^2}\sin^2\theta\right) + \frac{1}{2}\sqrt{\left(\omega^2\mu\varepsilon - \frac{\omega^2}{c^2}\sin^2\theta\right)^2 + \omega^2\mu^2\sigma^2} \tag{4.133}$$

$$\alpha_z^2 = -\frac{1}{2}\left(\omega^2\mu\varepsilon - \frac{\omega^2}{c^2}\sin^2\theta\right) + \frac{1}{2}\sqrt{\left(\omega^2\mu\varepsilon - \frac{\omega^2}{c^2}\sin^2\theta\right)^2 + \omega^2\mu^2\sigma^2} \tag{4.134}$$

导体内的透射波为

$$\boldsymbol{E}'' = \boldsymbol{E}_0''\mathrm{e}^{-\alpha_z z}\mathrm{e}^{\mathrm{i}(\beta_x x + \beta_z z - \omega t)} \tag{4.135}$$

穿透深度为

$$\delta = \frac{1}{\alpha_z} = \frac{1}{\alpha} \tag{4.136}$$

对于良导体, 式 (4.133) 和式 (4.134) 的根式中的最后一项远大于其他项, 故

$$\alpha_z \approx \beta_z \approx \sqrt{\frac{\omega\mu\sigma}{2}}, \quad \beta_x \ll \beta_z \tag{4.137}$$

穿透深度为

$$\delta \approx \sqrt{\frac{2}{\omega\mu\sigma}} \tag{4.138}$$

下面再来看看反射的情况. 还是讨论垂直入射的情形. 利用边界条件 $E_{1t} = E_{2t}$ 和 $H_{1t} = H_{2t}$[①]可知

$$E + E' = E'' \tag{4.139}$$

$$H - H' = H'' \tag{4.140}$$

利用式 (4.18) 和式 (4.126) 将式 (4.140) 转换成电场之间的关系 ($\mu \approx \mu_0$)

$$E - E^{'} = \sqrt{\frac{\sigma}{2\omega\varepsilon}}\,(1+\mathrm{i})\,E'' \tag{4.141}$$

与式 (4.139) 联立, 可解得

$$\frac{E^{'}}{E} = -\frac{1+\mathrm{i}-\sqrt{\frac{2\omega\varepsilon}{\sigma}}}{1+\mathrm{i}+\sqrt{\frac{2\omega\varepsilon}{\sigma}}} \tag{4.142}$$

反射系数为

$$R = \left|\frac{E^{'}}{E}\right|^2 = -\frac{\left(1-\sqrt{\frac{2\omega\varepsilon}{\sigma}}\right)^2+1}{\left(1+\sqrt{\frac{2\omega\varepsilon}{\sigma}}\right)^2+1} \approx 1 - 2\sqrt{\frac{2\omega\varepsilon}{\sigma}} \tag{4.143}$$

由此可见, 反射系数不仅与金属本身的电导率有关, 还与入射电磁波的频率有关. 也就是说, 金属电导率越高, 电磁波频率越低, 反射系数越接近 1, 金属可以看作电磁波的“反射镜”. 一般来说, 对于微波和无线电波波段的电磁波来说, 通常可以把金属看作良导体, 其反射系数接近 1. 市面上常见的微波炉中的电磁波频率为 2.45GHz, 它在常见金属表面的反射系数约为 $R = 99.6\%$, 因此金属容器放入微波炉中会发生对电磁波的强烈反射, 电磁波无法进入容器中加热食物, 而且还会由于涡流和拉弧放电等效应而损坏容器和微波炉, 这就是微波炉中禁止使用金属容器的原因 (注意: 有金属镶嵌工艺的陶瓷碗碟也是不能在微波炉中使用的).

例 4.2 计算高频下良导体的表面电阻.

解 由趋肤效应知, 高频下仅在导体表面的薄层内有电流通过, 薄层厚度约为 α^{-1}, 如图4.15所示. 定义薄层电流的线密度 $\boldsymbol{\alpha}_{\mathrm{f}}$ 为通过单位横截线

① 注意这里 $\boldsymbol{H}$ 在切向连续是因为传导电流项已经被吸收到复电容率中, 边界上的场方程形式上与介质的情况一样.

长度的电流，则

$$\boldsymbol{\alpha}_{\mathrm{f}} = \int_0^\infty \boldsymbol{J}\mathrm{d}z \tag{4.144}$$

取 z 轴的方向为垂直于导体表面、指向导体内部的法向. 导体内的电流密度为

$$\boldsymbol{J}(\boldsymbol{r},t) = \sigma\boldsymbol{E}(\boldsymbol{r},t) = \sigma\boldsymbol{E}_0(x,y)\mathrm{e}^{-\alpha z}\mathrm{e}^{\mathrm{i}(\beta z-\omega t)} \tag{4.145}$$

将式 (4.145) 代入线电流密度 (4.144) 中并完成积分可得

$$\boldsymbol{\alpha}_{\mathrm{f}} = \sigma\boldsymbol{E}_0\int_0^\infty \mathrm{e}^{-\alpha z+\mathrm{i}\beta z-\mathrm{i}\omega t}\mathrm{d}z = \frac{\sigma\boldsymbol{E}_0\mathrm{e}^{-\mathrm{i}\omega t}}{\alpha-\mathrm{i}\beta} \equiv \frac{\sigma\boldsymbol{E}_0\mathrm{e}^{-\mathrm{i}\omega t}}{\sqrt{\alpha^2+\beta^2}}\mathrm{e}^{\mathrm{i}\varphi} \quad \left(\tan\varphi = \frac{\beta}{\alpha}\right) \tag{4.146}$$

导体内的平均损耗功率密度为

$$\mathcal{P} = \frac{1}{2}\mathrm{Re}(\boldsymbol{J}^*\cdot\boldsymbol{E}) = \frac{1}{2}\sigma E_0^2\mathrm{e}^{-2\alpha z} \tag{4.147}$$

则导体表面单位面积平均损耗功率密度为

$$P_{\mathrm{L}} = \frac{1}{2}\sigma E_0^2\int_0^\infty \mathrm{e}^{-2\alpha z}\mathrm{d}z = \frac{\sigma E_0^2}{4\alpha} \tag{4.148}$$

利用式 (4.146) 可得

$$P_{\mathrm{L}} = \frac{\alpha^2+\beta^2}{4\alpha\sigma}\alpha_{\mathrm{f0}}^2 \approx \frac{1}{2\sigma\delta}\alpha_{\mathrm{f0}}^2 \tag{4.149}$$

其中, α_{f0} 是电流线密度的幅值, 最后一个约等号用到了 $\alpha\approx\beta\approx\dfrac{1}{\delta}$. 对比焦耳定律可知, 导体在高频下的电阻相当于厚度为 δ 的直流电阻.

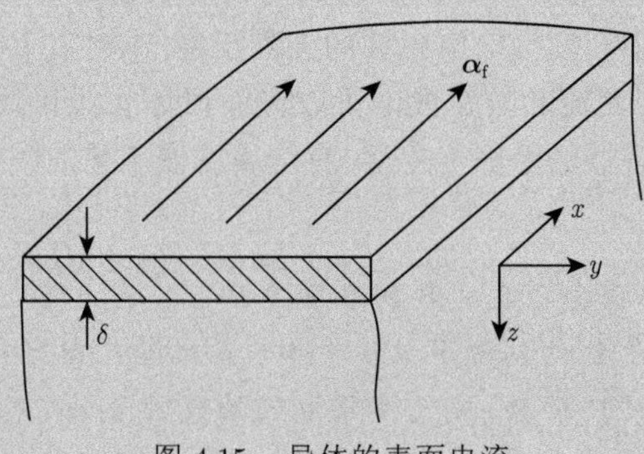

图 4.15　导体的表面电流

4.3 有界空间中的电磁波

如果用良导体围成一个空间, 则电磁波在这个空间内的行为受到良导体边界的限制, 其传播模式取决于电磁波的方程和相应的边界条件. 这种有界空间中电磁波的传播有其本身的特点, 被广泛用于无线电技术中. 本节要介绍的波导管和谐振腔就是两个典型的微波器件. 波导管是中空的金属管, 用于电磁波的传播; 谐振腔是中空的金属腔, 用于产生特定频率的电磁波. 这类有界空间中的电磁波问题归根结底都是导体边界的边值问题, 因此下面我们先作一般讨论.

1. *亥姆霍兹方程*

很多实际情况下, 电磁波的波源激发出来的都是确定频率的电磁波（单色波）, 例如无线电广播或卫星地面通信的载波、激光等都接近于单色波. 在一般情况下, 即使电磁波不是单色波, 通过傅里叶变换, 也可将其分解为各种频率单色波的叠加. 因此在讨论有界空间的电磁波问题时, 首先研究单色波的行为是合理的.

考虑腔体中的单色波, 将电磁波的时间因子单独分离出来, 写成

$$\boldsymbol{E}(\boldsymbol{r},t)=\boldsymbol{E}(\boldsymbol{r})\mathrm{e}^{-\mathrm{i}\omega t},\quad \boldsymbol{B}(\boldsymbol{r},t)=\boldsymbol{B}(\boldsymbol{r})\mathrm{e}^{-\mathrm{i}\omega t} \tag{4.150}$$

下面我们将用 $\boldsymbol{E}$、$\boldsymbol{B}$ 表示 $\boldsymbol{E}(\boldsymbol{r})$、$\boldsymbol{B}(\boldsymbol{r})$, 一般不致引起混乱. 将这个形式代入麦克斯韦方程, 考虑到腔体内 $\rho_{\mathrm{f}}=0, \boldsymbol{J}_{\mathrm{f}}=0$, 且确定频率的电磁场满足线性关系 $\boldsymbol{D}=\varepsilon\boldsymbol{E}, \boldsymbol{B}=\mu\boldsymbol{H}$, 可得

$$\nabla\cdot\boldsymbol{E}=0 \tag{4.151}$$

$$\nabla\times\boldsymbol{E}=\mathrm{i}\omega\mu\boldsymbol{H} \tag{4.152}$$

$$\nabla\cdot\boldsymbol{B}=0 \tag{4.153}$$

$$\nabla\times\boldsymbol{H}=-\mathrm{i}\omega\varepsilon\boldsymbol{E} \tag{4.154}$$

对电场的旋度方程两边分别再求旋度, 并利用电场散度方程可得

$$\nabla\times(\nabla\times\boldsymbol{E})=\nabla(\nabla\cdot\boldsymbol{E})-\nabla^2\boldsymbol{E}=-\nabla^2\boldsymbol{E}=\mathrm{i}\omega\mu\nabla\times\boldsymbol{H}=\omega^2\mu\varepsilon\boldsymbol{E} \tag{4.155}$$

整理可得

$$\nabla^2\boldsymbol{E}+k^2\boldsymbol{E}=0\quad(\nabla\cdot\boldsymbol{E}=0) \tag{4.156}$$

其中, $k=\omega\sqrt{\mu\varepsilon}$. 式 (4.156) 称为**亥姆霍兹方程**, 是单色波的空间分量所满足的基本方程. 注意, 后面括号里的条件是亥姆霍兹方程的附加条件, 满足附加条件的解才是亥姆霍兹方程的解. 亥姆霍兹方程的解 $\boldsymbol{E}(\boldsymbol{r})$ 表示电磁波场强在空间中的分布情况, 每一种可能的形式称为一种**波模**. 当解出 $\boldsymbol{E}$ 后, 磁场 $\boldsymbol{B}$ 可以由式 (4.152) 求出

$$\boldsymbol{B}=-\frac{\mathrm{i}}{\omega}\nabla\times\boldsymbol{E} \tag{4.157}$$

2. 理想导体的边界条件

对于高频电磁波来说, 一般的金属都可以看作良导体, 忽略电磁波进入良导体的能量损耗, 将良导体看作无能量损耗的理想导体, 则这种理想导体内的电磁场为 0. 考虑理想导体的边界, 另一侧可以是真空或绝缘介质, 则相应的边界场方程可以写成

$$\hat{\boldsymbol{e}}_n\cdot\boldsymbol{D}=\sigma_{\mathrm{f}},\quad 即\quad D_n=\sigma_{\mathrm{f}} \tag{4.158}$$

$$\hat{\boldsymbol{e}}_n\times\boldsymbol{E}=0,\quad 即\quad E_t=0 \tag{4.159}$$

$$\hat{\boldsymbol{e}}_n\cdot\boldsymbol{B}=0,\quad 即\quad B_n=0 \tag{4.160}$$

$$\hat{\boldsymbol{e}}_n\times\boldsymbol{H}=\boldsymbol{\alpha}_{\mathrm{f}},\quad 即\quad H_t=\alpha_{\mathrm{f}} \tag{4.161}$$

事实上, 对于电场的亥姆霍兹方程 (4.156) 来说, 真正起作用的是边界方程 (4.159), 边界方程 (4.158) 和式 (4.161) 一般是在求出介质中的电磁波后用来求表面电流和电荷的分布. 实际求解时, 先看附加方程对电场的限制往往是方便的[①]. 在介质内沿着边界, 由式 (4.159) 知电场的切向分量均为 0, 因此边界附近的电场只有法向分量, 因此 $\nabla\cdot\boldsymbol{E}=0$ 就给出电场在法向的导数为 0, 即

$$\frac{\partial E_n}{\partial n}=0 \tag{4.162}$$

总结一下理想导体的边界问题: 导体所围的有界空间内, 电磁波满足

$$泛定方程:\quad \nabla^2\boldsymbol{E}+k^2\boldsymbol{E}=0\quad(\nabla\cdot\boldsymbol{E}=0) \tag{4.163}$$

$$边界条件:\quad E_t=0,\quad \frac{\partial E_n}{\partial n}=0 \tag{4.164}$$

也可以形象地表述为: 在介质内靠近导体表面处, 电场线与界面正交且为直线.

---

① 注意这个附加方程只是在介质内部成立, 在边界上由于有电荷存在, 该方程并不成立, 因此并不能将其推广到界面处, 也就是说由这个方程不能得出在边界上电场的法向分量连续的结论.

4.3.1 波导管

作为有界空间内电磁波传播的例子, 我们来讨论矩形波导管中的电磁波. 设矩形波导管的长和宽分别是 a、b, 电磁波在其中沿 z 方向传播, 如图4.16所示建立坐标系.

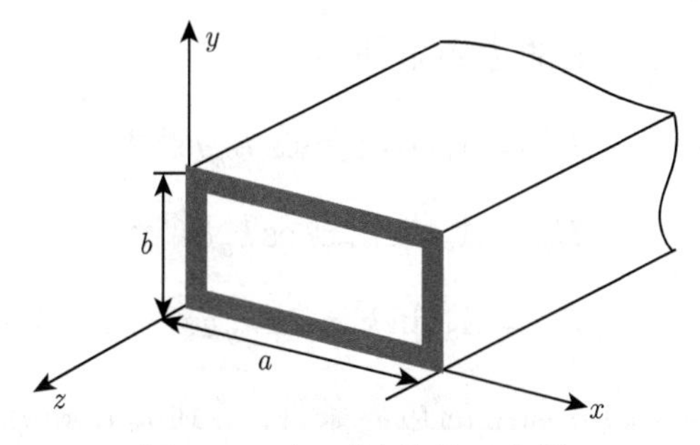

图 4.16 矩形波导管示意图

管中频率为 ω 的单色波, 满足亥姆霍兹方程. 由于电磁波沿 z 轴传播, 故应有传播因子 $\mathrm{e}^{\mathrm{i}(k_z z-\omega t)}$, 因此把电场的空间部分写成

$$\boldsymbol{E}(\boldsymbol{r})=\boldsymbol{E}(x,y)\mathrm{e}^{\mathrm{i}k_z z} \tag{4.165}$$

代入亥姆霍兹方程得

$$\left(\frac{\partial^2}{\partial x^2}+\frac{\partial^2}{\partial y^2}\right)\boldsymbol{E}(x,y)+(k^2-k_z^2)\boldsymbol{E}(x,y)=0 \tag{4.166}$$

在直角坐标系中分离变量, 令

$$u(x,y)=X(x)Y(y) \tag{4.167}$$

为电磁场的任一直角分量, 代入式 (4.166), 可得

$$\frac{\mathrm{d}^2X}{\mathrm{d}x^2}+k_x^2X=0 \tag{4.168}$$

$$\frac{\mathrm{d}^2Y}{\mathrm{d}y^2}+k_y^2Y=0 \tag{4.169}$$

$$k_x^2+k_y^2+k_z^2=k^2 \tag{4.170}$$

其通解为

$$u(x,y)=(C_1\cos k_x x+D_1\sin k_x x)(C_2\cos k_y y+D_2\sin k_y y) \tag{4.171}$$

确定通解中的系数需要用到边界条件, 对于矩形波导管来说, 边界条件是

$$E_y = E_z = 0, \quad \frac{\partial E_x}{\partial x} = 0 \quad (x = 0, a) \tag{4.172}$$

$$E_x = E_z = 0, \quad \frac{\partial E_y}{\partial y} = 0 \quad (y = 0, b) \tag{4.173}$$

由 $x = 0$ 和 $y = 0$ 的界面上的边界条件知

$$E_x = A_1 \cos k_x x \sin k_y y \mathrm{e}^{\mathrm{i}k_z z} \tag{4.174}$$

$$E_y = A_2 \sin k_x x \cos k_y y \mathrm{e}^{\mathrm{i}k_z z} \tag{4.175}$$

$$E_z = A_3 \sin k_x x \sin k_y y \mathrm{e}^{\mathrm{i}k_z z} \tag{4.176}$$

再考虑 $x = a$ 和 $y = b$ 的界面上的边界条件, 得到 $k_x a$ 和 $k_y b$ 必须为 π 的整数倍, 即

$$k_x = \frac{m\pi}{a}, \quad k_y = \frac{n\pi}{b} \quad (m, n = 0, 1, 2, \cdots) \tag{4.177}$$

可以看到, 式 (4.172) 和式 (4.173) 其实是电磁波的驻波条件, 在垂直于传播方向, 电磁波由于来回反射而形成驻波.

由于条件 $\nabla \cdot \boldsymbol{E} = 0$ 的限制, 振幅还需满足

$$k_x A_1 + k_y A_2 - \mathrm{i}k_z A_3 = 0 \tag{4.178}$$

因此 A_1、A_2、A_3 中只有两个是独立的. 对于每一组 (m, n), 有两种独立的波模. 相应地, 磁场 $\boldsymbol{H}$ 由式 (4.152) 给出

$$\boldsymbol{H} = -\frac{\mathrm{i}}{\omega\mu} \nabla \times \boldsymbol{E} \tag{4.179}$$

对一组确定的 (m, n), 如果选择 $A_3 = 0$, 则 $E_z = 0$, 故 $A_1/A_2 = -k_y/k_x$, 电磁波的形式就完全确定, 此时 $H_z \neq 0$, 因此只有电矢量垂直于传播方向, 该波模称为**横电波**（TE）; 另一种独立的波模是 $H_z = 0$ 的波, 可以证明, 此时 $E_z \neq 0$, 只有磁场与传播方向垂直, 因而称其为**横磁波**（TM）. TE 波和 TM 波按照不同的 (m, n) 值而形成 TE_{mn} 波和 TM_{mn} 波. 由此可见, 在波导管内传播的电磁波, $\boldsymbol{E}$ 和 $\boldsymbol{H}$ 只有一个能与传播方向垂直, 而不能同时为横波, 这是有界空间电磁波区别于无界空间中的电磁波（TEM 波）的一个基本特征.

在式 (4.170) 中, k 为介质内的波数, 由 ω 决定; k_x、k_y 由式 (4.177) 决定, 即取决于矩形波导管的尺寸和波模 (m, n) 的取值. 二者变化彼此独立, 因此可

能会出现 $k < \sqrt{k_x^2 + k_y^2}$ 的情况, 此时 k_z 变成虚数, 传播因子 $\mathrm{e}^{\mathrm{i}k_z z}$ 变成衰减因子 $\mathrm{e}^{-k_z z}$, 意味着电磁波将不能沿着波导管传播. 因此, 能在波导管中传播的特定波模的电磁波角频率有下限 $\omega_{\mathrm{c},mn}$, 称为**截止频率**, 其大小为

$$\omega_{\mathrm{c},mn} = \frac{\pi}{\sqrt{\mu\varepsilon}}\sqrt{\left(\frac{m}{a}\right)^2 + \left(\frac{n}{b}\right)^2} \tag{4.180}$$

截止频率其实就是二维驻波的基频. 以 TE_{10} 波为例, 若 $a > b$, 则其截止频率为

$$\frac{1}{2\pi}\omega_{\mathrm{c},10} = \frac{1}{2a\sqrt{\mu\varepsilon}} = \frac{v}{2a} \tag{4.181}$$

相应的截止波长为

$$\lambda_{\mathrm{c},10} = 2a \tag{4.182}$$

显然这就是波导管的两个相对面之间的距离是一个半波长时的情况, 对应驻波两端固定的简正模式.

回顾求解矩形波导管内的电磁波模的结果, 我们就会发现, 波导管内的电磁波其实是在内壁间反复反射, 走 Z 字形路径进行传播的. 由于反射, 在与自由传播方向垂直的方向上, 电场形成驻波. 驻波的基频, 就决定了波导管能输送电磁波的最低频率.

对电场求旋度即可得到磁场, 对于 TE_{10} 波, 若定义 H_z 的振幅为 H_0, 则该波模的所有电磁场分量为

$$\begin{aligned} E_x = 0, \quad H_x &= -\frac{\mathrm{i}k_z a}{\pi} H_0 \sin\frac{\pi x}{a} \\ E_y = \frac{\mathrm{i}\omega\mu a}{\pi} H_0 \sin\frac{\pi x}{a}, \quad H_y &= 0 \\ E_z = 0, \quad H_z &= H_0 \cos\frac{\pi x}{a} \end{aligned} \tag{4.183}$$

其中只有一个待定常数 H_0, 由激发功率决定.

再利用边界条件 $\hat{\boldsymbol{e}}_n \times \boldsymbol{H} = \boldsymbol{\alpha}_{\mathrm{f}}$, 可以求出管壁电流, 这里不再详细讨论, 如有兴趣了解, 请参阅电磁场与电磁波的专著.

4.3.2 谐振腔

谐振腔是个全封闭的金属腔体, 多种频率的电磁波在其中来回反射激荡, 最终只选择出一种频率的电磁波留存下来, 且振幅极大增强. 从本质上来看, 这

也是一个共振问题: 当电磁波的频率与谐振腔的本征频率相同时, 能引起电磁波与腔体形成共振, 从而极大增强这种频率电磁波的能量. 同样可以通过求解亥姆霍兹方程的边界问题来研究谐振腔的性质. 具体讨论过程不在此赘述.

课堂讨论

通过本章的学习, 请读者阅读**逆法拉第效应**的相关材料[①], 并在课堂讨论中分享你对逆法拉第效应的理解.

思考题

1. 单色平面波 (4.8) 的电场和磁场的振幅之比为 c, 这是一个很大的量, 这是不是意味着电磁波中电场比磁场要大得多呢? 应如何看待这个问题?
2. 在讨论金属中的电磁波所满足的方程时, 我们定义了复电容率, 进而定义了复波矢, 它们之间的联系由式 (4.116) 给出. 但事实上, 复波矢不是必须的, 只要波矢和频率这两个量中至少有一个为复数, 就可以满足复电容率的要求. 试讨论一下电磁波的频率为复数时所对应的物理图像.
3. 两块相距为 b 的理想导体平板间有电磁波传播, 在做计算之前, 你能说出板间电磁波的截止频率是多少吗? 这样的电磁波有几种独立的模式?

练习题

1. 验证单色平面波 (4.8) 是波动方程式 (4.6) 和式 (4.7) 的特解, 并且有 $\omega = kc$.
2. 单色平面波以 30° 角从真空入射到 $\varepsilon_\mathrm{r} = 2$ 的介质界面上, 电场强度垂直于入射面, 求反射系数和折射系数.
3. 某种颜色的光从水入射到空气, 入射角分别为 45° 和 60°, 哪个角度的光会发生全反射? 设水中光的波长 $\lambda = 600\mathrm{nm}$, 水的折射率 $n = 1.33$. 求:

   (1) 发生全反射时, 光在空气内的透射深度;

   (2) 沿介质表面传播的相速度.
4. 考虑一种各向异性的介质. 当频率为 ω 的平面波在这种介质中传播时, 若 $\boldsymbol{E}$、$\boldsymbol{D}$、$\boldsymbol{B}$、$\boldsymbol{H}$ 仍按 $\mathrm{e}^{\mathrm{i}(\boldsymbol{k}\cdot\boldsymbol{r}-\omega t)}$ 变化, 但 $\boldsymbol{D} \neq \varepsilon\boldsymbol{E}$, 证明:

   (1) $\boldsymbol{k}\cdot\boldsymbol{B} = \boldsymbol{k}\cdot\boldsymbol{D} = \boldsymbol{B}\cdot\boldsymbol{D} = \boldsymbol{B}\cdot\boldsymbol{E} = 0$, 但 $\boldsymbol{k}\cdot\boldsymbol{E} \neq 0$;

   (2) $\boldsymbol{D} = \dfrac{1}{\omega^2\mu}\left[k^2\boldsymbol{E} - (\boldsymbol{k}\cdot\boldsymbol{E})\boldsymbol{k}\right]$;

   (3) 坡印亭矢量 $\boldsymbol{S}$ 和波矢 $\boldsymbol{k}$ 不在同一个方向.
5. 已知潜艇的天线在海面以下 700m 处, 海水的电导率为 $1\Omega^{-1}\cdot\mathrm{m}^{-1}$, 请通过计算说明能否用 2MHz 的电磁波与之通信.

---

① https://en.wikipedia.org/wiki/Inverse_Faraday_effect.

6. 利用边界条件证明: 两块无穷大理想导体平板之间只能传播一种偏振模式的平面电磁波.
7. 设有一个在 z 方向无限长的矩形波导管, 在 $z = 0$ 的位置, 波导管被一块理想导体平板完全封闭, 求在 $z \in (-\infty, 0)$ 这段管内可能存在的波模.
8. 证明: 矩形波导管内不存在 TM_{m0}、TM_{0n} 波.
9. 频率在 $30 \times 10^9\mathrm{Hz}$ 的微波, 在 0.7cm×0.4cm 的矩形波导管内能以什么样的波模传播? 若换成 0.7cm×0.6cm 的矩形波导管呢?

第 5 章　电磁波的激发

本章的思维导图如图 5.1 所示.

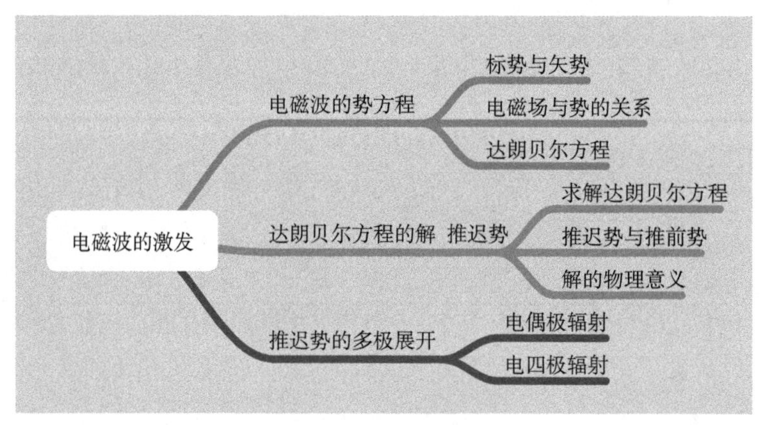

图 5.1　思维导图

第 4 章我们讨论了电磁波在无界空间、半无界空间、有界空间中如何传播的问题, 但电磁波是如何产生的呢? 这是本章要回答的问题. 从麦克斯韦方程可以看出, 随时间变化的电荷和电流都是电磁波的源, 因此本章的核心内容就是如何求解最一般的麦克斯韦方程. 同静场问题一样, 引入势来描述场往往是方便的, 本章将静电势和磁矢势推广到随时间变化的一般情况, 然后导出势方程, 然后求解势方程.

值得注意的是, 如同静场的情况一样, 随时间变化的电磁场的势也存在多余的自由度, 也就是说, 对于同一个电磁场来说, 势的形式不唯一, 它们之间相差一个规范变换, 在这种变换下, 电磁场保持不变. 下面我们先来看看势的一般形式以及它们所满足的方程.

5.1 电磁波的势方程

由 $\nabla \cdot \boldsymbol{B} = 0$, 可以定义磁矢势 $\boldsymbol{A}$, 它满足

$$\boldsymbol{B} = \nabla \times \boldsymbol{A} \tag{5.1}$$

将式 (5.1) 代入电场的旋度公式, 可得

$$\nabla \times \boldsymbol{E} = -\frac{\partial \boldsymbol{B}}{\partial t} = -\nabla \times \frac{\partial \boldsymbol{A}}{\partial t} \tag{5.2}$$

整理可得

$$\nabla \times \left(\boldsymbol{E} + \frac{\partial \boldsymbol{A}}{\partial t}\right) = 0 \tag{5.3}$$

这表示 $\boldsymbol{E} + \dfrac{\partial \boldsymbol{A}}{\partial t}$ 是无旋场, 因而可以表示为一个标量场的梯度

$$\boldsymbol{E} + \frac{\partial \boldsymbol{A}}{\partial t} = -\nabla \varphi \tag{5.4}$$

故电场可以由矢势 $\boldsymbol{A}$ 和标势 φ 共同构造

$$\boldsymbol{E} = -\nabla \varphi - \frac{\partial \boldsymbol{A}}{\partial t} \tag{5.5}$$

注意, 这里的 φ 不再是静电势, 因而也不存在势能的概念. 在随时间变化的电磁场中, 电场和磁场是相互作用的整体, 矢势和标势也必须作为一个整体来描述电磁场.

在 3.1.2 节我们已经知道, 同一个 $\boldsymbol{B}$ 对应的 $\boldsymbol{A}$ 可以相差一个标量场的梯度

$$\boldsymbol{A} \to \boldsymbol{A}' = \boldsymbol{A} + \nabla \psi \tag{5.6}$$

这种变换要保证物理可观测量 $\boldsymbol{E}$、$\boldsymbol{B}$ 不变, 称为**规范变换**. 当 $\boldsymbol{A}$ 做规范变换时, φ 也要做相应的变换以保证 $\boldsymbol{E}$ 不变, 因此,

$$\boldsymbol{E} = -\nabla \varphi' - \frac{\partial \boldsymbol{A}'}{\partial t} = -\nabla \varphi' - \frac{\partial}{\partial t}(\boldsymbol{A} + \nabla \psi) = -\nabla \varphi' - \frac{\partial \boldsymbol{A}}{\partial t} - \nabla \frac{\partial \psi}{\partial t} = -\nabla \varphi - \frac{\partial \boldsymbol{A}}{\partial t} \tag{5.7}$$

其中, φ' 是做完规范变换以后的新标势. 式 (5.7) 要求

$$\varphi' = \varphi - \frac{\partial \psi}{\partial t} \tag{5.8}$$

式 (5.8) 和式 (5.6) 称为势的规范变换, 每一组 $(\boldsymbol{A}, \varphi)$ 称为一种规范. 当势做规范变换时, 所有物理量和物理规律都应保持不变, 这种不变性称为**规范不变性**. 规范不变性是物理规律所要满足的一个基本原理, 类似于能量守恒与动量守恒, 是现代物理中构造基本相互作用理论的重要原则之一. 满足规范变换不变的场称为规范场, 电磁场是最被人熟知的规范场. 采用适当的规范条件可以使基本方程和计算简化, 而且物理意义也较明显.

从数学上看, $\boldsymbol{B} = \nabla \times \boldsymbol{A}$ 意味着 $\boldsymbol{A}$ 只有横场部分对 $\boldsymbol{B}$ 有贡献, 其纵场部分仍有自由度, 因此对 $\boldsymbol{A}$ 的纵场部分做任何限制都不会影响 $\boldsymbol{B}$. 在静场问题中我们介绍了库仑规范 $\nabla \cdot \boldsymbol{A} = 0$, 下面我们要介绍一种新的规范——洛伦茨规范. 可以看到, 在洛伦茨规范下, 势的方程形式就会变得很简单和对称.

从 $\boldsymbol{B}$ 的旋度出发, 利用麦克斯韦方程, 矢势和标势的定义以及矢量运算的规则可知

$$\begin{aligned}
\nabla \times \boldsymbol{B} &= \nabla \times (\nabla \times \boldsymbol{A}) \\
&= \nabla(\nabla \cdot \boldsymbol{A}) - \nabla^2 \boldsymbol{A} \\
&= \mu_0 \boldsymbol{J} + \mu_0 \varepsilon_0 \frac{\partial \boldsymbol{E}}{\partial t} \\
&= \mu_0 \boldsymbol{J} - \mu_0 \varepsilon_0 \frac{\partial}{\partial t} \nabla \varphi - \mu_0 \varepsilon_0 \frac{\partial^2 \boldsymbol{A}}{\partial t^2}
\end{aligned} \tag{5.9}$$

整理式 (5.9) 可得

$$\nabla^2 \boldsymbol{A} - \frac{1}{c^2} \frac{\partial^2 \boldsymbol{A}}{\partial t^2} - \nabla \left(\nabla \cdot \boldsymbol{A} + \frac{1}{c^2} \frac{\partial \varphi}{\partial t} \right) = -\mu_0 \boldsymbol{J} \tag{5.10}$$

再从麦克斯韦方程中 $\boldsymbol{E}$ 的散度公式出发, 可知

$$\nabla \cdot \boldsymbol{E} = \nabla \cdot \left(-\nabla \varphi - \frac{\partial \boldsymbol{A}}{\partial t} \right) = -\nabla^2 \varphi - \frac{\partial}{\partial t} \nabla \cdot \boldsymbol{A} = \frac{\rho}{\varepsilon_0} \tag{5.11}$$

若令

$$\nabla \cdot \boldsymbol{A} + \frac{1}{c^2} \frac{\partial \varphi}{\partial t} = 0 \tag{5.12}$$

则式 (5.10) 变成

$$\nabla^2 \boldsymbol{A} - \frac{1}{c^2} \frac{\partial^2 \boldsymbol{A}}{\partial t^2} = -\mu_0 \boldsymbol{J} \tag{5.13}$$

这是矢势 $\boldsymbol{A}$ 所满足的方程.

将式 (5.5) 代入电场的散度方程 $\nabla\cdot\boldsymbol{E}=0$, 并利用式 (5.12) 可得标势的方程

$$\nabla^2\varphi-\frac{1}{c^2}\frac{\partial^2\varphi}{\partial t^2}=-\frac{\rho}{\varepsilon_0} \tag{5.14}$$

可以看到, 式 (5.12) 实际上是 $\boldsymbol{A}$ 的纵向分量的一个限制条件, 而 $\nabla\cdot\boldsymbol{A}$ 无论取何值都不会改变 $\boldsymbol{B}$, 因此式 (5.12) 就是一个规范条件, 称为**洛伦茨 (Lorenz) 规范**[①]. 在这个规范下, 矢势 $\boldsymbol{A}$ 和标势 φ 的方程是退耦的, 而且具有十分类似的结构. 我们将式 (5.13) 和式 (5.14) 称为**达朗贝尔 (d'Alembert) 方程**. 特别需要注意的是, 达朗贝尔方程是洛伦茨规范下的势方程, 因此方程的解也必须满足洛伦茨规范.

至此, 我们得到了电磁场的另一种描述方式——用 φ、$\boldsymbol{A}$ 来描述电磁场, 相比于用 $\boldsymbol{E}$、$\boldsymbol{B}$ 来描述, 势描述的好处在于其运动方程是退耦的, 可以直接求解, 而麦克斯韦方程则是耦合方程, 只有在某些特殊条件下才能退耦.

5.2 达朗贝尔方程的解 推迟势

接下来, 我们将求解达朗贝尔方程. 为了简化问题, 我们专注于真空中的情况. 也就是说, 在给定自由电荷密度 ρ_{f} 和自由电流密度 $\boldsymbol{J}_{\mathrm{f}}$ 的分布条件下, 求解达朗贝尔方程. 注意到, 标势方程中只有电荷 ρ_{f}, 也就是说标势 φ 只依赖于电荷分布, 而矢势只依赖于电流分布, 并且两方程具有相同的数学形式, 因此只需要求解其中一个就够了. 下面我们从标势 φ 的方程出发.

首先注意到, 式 (5.14) 是线性方程, 反映电磁场的可叠加性. 利用这一性质, 我们可以先讨论点电荷源, 然后对连续带电体的微元积分, 得到总的标势.

设有一点电荷位于坐标原点, 其电荷量是时间的函数 $Q_{\mathrm{f}}(t)$, 则式 (5.14) 可以写成

$$\nabla^2\varphi-\frac{1}{c^2}\frac{\partial^2\varphi}{\partial t^2}=-\frac{1}{\varepsilon_0}Q_{\mathrm{f}}(t)\delta^3(\boldsymbol{r}) \tag{5.15}$$

其中 $\delta^3(\boldsymbol{r})$ 是三维 δ 函数. 由于空间的球对称性, 标势 φ 不应依赖于角度变量,

---

① 注意, 这里是洛伦茨 (Ludvig Lorenz,1829—1891, 丹麦物理学家) 而不是洛伦兹 (Hendrik Lorentz, 1853—1928, 荷兰物理学家), 后者是大名鼎鼎的洛伦兹力的那个"洛伦兹". 因为英文发音相近, 中文往往将这两人的名字都翻译成洛伦兹, 所以这个规范在绝大多数中文物理书中都叫作"洛伦兹规范". 事实上, 这两位物理学家的研究领域非常接近 (这也是他们的名字经常被搞混的原因), 他们甚至各自独立推导出了介质折射率与极化率之间的一个关系, 这一关系被命名为 Lorentz-Lorenz 方程.

故用 ∇ 算符在球坐标中的表达式 (1.138), 式 (5.15) 可以写成

$$\frac{1}{r^2}\frac{\partial}{\partial r}\left(r^2\frac{\partial\varphi}{\partial r}\right)-\frac{1}{c^2}\frac{\partial^2\varphi}{\partial t^2}=-\frac{1}{\varepsilon_0}Q_{\mathrm{f}}(t)\delta^3(\boldsymbol{r}) \tag{5.16}$$

这显然是一个非齐次的波动方程, 对应的齐次波动方程为

$$\frac{1}{r^2}\frac{\partial}{\partial r}\left(r^2\frac{\partial\varphi}{\partial r}\right)-\frac{1}{c^2}\frac{\partial^2\varphi}{\partial t^2}=0\quad(r\neq 0) \tag{5.17}$$

对式 (5.17) 做变换

$$\varphi(r,t)=\frac{u(r,t)}{r} \tag{5.18}$$

可得

$$\frac{\partial^2 u}{\partial r^2}-\frac{1}{c^2}\frac{\partial^2 u}{\partial t^2}=0 \tag{5.19}$$

这是标准的一维波动方程, 其通解为行波解

$$u(r,t)=f\left(t-\frac{r}{c}\right)+g\left(t+\frac{r}{c}\right) \tag{5.20}$$

其中, f、g 是两个任意函数. 将式 (5.20) 代回式 (5.18), 并舍去不合理的向内收敛的球面波的解, 可得标势齐次方程的通解为

$$\varphi(r,t)=\frac{f\left(t-\frac{r}{c}\right)}{r} \tag{5.21}$$

现在的问题是, 函数 f 的具体形式是什么? 显然, 由于势来自于电荷源的激发, 所以 f 应由电荷随时间变化的形式来决定. 极端情况是当电荷不随时间变化时, 点电荷激发出来的是静电势, 也就是我们非常熟悉的

$$\varphi=\frac{Q}{4\pi\varepsilon_0 r} \tag{5.22}$$

推广到电荷时变的情况, 并考虑连续带电体的一般情况, 结合式 (5.21) 可以猜想

$$\varphi(\boldsymbol{r},t)=\frac{1}{4\pi\varepsilon_0}\int_{V'}\frac{\rho_{\mathrm{f}}(\boldsymbol{r}',t-\xi/c)}{\xi}\mathrm{d}V' \tag{5.23}$$

其中, $\xi=|\boldsymbol{r}-\boldsymbol{r}'|$.

猜想虽然看起来很合理, 但还是需要严格的证明来保证其正确性.

将式 (5.23) 代入式 (5.14), 式 (5.14) 左边的第一项变成

$$
\begin{aligned}
\nabla^2\varphi &= \frac{1}{4\pi\varepsilon_0}\int \nabla\cdot\left(\nabla\frac{\rho}{\xi}\right)\mathrm{d}V' \\
&= \frac{1}{4\pi\varepsilon_0}\int \nabla\cdot\left[\frac{1}{\xi}\rho'\left(-\frac{\nabla\xi}{c}\right)+\rho\nabla\frac{1}{\xi}\right]\mathrm{d}V' \\
&= \frac{1}{4\pi\varepsilon_0}\int \left(-\frac{1}{c}\frac{\rho'}{\xi}\nabla^2\xi-\frac{1}{c}\nabla\xi\cdot\nabla\frac{\rho'}{\xi}+\rho\nabla^2\frac{1}{\xi}-\rho'\frac{\nabla\xi}{c}\cdot\nabla\frac{1}{\xi}\right)\mathrm{d}V' \\
&= \frac{1}{4\pi\varepsilon_0}\int \left\{-\frac{1}{c}\frac{\rho'}{\xi}\nabla^2\xi-\frac{1}{c}\nabla\xi\cdot\left[\rho''\left(-\frac{\nabla\xi}{c}\right)\frac{1}{\xi}+\rho'\nabla\frac{1}{\xi}\right]\right. \\
&\quad \left. +\rho\nabla^2\frac{1}{\xi}-\rho'\frac{\nabla\xi}{c}\cdot\nabla\frac{1}{\xi}\right\}\mathrm{d}V' \\
&= \frac{1}{4\pi\varepsilon_0}\int \left(-\frac{2\rho'}{c\xi^2}+\frac{\rho''}{\xi c^2}+\frac{\rho'}{c\xi^2}+\rho\nabla^2\frac{1}{\xi}+\frac{\rho'}{c\xi^2}\right)\mathrm{d}V' \\
&= \frac{1}{4\pi\varepsilon_0}\int \left(\frac{\rho''}{c^2\xi}\right)\mathrm{d}V'-\frac{1}{\varepsilon_0}\rho(\boldsymbol{r},t)
\end{aligned}
\tag{5.24}
$$

其中, ρ' 表示对 ρ 的宗量的导数, 即 $\rho'\equiv\dfrac{\mathrm{d}\rho(u)}{\mathrm{d}u}$, $\rho''\equiv\dfrac{\mathrm{d}^2\rho(u)}{\mathrm{d}u^2}$. 证明过程中用到了以下公式:

$$
\nabla\xi=\frac{\boldsymbol{\xi}}{\xi},\qquad \nabla\xi\cdot\nabla\xi=1,\qquad \nabla\frac{1}{\xi}=-\frac{\boldsymbol{\xi}}{\xi^3}
\tag{5.25}
$$

$$
\nabla^2\xi=\frac{2}{\xi},\qquad \nabla\xi\cdot\nabla\frac{1}{\xi}=-\frac{1}{\xi^2},\qquad \nabla^2\frac{1}{\xi^2}=-4\pi\delta^3(\boldsymbol{\xi})
\tag{5.26}
$$

式 (5.14) 左边的第二项变成

$$
-\frac{1}{c^2}\frac{\partial^2\varphi}{\partial t^2}=-\frac{1}{c^2}\frac{1}{4\pi\varepsilon_0}\int\frac{\partial^2}{\partial t^2}\left(\frac{\rho}{\xi}\right)\mathrm{d}V'=-\frac{1}{4\pi\varepsilon_0}\int\frac{\rho''}{c^2\xi}\mathrm{d}V'
\tag{5.27}
$$

两项相加即可得证.

同理, $\boldsymbol{A}$ 的解也可以仿照 φ 的形式写出

$$
\boldsymbol{A}(\boldsymbol{r},t)=\frac{\mu_0}{4\pi}\int_{V'}\frac{\boldsymbol{J}_{\mathrm{f}}(\boldsymbol{r}',t-\xi/c)}{\xi}\mathrm{d}V'
\tag{5.28}
$$

不过不要忘记, 仅满足达朗贝尔方程是不够的, 还需验证这个解是否满足洛伦茨规范. 验证过程留作练习题.

至此, 我们严格证明了式 (5.23) 和式 (5.28) 是时变源激发出来的势. 从势的形式上看, t 时刻在空间某点 P 处的电磁场, 并不是由 t 时刻的源决定的, 而是由 ξ/c 时间之前的源电荷决定的, 如图5.2所示. 换句话说, 某时刻点源所激发出来的场, 要经过 ξ/c 时间才能传到 P 点, 而 ξ 刚好是 P 点到点源的距离. 这清楚地表明了电磁场的传播速度是有限的, 这一有限的速度就是 c, 而 c 的大小由 ε_0 和 μ_0 两个常数决定, 与参考系的选择无关. 事实上, 正是这一结论, 颠覆了牛顿的时空观, 使得人们对时间和空间的本质有了更进一步的认识.

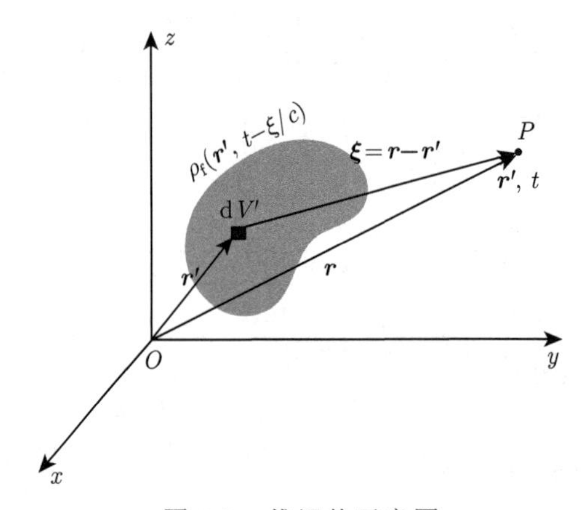

图 5.2 推迟势示意图

由于我们只取了向外传播的解, 这使得源的变化要推迟一段时间以后才能到达场点, 因此我们把这种势称为**推迟势**. 从数学上看, 另一个行波解也完全满足达朗贝尔方程和洛伦茨规范, 但此时的物理图像是超前的. 也就是说, 在源变化之前, 场就出现了变化, 结果超前于原因. 这显然违背了因果律, 因而超前势虽然数学上正确, 但没有物理意义.

5.3 推迟势的多极展开

电磁波是由随时间变化的源产生的. 从宏观上看, 交变电流会辐射电磁场; 从微观上看, 电流的本质也是电荷运动, 因此变速运动的电荷也会导致电磁波的辐射. 本节从宏观角度讨论交变电流如何激发电磁场的问题.

在实际情形下, 由于电磁波的频率范围很宽, 我们处理不同频率范围内的电磁场问题的方法也有所不同. 例如, 城市电网供电的频率是 50Hz, 所激发的电磁波的波长约为 6000km, 这使得人们在有限的范围内可以将其视为一个稳场来处理. 对于高频电磁波来说, 如电视、广播所用的电磁波频率在 100MHz

左右, 相应的波长就在 1m 的数量级上. 在这类问题中, 我们常常对远离波源的场感兴趣, 场对源分布的反作用可不考虑, 这也是我们下面要讨论的物理问题的应用背景.

考虑以某特定频率振荡的电流

$$\boldsymbol{J}_{\mathrm{f}}(\boldsymbol{r},t)=\boldsymbol{J}(\boldsymbol{r})\mathrm{e}^{-\mathrm{i}\omega t} \tag{5.29}$$

将其代入推迟势 (5.28) 可得

$$\boldsymbol{A}(\boldsymbol{r},t)=\frac{\mu_0}{4\pi}\int\frac{\boldsymbol{J}(\boldsymbol{r}')\mathrm{e}^{\mathrm{i}(k\xi-\omega t)}}{\xi}\mathrm{d}V'=\boldsymbol{A}(\boldsymbol{r})\mathrm{e}^{-\mathrm{i}\omega t} \tag{5.30}$$

其中,

$$\boldsymbol{A}(\boldsymbol{r})=\frac{\mu_0}{4\pi}\int\frac{\boldsymbol{J}(\boldsymbol{r}')\mathrm{e}^{\mathrm{i}k\xi}}{\xi}\mathrm{d}V' \tag{5.31}$$

这里, $\mathrm{e}^{\mathrm{i}k\xi}$ 是推迟作用因子, 表示电磁波传至场点时, 与源的变化有 $k\xi$ 的相位滞后.

利用电荷连续性方程 (2.27), 可以得到

$$\mathrm{i}\omega\rho=\nabla\cdot\boldsymbol{J} \tag{5.32}$$

因此, 只要知道 $\boldsymbol{J}(\boldsymbol{r})$, 相应的电荷分布 $\rho(\boldsymbol{r})$ 也就知道了, 由此可以利用式 (5.23) 求出推迟势的标势. 也就是说, 由矢势 (5.31) 就可以完全确定电磁场.

实际问题中往往有三个典型的线度: 源的大小 r', 源到场点的距离 ξ, 以及电磁波的波长 λ. 通常人们感兴趣的区域是高频电磁波的远场区, 也称为辐射区, 即 $\xi\gg r'$ 且 $\xi\gg\lambda$ 的区域. 在这个区域内, 利用式 (3.212) 对 ξ 做泰勒展开

$$\xi=|\boldsymbol{r}-\boldsymbol{r}'|=r-\hat{\boldsymbol{e}}_r\cdot\boldsymbol{r}'+\cdots \tag{5.33}$$

代入式 (5.31) 可得

$$A(\boldsymbol{r})=\frac{\mu_0}{4\pi}\int\frac{\boldsymbol{J}(\boldsymbol{r}')\mathrm{e}^{\mathrm{i}k(r-\hat{\boldsymbol{e}}_r\cdot\boldsymbol{r}')}}{r-\hat{\boldsymbol{e}}_r\cdot\boldsymbol{r}'}\mathrm{d}V' \tag{5.34}$$

在远场条件下 $r\gg\hat{\boldsymbol{e}}_r\cdot\boldsymbol{r}'$, 故对式 (5.34) 再做一次泰勒展开[①]

---

① 注意, 这里分子分母中都含有 $\hat{\boldsymbol{e}}_r\cdot\boldsymbol{r}'$, 故展开式应为

$$\frac{\mathrm{e}^{\mathrm{i}k(\hat{\boldsymbol{e}}_r\cdot\boldsymbol{r}')}}{\hat{\boldsymbol{e}}_r\cdot\boldsymbol{r}'}=\frac{\mathrm{e}^{\mathrm{i}kr}}{r}\left[1-\left(\mathrm{i}k-\frac{1}{r}\right)\hat{\boldsymbol{e}}_r\cdot\boldsymbol{r}'+\cdots\right]$$

但由于 $r\gg\lambda$, 故括号中的 $1/r$ 可以忽略. 而且后面我们会看到, 推迟势中的 $1/r^2$ 的项不属于辐射场.

$$\boldsymbol{A}(\boldsymbol{r})=\frac{\mu_0 \mathrm{e}^{\mathrm{i}kr}}{4\pi r}\int \boldsymbol{J}(\boldsymbol{r}')(1-\mathrm{i}k\hat{\boldsymbol{e}}_r\cdot\boldsymbol{r}'+\cdots)\mathrm{d}V' \tag{5.35}$$

注意, 相因子 e^{ikr} 已与积分无关, 展开式的各项对应各级多极辐射.

来看展开式的领头阶

$$\boldsymbol{A}(\boldsymbol{r})=\frac{\mu_0 \mathrm{e}^{\mathrm{i}kr}}{4\pi r}\int \boldsymbol{J}(\boldsymbol{r}')\mathrm{d}V' \tag{5.36}$$

这一项的物理意义可以通过对电偶极矩求导看出. 对电偶极矩的定义 (3.50) 两边求时间导数, 并利用电荷连续性方程 (2.27) 可知

$$\frac{\mathrm{d}\boldsymbol{p}}{\mathrm{d}t}=\frac{\mathrm{d}}{\mathrm{d}t}\int \rho(\boldsymbol{r}',t)\boldsymbol{r}'\mathrm{d}V'=\int\frac{\partial\rho(\boldsymbol{r}',t)}{\partial t}\boldsymbol{r}'\mathrm{d}V'=-\int\nabla'\cdot\boldsymbol{J}(\boldsymbol{r}')\boldsymbol{r}'\mathrm{d}V' \tag{5.37}$$

注意到

$$\nabla'\cdot(\boldsymbol{J}\boldsymbol{r}')=(\nabla'\cdot\boldsymbol{J})\boldsymbol{r}'+\boldsymbol{J}\cdot\nabla'\boldsymbol{r}'=(\nabla'\cdot\boldsymbol{J})\boldsymbol{r}'+\boldsymbol{J}\cdot\overleftrightarrow{I}=(\nabla'\cdot\boldsymbol{J})\boldsymbol{r}'+\boldsymbol{J} \tag{5.38}$$

可以将式 (5.37) 改写成

$$\frac{\mathrm{d}\boldsymbol{p}}{\mathrm{d}t}=\int \boldsymbol{J}(\boldsymbol{r}')\mathrm{d}V'-\int\nabla'\cdot[\boldsymbol{J}(\boldsymbol{r}')\boldsymbol{r}']\mathrm{d}V' \tag{5.39}$$

式 (5.40) 中的第二项通过高斯积分变换可以写成

$$\int_{V'}\nabla'\cdot[\boldsymbol{J}(\boldsymbol{r}')]\mathrm{d}V'=\oint_{S'}\mathrm{d}\boldsymbol{S}\cdot\boldsymbol{J}(\boldsymbol{r}') \tag{5.40}$$

在电流源的边界上, $\boldsymbol{J}|_{S'}=0$, 故式 (5.41) 积分为 0, 式 (5.37) 变成

$$\frac{\mathrm{d}\boldsymbol{p}}{\mathrm{d}t}=\int \boldsymbol{J}(\boldsymbol{r}')\mathrm{d}V' \tag{5.41}$$

代入式 (5.36) 可得

$$\boldsymbol{A}(\boldsymbol{r})=\frac{\mu_0 \mathrm{e}^{\mathrm{i}kr}}{4\pi r}\dot{\boldsymbol{p}} \tag{5.42}$$

可以看到, 领头阶的辐射场是由电偶极矩的振荡产生的, 故称之为**电偶极辐射**.

补充说明

产生电偶极辐射最简单的物理图像, 如图5.3所示. 一个 LC 振荡电路中有电感和平行板电容器, 当电路开始振荡时, 电容器两极板上的电荷在 $\pm q$ 间交替变化, 形成一个振荡的电偶极子, 其电偶极矩为 $\boldsymbol{p}=q\boldsymbol{l}$, 其中 $\boldsymbol{l}$ 为两极板的距离矢量. 这个电偶极矩的变化是由极板上的电量变化导致的, 即

$$\dot{\boldsymbol{p}}=\frac{\mathrm{d}q}{\mathrm{d}t}\boldsymbol{l} \tag{5.43}$$

等效地, 我们也可以将振荡看作由电偶极子间的距离变化导致的, 也就是说, 只要我们定义

$$\dot{\boldsymbol{p}}=\frac{\mathrm{d}q}{\mathrm{d}t}\boldsymbol{l}=q\frac{\mathrm{d}\boldsymbol{l}}{\mathrm{d}t}=q\boldsymbol{v} \tag{5.44}$$

这对于辐射场来说完全没有影响, 则我们可以将电偶极振荡看作由电偶极子中的两个电荷来回振荡所激发的辐射场.

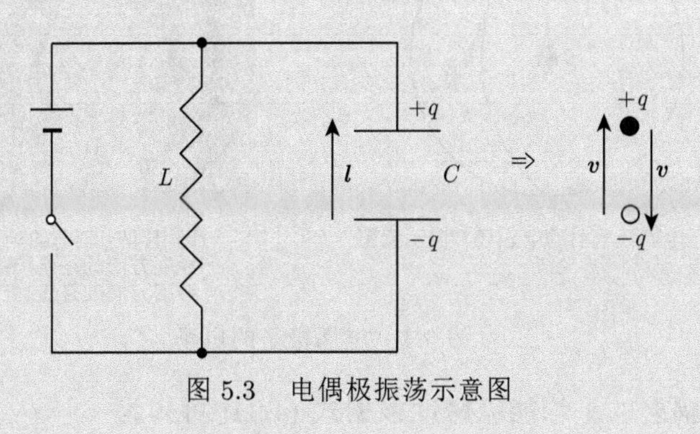

图 5.3　电偶极振荡示意图

在计算电偶极振荡的电场和磁场时, 需要将 ∇ 作用于 $\boldsymbol{A}$ 上. 由于我们只需要 $1/r$ 的最低幂次项, 故 ∇ 只作用于相因子 $\mathrm{e}^{\mathrm{i}kr}$ 上, 其结果相当于做替换

$$\nabla\to\mathrm{i}k\hat{\boldsymbol{e}}_r,\quad \frac{\partial}{\partial t}\to-\mathrm{i}\omega \tag{5.45}$$

对式 (5.42) 求旋度可得磁场 $\boldsymbol{B}$

$$\boldsymbol{B}=\nabla\times\boldsymbol{A}=\frac{\mathrm{i}\mu_0 k}{4\pi r}\mathrm{e}^{\mathrm{i}kr}\hat{\boldsymbol{e}}_r\times\dot{\boldsymbol{p}}=-\frac{(-\mathrm{i}\omega)}{4\pi\varepsilon_0 c^3 r}\mathrm{e}^{\mathrm{i}kr}\hat{\boldsymbol{e}}_r\times\dot{\boldsymbol{p}}=\frac{\mathrm{e}^{\mathrm{i}kr}}{4\pi\varepsilon_0 c^3 r}\ddot{\boldsymbol{p}}\times\hat{\boldsymbol{e}}_r \tag{5.46}$$

再利用麦克斯韦方程在 $\boldsymbol{J}=0$ 时的表达式, 可以求出电场

$$\nabla\times\boldsymbol{B}=\mu_0\varepsilon_0\frac{\partial\boldsymbol{E}}{\partial t}=-\frac{\mathrm{i}\omega}{c^2}\boldsymbol{E} \tag{5.47}$$

将式 (5.46) 代入式 (5.47) 可得

$$\boldsymbol{E}=\frac{\mathrm{i}c}{k}\nabla\times\boldsymbol{B}=c\boldsymbol{B}\times\hat{e}_r=\frac{\mathrm{e}^{\mathrm{i}kr}}{4\pi\varepsilon_0c^2r}(\ddot{\boldsymbol{p}}\times\hat{\boldsymbol{e}}_r)\times\hat{\boldsymbol{e}}_r \tag{5.48}$$

将电偶极矩放在坐标原点处并沿 z 轴方向, 如图 5.4(a) 所示, 则可以将电磁场明显地写成

$$\boldsymbol{B}=\frac{1}{4\pi\varepsilon_0c^3r}\ddot{p}\mathrm{e}^{\mathrm{i}kr}\sin\theta\hat{\boldsymbol{e}}_\phi \tag{5.49}$$

$$\boldsymbol{E}=\frac{1}{4\pi\varepsilon_0c^2r}\ddot{p}\mathrm{e}^{\mathrm{i}kr}\sin\theta\hat{\boldsymbol{e}}_\theta \tag{5.50}$$

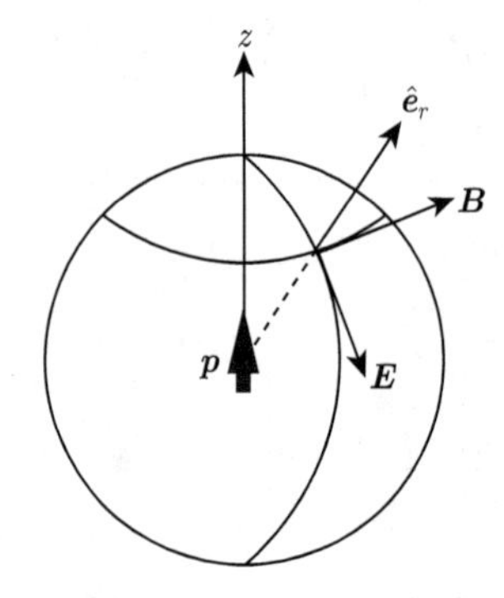

(a) 电偶极辐射的电磁场方向示意图

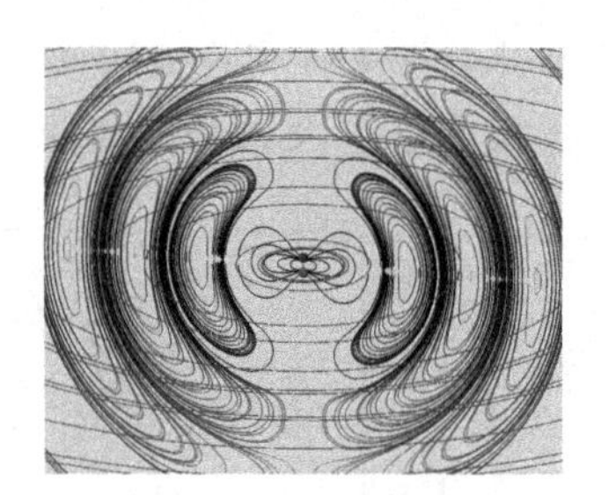

(b) 电偶极辐射的场线,
经度方向的是电场线,
纬度方向的是磁感应线

图 5.4 电偶极子的电场

电偶极辐射的平均能流密度根据式 (4.24) 可知为

$$\bar{\boldsymbol{S}}=\frac{1}{2}\mathrm{Re}(\boldsymbol{E}^*\times\boldsymbol{H})=\frac{\ddot{p}^2}{32\pi^2\varepsilon_0c^3r^2}\sin^2\theta\hat{\boldsymbol{e}}_r \tag{5.51}$$

将式 (5.52) 在球面上积分, 即可得到总辐射功率

$$P=\oint\bar{S}r^2\mathrm{d}\Omega=\frac{\ddot{p}^2}{12\pi\varepsilon_0c^3} \tag{5.52}$$

由此可以看出电偶极辐射的几个基本特点.

(1) 辐射场是 TEM 波, 波矢沿径向, 磁场的方向始终与电偶极矩的方向垂直, 即在纬度方向; 电场线是闭合的, 沿经度方向, 如图 5.4(b) 所示.

(2) 辐射功率与 r 无关, 说明电磁波可以传播到无限远, 注意, 这正是电偶极辐射的势只取 $1/r$ 项的原因. 若势中含有 $1/r$ 的高次项, 平均能流密度就会

高于 $1/r^2$ 的阶次, 总辐射功率就会随距离衰减, 这样的场就不是辐射场, 而只能成为源附近的近场. 这也是我们要在推迟势的泰勒展开中只保留 $1/r$ 项的根本原因.

(3) 平均能流密度依赖于角度, 说明电偶极辐射是由角度依赖的, 在 $\theta = \pi/2$ 方向辐射最强, 在 $\theta = 0$ 或 π 方向没有辐射.

(4) 总的辐射功率正比于 $\ddot{p}^2$, 根据式 (5.45), 这一项正比于 ω^4, 振荡频率增加时, 辐射功率显著增大.

补充说明

电偶极辐射与瑞利散射. 在光学中, 我们将蓝天红日等现象解释为瑞利散射, 即空气分子对长波电磁波的散射行为. 以蓝天现象为例, 因为发生瑞利散射的散射光的强度 $\sim 1/\lambda^4$, 所以蓝光被散射得最多, 天空呈蓝色. 这个问题也可以从电偶极辐射的角度来看: 空气分子吸收太阳光, 然后辐射电磁波, 其主要的辐射方式就是电偶极辐射, 辐射功率 $\sim \omega^2$, 频率越高, 辐射越强, 所以辐射光中以蓝光为主.

思考题

1. 写出库仑规范下的势所满足的方程, 与之相比, 达朗贝尔方程有什么优点?
2. 从数学上看, 推迟势和超前势都是达朗贝尔方程的解, 这个事实与方程的哪种对称性有关?

练习题

1. 若已知电磁场势的形式为

$$\varphi(\boldsymbol{r},t) = 0, \quad \boldsymbol{A}(\boldsymbol{r},t) = -\frac{qt}{4\pi\varepsilon_0}\frac{\boldsymbol{r}}{r^3} \tag{5.53}$$

   求场、电荷和电流的分布.
2. 从达朗贝尔方程出发, 求解无界空间中的电磁波的势, 并由此证明单色平面波的横波特性.
3. 证明: 推迟势 (5.23) 满足洛伦茨规范 (5.12).
4. 带电粒子 q 以频率 ω 做半径为 R_0 的圆周运动（速度远小于光速）, 求辐射场 $\boldsymbol{E}$、$\boldsymbol{B}$ 及平均能流密度（提示: 把圆周运动分解为两个垂直方向的简谐振动的合成, 然后分别写出两个振动的电偶极矩）.
5. 请验证式 (5.28) 形式的解的确满足洛伦茨规范.

第 6 章　狭义相对论——时空观

本章的思维导图如图 6.1 所示.

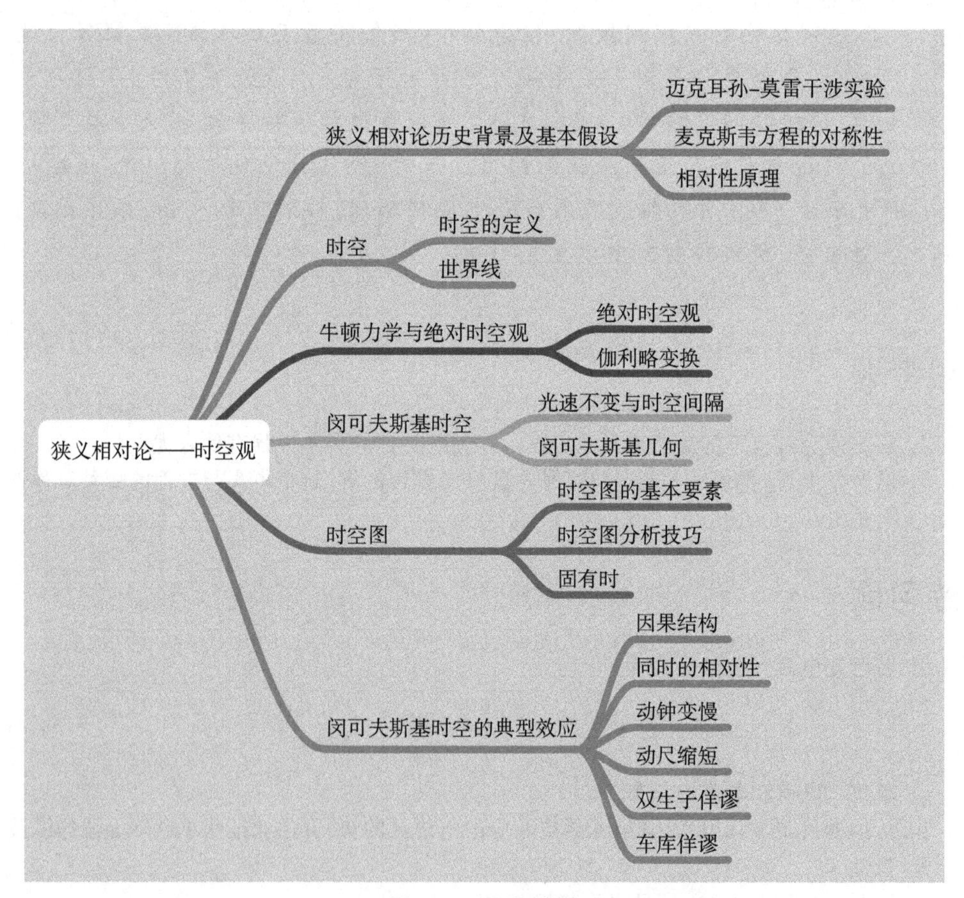

图 6.1　思维导图

6.1 狭义相对论历史背景及基本假设

至此, 我们已经学习了电动力学的基本规律和电磁波的性质. 所有类型的机械波, 如水波、声波, 都需要依靠介质才能传播, 其相对于介质的传播速度称为波速. 对于电磁波, 我们需要面对的两个核心问题为: 电磁波的传播是否需要依靠介质? 电磁波的传播速度 c 是相对于哪个参考系的?

回答这些问题之前, 我们不妨先回顾一下基础物理的支柱之一——牛顿力学. 牛顿第二定律

$$\boldsymbol{F}=m\boldsymbol{a} \tag{6.1}$$

在任何惯性参考系中都适用①, 这样的普适性通常称为物理规律的**协变性**. 在牛顿力学框架中, 这个结论似乎理所当然, 但其中蕴含的意义并不简单. 牛顿第二定律在任何惯性系中的适用性, 即意味着力学规律在任何惯性参考系中都是等价的. 推而广之, 所有的基础物理规律是否在任何惯性参考系中都具有相同的形式呢? 麦克斯韦理论作为一种基础理论, 是否在任何惯性参考系中都适用? 如果麦克斯韦方程是协变的, 那么光速 $c=\dfrac{1}{\sqrt{\varepsilon_0\mu_0}}$ 就是一个常数, 这意味着光速对所有参考系都是一样的! 然而, 这似乎与我们熟知的速度叠加原理相互矛盾. 为此, 我们来直接验证麦克斯韦方程的协变性.

以标势的运动方程 (6.2) 为例,

$$\nabla^2\varphi-\frac{1}{c^2}\frac{\partial^2\varphi}{\partial t^2}=-\frac{\rho}{\varepsilon_0} \tag{6.2}$$

当从惯性系 (t,x,y,z) 变换到新的惯性系 $(t'=t,x'=x-vt,y'=y,z'=z)$ 时, 式 (6.2) 变为

$$\nabla'^2\varphi-\frac{1}{c^2}\frac{\partial^2\varphi}{\partial t'^2}-\frac{v^2}{c^2}\frac{\partial^2\varphi}{\partial x'^2}+\frac{2v}{c^2}\frac{\partial^2\varphi}{\partial t'\partial x'}=-\frac{\rho}{\varepsilon_0}. \tag{6.3}$$

这表明在伽利略变换下, 方程的形式已经发生改变, 即麦克斯韦方程在伽利略变换下并非协变. 此外, 我们也可以求解出光速为 $c'=c-v$. 由于这种不协变性, 光速 $c=\dfrac{1}{\sqrt{\varepsilon_0\mu_0}}$ 只能适用于某一个特定的惯性系. 这可能暗示电磁波的传播需要依赖介质（被称为“以太”）. 电磁波无所不在, 因此“以太”应充满整个宇宙.

① “适用”是指在任何惯性参考系中式 (6.1) 都具有相同的形式.

可以通过测量不同参考系下的光速来寻找以太参考系. 1887 年, 迈克耳孙与莫雷进行了以他们的名字命名的迈克耳孙–莫雷干涉实验（图6.2）. 迈克耳孙–莫雷干涉实验利用光的干涉现象来测量两条光路上光的速度差. 实验装置包括光源、半透镜和两个反射镜. 光源发出的光经过半透镜分成两束, 沿着垂直的光路传播. 两束光分别被反射镜反射回来, 再次合成一束光. 如果两束光的光程差是整数倍的波长, 它们会相长干涉, 形成明亮的干涉条纹; 如果光程差是半波长的奇数倍, 它们会相消干涉, 形成暗的干涉条纹. 实验的关键在于调整观测设备的朝向. 如果地球相对于“以太”运动, 那么光的传播速度将受到影响, 从而导致当改变设备朝向时干涉条纹发生变化. 然而, 迈克耳孙和莫雷的实验结果显示, 光的速度与地球运动无关, 没有观察到预期的干涉条纹变化. 这表明光速在任何参考系中都一样! 洛伦兹为了解释实验而引入了洛伦兹变换, 形式上解释了实验上的光速不变. 但洛伦兹变换却导出了很多当时无法解释的结果. 注意, 如果要求麦克斯韦理论协变, 一个直接推论就是光速不变.

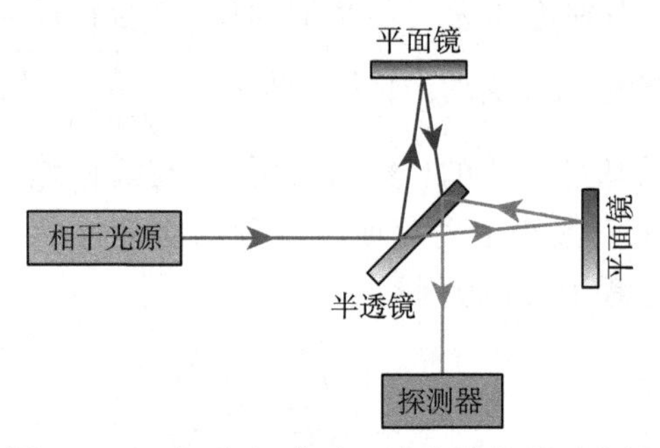

图 6.2　迈克耳孙–莫雷干涉实验装置示意图

从实验角度看, 除了上述近代物理实验, 人们观测到的一些天文现象也无法用伽利略变换解释. 我国史书《宋史 · 天文志》(图 6.3(a)) 中记载: “至和元年五月己丑, 客星出天关东南, 可数寸, 岁余消没.”《宋会要辑稿》(图 6.3(b)) 中记录得更加详细: “至和元年五月, 晨出东方, 守天关, 昼见如太白, 芒角四出, 色赤白, 凡见二十三日.”《宋史 · 仁宗本纪》中也记载: “嘉祐元年三月辛未, 司天监言: 自至和元年五月, 客星晨出东方, 守天关, 至是没. ” 这些重要的天文观测记录说的是一次发生在公元 1054 年的超新星爆发事件, 现称天关客星（编号: SN 1054）. 根据史籍中的记录可以推断, 这颗超新星在 23 天的时间内白天都可以见到, 在夜晚可见的时间则持续了一年十个月. 天关客星爆炸后的残骸形成了著名的金牛座蟹状星云, 距离地球约为 $L = 6500$ 光年, 喷射物的速率至少有 $u = 1500\text{km/s}$. 超新星爆发时会向不同的方向喷射发光物质. 根据伽利略变换, 正对和背对地球运动的喷射物所发出的光的光速分别为 $c+u$ 和 $c-u$, 这样的光到达地球所用的时间分别为

$$t_1 = \frac{L}{c+u} \approx \frac{L}{c}\left(1-\frac{u}{c}\right)$$
$$t_2 = \frac{L}{c-u} \approx \frac{L}{c}\left(1+\frac{u}{c}\right)$$

两者时间之差就是

$$\Delta t = t_2 - t_1 = \frac{2uL}{c^2} \tag{6.4}$$

代入数据可以算得 $\Delta t = 65$ 年, 这是仅考虑从同一点向不同方向喷出的物质, 如果考虑超新星在空间的尺度效应, 则这个值还要更大. 显然这个 "理论" 结果与观测结果有数量级上的差异, 记录上说 "岁余消没", 即一年多就看不到了. 实验和理论的差异说明, 对于光传播, 伽利略的速度叠加原理是失效的, 从超新星不同地方发出的光, 即不同光源发出的光, 相对于地面的速率之间的差别, 不应有式 (6.4) 所给出的那样大.

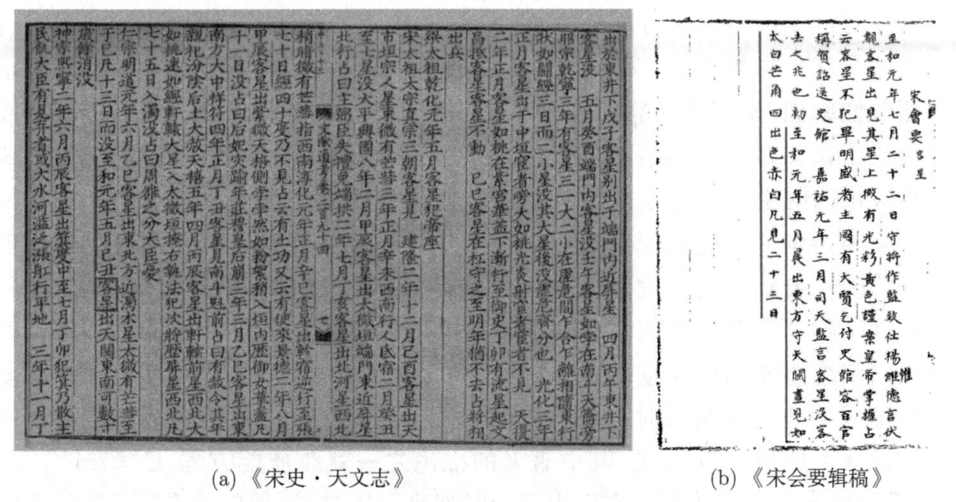

出於東井下戊子客星別出于端門內近屛星　四月丙午東井下
客星沒　五月癸酉端門內客星沒壬午客星如孛在南斗天籥旁
昭宗乾寧三年有客星三一大二小在虛危間乍合乍離相隨東行
狀如鬬經三日而二小星沒其大星後沒虛危齊分也　光化三年
正月客星出于中垣宦者旁大如桃光炎射宦者宦者不見　天復
二年正月客星如桃在紫宮華蓋下漸行至御史丁卯有流星起文
昌抵客星客星不動　己巳客星在杠守之至明年猶不去占將相
出兵
梁太祖乾化元年五月客星犯帝座
宋太祖太宗真宗三朝客星見　建隆二年十二月己酉客星出天
市垣宗人星東微有芒彗三年正月辛未西南行入氐宿二月癸丑
至七星沒太平興國八年二月甲辰客星出太微垣端門東近屛星
北行占曰主謀臣失禮宛端拱二年七月丁亥客星出北河星西北
稍暗微有芒彗指西南淳化元年正月辛巳客星出軫宿逆行至張
七十日經四十度乃不見占云有土功又云有使來景德二年八月
甲辰客星出紫微天棓側孛孛然如粉絮稍入垣內歷御女華蓋凡
十一日沒占曰后妃失歡年莊穆皇后崩三年三月乙巳客星出東
南方大中祥符四年正月丁丑客星見南斗魁前占曰有赦令其年
親祀汾陰后土大赦天禧五年四月丙辰客星出軒轅前星西北大
如桃速如經軒轅大星入太微垣掩右執法犯次將歷屛星西北凡
七十五日入濁沒占曰周雅之分大臣憂
仁宗明道元年六月乙巳客星出東北方近濁木星太微有芒彗至
于巳凡十三日而沒至和元年五月己丑客星出天關東南可數寸
歲餘消沒
神宗熙寧二年六月丙辰客星出箕度中至七月丁卯犯箕乃散主
民飢大臣有見弃者或大水河溢泛漲舡行平地　三年十一月丁

(a)《宋史 · 天文志》

宋會要 客星
至和元年七月二十二日守將作監致仕楊惟德言伏
覩客星出見其星上微有光彩黃色謹案皇帝掌握占
云客星不犯畢明盛者主國有大賢乞付史館容百官
稱賀詔送史館　嘉祐元年三月司天監言客星沒客
去之兆也初至和元年五月晨出東方守天關晝見如
太白芒角四出色赤白凡見二十三日

(b)《宋会要辑稿》

图 6.3　宋代典籍中对于天关客星的记载

在爱因斯坦的中学阶段, 他就开始深入研究麦克斯韦理论, 并被其精妙所吸引, 坚信此理论应具有普适性, 而非仅限于某特定的参考系. 深化这个观念, 他相信不仅牛顿力学与麦克斯韦理论, 所有物理法则对任何参考系来看应该都是一样的. 此协变性观念逻辑延伸, 即得出光速为常数这一结果. 然而, 这明显

与熟知的速度叠加原理矛盾. 为了解答这一问题, 爱因斯坦探索了长达十年的时间, 终于在物理学的奇迹年——1905 年, 发表了影响深远的论文《论动体的电动力学》[4], 这标志着狭义相对论的诞生. 基于物理法则的普适性和光速不变原理, 爱因斯坦首次提出了崭新的时空观念, 认为时空并非人们习以为常的分离和绝对的三维空间与时间维度, 而是一个统一的四维整体. 如同 "鱼是最后一个看到水" 的道理一样, 人类会需要较长的时间去意识到, 我们所处的时空并非我们直观认知的那样简单. 光速恒定与伽利略变换矛盾的根源, 在于伽利略变换所依赖的时空观念是错误的. 对于新的时空观念, 恰当的坐标变换方法是洛伦兹变换. 爱因斯坦从他的理论自行推导出了洛伦兹变换, 并赋予了其准确的诠释. 值得注意的是, 推导出狭义相对论时, 爱因斯坦可能并未了解到迈克耳孙–莫雷实验的结果[5], 而是他对物理规律普适性的坚守, 引领他走向了狭义相对论的探索之路.

爱因斯坦提出狭义相对论时基于两条**基本假设**:

(1) **相对性原理** 物理学定律的形式在任何惯性参考系中都是一样的.

(2) **光速不变原理** 真空中光速对于任何参考系都是一样的, 并与光源运动无关.

相对性原理 (也称为协变性原理) 要求麦克斯韦方程满足协变性, 而光速不变则是其自然推论[6]. 基于光速不变原理, 我们可以得出新的时空观. 而基于相对性原理, 我们需要将所有基础物理定律表达为协变形式. 这两个基本假设构成了狭义相对论的核心, 同时也是电动力学的相对论部分的两个主题: 狭义相对论的时空观和基于新时空观下的物理学规律.

爱因斯坦的协变性原理提供了一个理论框架. 光速不变性是麦克斯韦理论在协变性要求下的推论, 它催生了新的时空观. 在提出新的时空观后, 下一步是确保物理定律在新的时空观下具有协变性, 也就是说, 所有的物理定律都必须以四维协变的形式重新表述. 作为狭义相对论的基石, 麦克斯韦理论被爱因斯坦成功地改写为新时空中的协变形式. 很快, 爱因斯坦还成功地将牛顿力学改写为四维协变形式, 其中著名的推论之一就是质能方程 $E = mc^2$. 然而, 爱因斯坦在尝试改写万有引力理论时遇到了困难, 这促使他重新思考引力的本质.

狭义相对论建立后不久, 爱因斯坦的大学老师闵可夫斯基发现了新的时空观蕴含了一种几何结构, 后被称为闵可夫斯基几何[7]. 起初, 爱因斯坦对此并不重视, 认为这只是数学上的把戏, 在物理上并无新的意义. 然而, 对引力问题的艰难探索使爱因斯坦最终意识到, 闵可夫斯基对时空的几何描述实际上蕴含着深刻的思想. 闵可夫斯基的几何描述不仅使新的时空观变得简洁而清晰, 还为广义相对论的发展铺平了道路. 几何描述进一步说明, 相对论不仅仅是研究相对性, 更注重研究绝对性①. 经过又一个长达十年的艰苦探索, 爱因斯坦最终揭示了引力的奥秘, 并于 1915 年提出了广义相对论. 广义相对论在狭义相对论的基础上进一步认识了引力与时空的关系, 将引力解释为时空弯曲的一种效应②.

限于基础知识及篇幅, 本章只讲述狭义相对论. 首先, 我们重新考察时空的概念.

6.2 时空

什么是时空? 直观意义上就是时间和空间的总和. 中国古代典籍《淮南子》如此描述宇宙:

上下四方曰宇, 古往今来曰宙

这个解释对于理解时空非常有帮助. 进一步地, 我们可以更精确地定义时空: **时空是事件的集合**（图6.4）. 理解“时空是事件的集合”这一概念, 首要的是理解“事件”在物理学中的定义. 事件可以被认为是发生在某个确定的时间和确定地点的事情. 因此,“事件”有时空坐标, 可以被标记在时空中的一个确定的坐标处. 因此, 当我们说“时空是事件的集合”时, 我们是在说这些具有确定时空坐标的事件都存在于时空内. 每一个事件都可以被唯一地定位在时空中, 即使在某一特定的时间和空间点没有明显的、可观测的物理现象发生, 那个点也被视为一个“事件”. 这样的描述方式使得所有的物理现象, 都可以在统一的框架下进行描述.

我们将一个**观察者**（在此抽象为质点）在时空中的轨迹称为**世界线**. 图6.5 展示了天宫二号绕地球旋转的示意图和其对应的时空中的图示. 理论上, 时空中的每一点都可以设置观察者, 这样形成的观察者集合构成了一个**参考系**. 同时, 观察者也可以根据自己手上的计时器计时, 这个计时器显示的时间称为**固有时**（图6.6）.

---

① 实际上,“相对论”并非爱因斯坦对自己理论的命名. 1906 年, 普朗克和 Alfred Bucherer 首次使用了“相对论”这一术语, 强调了相对性原理的重要性 [8].

② 在现代相对论的表述中, 广义相对论是描述存在引力时的相对论理论, 而狭义相对论描述的是无引力情况下的相对论理论. 需要注意的是, 许多资料将狭义相对论称为惯性系下的相对论理论, 将广义相对论称为非惯性系下的相对论理论, 这种表述在现代相对论的共识下是不准确的. 无论是狭义相对论还是广义相对论, 都适用于任意参考系, 它们之间的区别在于是否存在引力.

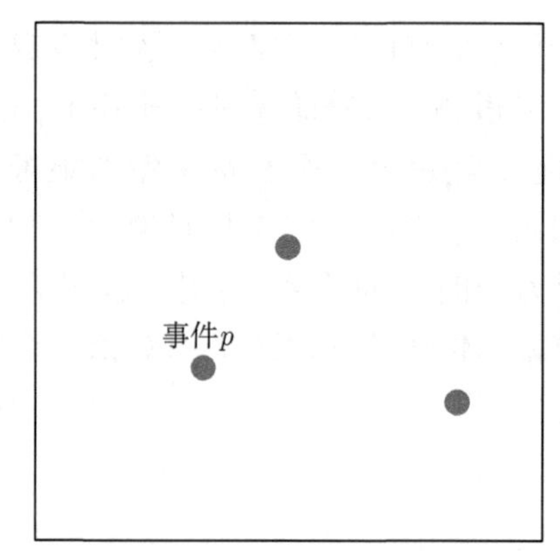

图 6.4 时空作为一个集合, 其中的每一个元素是事件; 每一个事件都是绝对的, 不依赖于观察者的

图 6.5 左图为天宫二号绕转地球示意图, 右图为左图对应的时空图; 右图中直线为地球的世界线, 而螺旋曲线为天宫二号的世界线

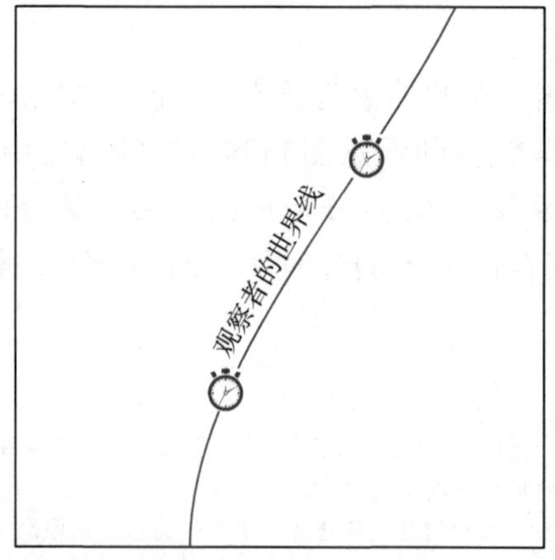

图 6.6 图中曲线为观察者在时空中的世界线, 在线上的每一点都对应于观察者自己手上计时器的不同示数 τ. 也就是说, 每个观察者的世界线可以由其自己的固有时参数来指定

如果给定坐标系, 我们可以通过 $(t,\boldsymbol{x})$ 来描述该事件: 在 $\boldsymbol{x}$ 处, 在时间 t 发生的事件 p（其中 $\boldsymbol{x}$ 代表空间位置, t 代表时间）. 以 2008 年 8 月 9 日 0 时 4 分, 在北京国家体育场（鸟巢）的奥林匹克圣火点燃这一事件为例, 该事件的存在是**绝对的**, 不受坐标系影响. 换句话说, 即使换用另一个坐标系, 我们仍然可以用新坐标系中的坐标 $(t',\boldsymbol{x}')$ 描述**相同的**事件 p.

6.3 牛顿力学与绝对时空观

牛顿力学是描述质点运动的一般规律. 牛顿力学中蕴含的时空观是由分离的**绝对空间**和**绝对时间**构成的, 也称为**绝对时空观**. 绝对空间（绝对时间）是指给定空间中的一段距离（时间上的一段间隔）, 其空间间隔（时间间隔）不依赖于观察者. 同样, 时间和空间的划分也是客观存在的, 不受观察者的影响.

在绝对时空观下, 两个不同参考系的时空坐标由**伽利略变换**相联系

$$
\begin{aligned}
x' &= x - vt \\
y' &= y \\
z' &= z \\
t' &= t
\end{aligned}
\tag{6.5}
$$

然而, 光速恒定这一实验事实与伽利略变换存在冲突, 从根本上看, 即与绝对时空观存在冲突. 这意味着我们需要新的时空观.

6.4 闵可夫斯基时空

光速不变与绝对时空观是矛盾的. 如果放弃绝对时空观, 就可以解决这一矛盾.

考虑两个惯性参考系 $\Sigma:(t,x,y,z)$ 与 $\Sigma':(t',x',y',z')$, 其中 Σ' 沿 Σ 的 x 方向以速度 v 运动[①]. 既然实验测得光速不变, 那我们先考察光的传播过程. 设想光在时空中沿一条世界线传播, 它在 Σ 和 Σ' 系统中的两个端点可以分别表示为

$$
\{(0,\mathbf{0}),(t,\boldsymbol{x})\} \quad 和 \quad \{(0,\mathbf{0}),(t',\boldsymbol{x}')\}
\tag{6.6}
$$

① 在本章和第 7 章的讨论中, 我们会频繁地提到不同参考系间的变换. 在未特别声明的情况下, 无 $'$ 和有 $'$ 的符号分别代表在 Σ 和 Σ' 系中的物理量.

根据光速不变, 对于光传播过程中的两个事件有

$$\begin{cases} |\boldsymbol{x}| = ct \\ |\boldsymbol{x}'| = ct' \end{cases} \Rightarrow \quad \boldsymbol{x}^2 - c^2t^2 = 0 = \boldsymbol{x}'^2 - c^2t'^2 \tag{6.7}$$

接下来, 我们来探寻哪种坐标变换才能保证光速不变. 为了简便, 我们假设合适的坐标变换 $(t, \boldsymbol{x}) \to (t', \boldsymbol{x}')$ 是线性的——这一假设的合理性在于, 线性变换是最简单的坐标变换形式, 而且当速度较低时, 其应与伽利略变换（同样是线性的）相符. 在线性变换下, 任何两个事件（它们并不需要是光传播过程中的事件）之间的坐标关系应该遵循如下规则:

$$\boldsymbol{x}'^2 - c^2t'^2 = A(\boldsymbol{x}^2 - c^2t^2) + D(\boldsymbol{x}, t) \tag{6.8}$$

其中, A 为一常数; $D(\boldsymbol{x}, t)$ 是 $\boldsymbol{x}$、t 的二次多项式函数. 我们还需要求解 $D(\boldsymbol{x}, t)$ 的具体形式. 将已知的光的传播条件 (6.7) 代入, 这将要求 $D(\boldsymbol{x}, t)$ 必须为零, 否则应正比于 $\boldsymbol{x}^2 - c^2t^2$ 并被吸收入 $A(\boldsymbol{x}^2 - c^2t^2)$. 因此, 任意两个事件的关系应满足

$$\boldsymbol{x}'^2 - c^2t'^2 = A(\boldsymbol{x}^2 - c^2t^2) \tag{6.9}$$

接下来, 我们看看 A 的取值. 因为我们考察的是两个相对运动的参考系, 它们之间的坐标变换关系只依赖于这两个参考系的相对关系. 由于空间并没有特别的方向倾向, 两个参考系之间的变化关系只与速度的大小有关, 而与速度方向无关, 因此我们可以写为

$$\begin{aligned} \boldsymbol{x}'^2 - c^2t'^2 &= A(\boldsymbol{x}^2 - c^2t^2) \\ &= A\left[A\left(\boldsymbol{x}'^2 - c^2t'^2\right)\right] \\ &= A^2\left(\boldsymbol{x}'^2 - c^2t'^2\right) \end{aligned} \tag{6.10}$$

我们从式 (6.10) 得出 $A = \pm 1$ 的两个解. 在物理上, 我们只能接受 $A = 1$ 这个解（同时, 请读者思考, 为什么不能选择 $A = -1$ 这个解）. 因此, 我们可以得出, 时空中任意两个事件给出的

$$s^2 \equiv \boldsymbol{x}^2 - c^2t^2 \tag{6.11}$$

是绝对的, 其绝对性是指它不依赖于观察者. 由式(6.11) 定义的 s^2 称为**时空间隔或事件间隔**. 这一概念是狭义相对论中新时空观的核心. 为了简化计算, 本

节的论证将两个事件中的一个置于坐标系的零点, 即式 (6.6) 中端点坐标设置为 (0, $\mathbf{0}$). 若考虑更一般的两个非常邻近的事件, 设其坐标间隔为 $(\mathrm{d}\boldsymbol{x}, \mathrm{d}t)$, 则时空间隔为

$$\mathrm{d}s^2 \equiv \mathrm{d}\boldsymbol{x}^2 - c^2\mathrm{d}t^2 \tag{6.12}$$

接下来, 我们讨论事件间隔的绝对性的物理意义. 在欧几里得空间中, 我们熟知线元的长度是一个不会随着坐标系的改变而改变的几何量. 类似地, 在狭义相对论的四维时空中, 这个概念可以推广到事件间隔 $s^2 \equiv \boldsymbol{x}^2 - c^2t^2$. 事件间隔, 它不会因坐标系的变换而改变, 也可视作一种几何量, 其定义如下:

$$\begin{aligned} s^2 &= x^\mu C_{\mu\nu} x^\nu \\ &= -c^2t^2 + x^2 + y^2 + z^2 \end{aligned} \tag{6.13}$$

一种方便的坐标选择为 $x^\mu = (ct, x, y, z)$[①]. 在该坐标系下, 我们定义**闵可夫斯基度规**

$$\eta_{\mu\nu} = \begin{pmatrix} -1 & 0 & 0 & 0 \\ 0 & 1 & 0 & 0 \\ 0 & 0 & 1 & 0 \\ 0 & 0 & 0 & 1 \end{pmatrix} \tag{6.14}$$

式 (6.14) 度规定义的几何称为**闵可夫斯基几何**. 易证, 其逆度规 $\eta^{\mu\nu}$ 的分量仍等于式(6.14)中的分量. 由事件间隔的绝对性可知, 对两个惯性系 Σ、Σ' 有

$$s^2 = x^\mu \eta_{\mu\nu} x^\nu = -c^2t^2 + \boldsymbol{x}^2 = -c^2t'^2 + \boldsymbol{x}'^2 = x'^\mu \eta'_{\mu\nu} x'^\nu = x'^\mu \eta_{\mu\nu} x'^\nu \tag{6.15}$$

式 (6.15) 中有 $\eta'_{\mu\nu} = \eta_{\mu\nu}$, 这说明任意惯性系下度规均可写为形如式 (6.14) 的对角形式. 两惯性参考系之间的坐标变换关系称为**洛伦兹变换**

$$x'^\mu = (R^{-1})^\mu{}_\nu x^\nu \tag{6.16}$$

则有

$$s^2 = x^\mu \eta_{\mu\nu} x^\nu = R^\mu{}_\alpha x'^\alpha \eta_{\mu\nu} R^\nu{}_\beta x'^\beta = x'^\alpha (R^\mu{}_\alpha \eta_{\mu\nu} R^\nu{}_\beta) x'^\beta \tag{6.17}$$

式 (6.17) 说明

$$\eta'_{\alpha\beta} = \eta_{\alpha\beta} = R^\mu{}_\alpha \eta_{\mu\nu} R^\nu{}_\beta \tag{6.18}$$

---

① 我们约定四维时空中的张量指标用希腊字母, 而三维欧几里得空间中的张量指标用拉丁字母.

这表明, 在**洛伦兹变换下闵可夫斯基度规的形式不变**. 联想到三维欧几里得度规在平移、旋转操作下度规形式不变, 洛伦兹变换相当于包含了时间和空间的一种特殊的旋转, 也称为伪转动 (boost).

从几何的角度去解读, 我们可以将惯性坐标系理解为闵可夫斯基时空的一个特殊的坐标系, 其特殊性可与欧几里得空间中的直角坐标系相提并论. 在欧几里得几何中, 其度规在直角坐标系中的分量是简单的 δ_{ij}, 但在非直角坐标系中其分量可能会变得非常复杂. 与之相对应的, 闵可夫斯基几何中在非惯性系下的 $\eta_{\mu\nu}$, 其表现形式也并不像方程(6.14)所示的那样简洁.

根据闵可夫斯基度规 $\eta_{\mu\nu}$ 可以定义狭义相对论时空中的正交概念. 令四维矢量 A、B 在 x^μ 与 $\tilde{x}^\mu$ 坐标系下的分量分别为 A^μ、B^μ 以及 $\tilde{A}^\mu$、$\tilde{B}^\mu$, 则四维矢量 A 与 B 的点积定义为

$$\tilde{A}^\mu \tilde{\eta}_{\mu\nu} \tilde{B}^\nu = A^\mu \eta_{\mu\nu} B^\nu = A_\mu B^\mu \tag{6.19}$$

我们说 A 和 B 是正交的, 如果满足以下条件:

$$A_\mu B^\mu = 0 \tag{6.20}$$

在某惯性系中, 任意空间方向矢量 $A_\mu = (0, a, b, c)$ 与时间方向 $B_\nu = (d, 0, 0, 0)$ 正交, 因为它们显然满足式(6.20) . 注意到, 式(6.20) 是标量, 因而它是绝对的, 不管在哪个参考系来看都会得到同样的结果. 因此, 对其他任意参考系而言, 尽管 A^μ 与 B^ν 的分量可能会因洛伦兹变换而有变化, 但它们永远是正交的.

当我们讨论参考系变换时, 新的时空观念要求我们使用洛伦兹变换, 这比绝对时空中的参考系变换要复杂得多. 如果我们只采用坐标变换的方法来处理新的时空问题, 则很容易迷失在复杂的相对变换中, 抓不住时空的绝对本质. 为了解决这个问题, 我们介绍一种工具: 时空图. 时空图是一种示意图, 可以帮助我们直观地理解时空中物体的运动问题. 本书着重介绍时空图的应用, 而详细的坐标变换方法, 我们推荐读者参考文献 [9].

6.5 时空图

时空图在狭义相对论中起着重要的作用, 就像 x-t 图在求解运动学问题中的辅助作用一样. 许多时空观问题可以借助时空图来直观地讨论. 需要注意的是, 由于闵可夫斯基时空的显著特性, 时空图的元素会与我们熟悉的 x-t 图有所不同. 本节将详细讨论时空图.

设三个惯性参考系 Σ、Σ'、Σ'', 其坐标系分别为 x^μ、$x^{\mu'}$、$x^{\mu''}$, 并设定三个参考系有共同的零点以简化讨论. Σ'、Σ'' 相对于 Σ 的速度分别为 $v\boldsymbol{e}_x$、$-v\boldsymbol{e}_x$. 闵可夫斯基时空中的时空图如图6.7所示. 在 Σ 系中, 沿时间方向和 x 轴方向的矢量分别为 $x_1^\mu = (1,0,0,0)$ 和 $x_2^\mu = (0,1,0,0)$, 它们在闵可夫斯基度规的度量下满足

$$x_1^\mu \eta_{\mu\nu} x_2^\nu = 0 \tag{6.21}$$

当 Σ 系中**时间方向**为 x_1^μ 时, 与之正交的 x_2^μ 方向为 Σ 系的一个**空间方向**. 图6.7中 x 轴平行于 x_2^μ 方向, 所以是 $t=0$ 时的**空间面**, 也称为**同时面**[①]. 进一步, $t=t_0$ 的某个同时面即为观察者参考系在自己的固有时为 t_0 时刻的空间面.

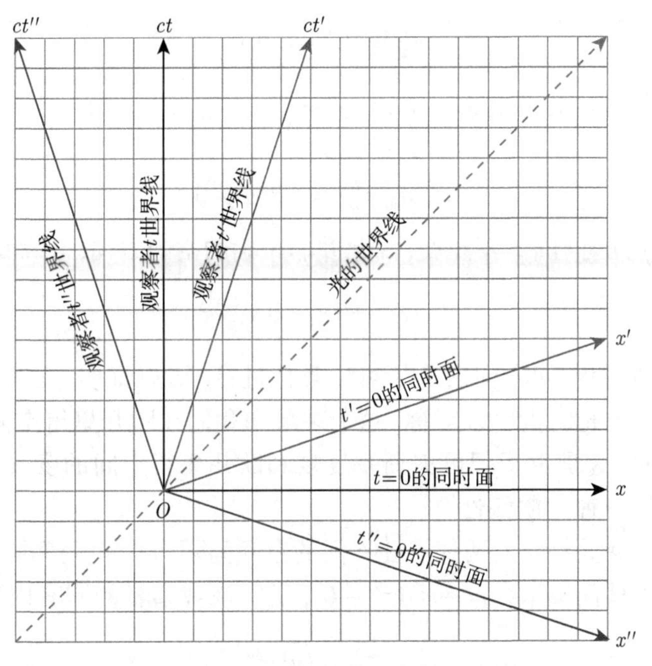

图 6.7 闵可夫斯基时空中的时空图

经原点沿 x 轴传播的光的世界线满足 $ct=x$, 即通过原点与 x 轴呈 $\pi/4$ 夹角的方向. 沿 $-x$ 方向传播的光的世界线为 $ct=-x$, 即通过原点与 x 轴呈 $-\pi/4$ 夹角的方向. 不从原点发出的沿 x 或 $-x$ 传播的光的世界线仍为与 x 轴

① $t=0$ 定义的同时面是三维的空间面. 但平面作图无法完整展示, 所以只简化到讨论 (t,x) 平面.

呈 $\pi/4$ 或 $-\pi/4$ 方向的线. 原因是光传播过程中的两个事件间隔为

$$\mathrm{d}s^2 = \mathrm{d}x^2 - c^2\mathrm{d}t^2 = 0 \quad \rightarrow \quad \frac{\mathrm{d}x}{\mathrm{d}(ct)} = \pm 1 \tag{6.22}$$

接下来考察 Σ' 系. 如图6.7所示, ct' 轴为 Σ' 系中某观察者的世界线, 也即为其时间方向. 在 Σ 的坐标系中, 沿 ct' 方向的矢量可以表示为

$$x_1'^{\mu} = (c, v, 0, 0) \tag{6.23}$$

那么, Σ' 系中 $ct' = 0$ 的同时面应该指向哪里? 如图6.7所示, ct' 线可通过对 ct 线绕原点旋转 $-\arctan\left(\dfrac{v}{c}\right)$ 获得, 所以从直观上理解, 其空间方向应该指向 x 轴绕原点转动同样的 $-\arctan\left(\dfrac{v}{c}\right)$ 的方向, 可以表示为

$$x_2'^{\mu} = (v, -c, 0, 0) \tag{6.24}$$

根据时间和空间方向正交这一结论, 应该有 $x_1'^{\mu}\eta_{\mu\nu}x_2'^{\nu} = 0$. 然而, 通过计算可以得到

$$x_1'^{\mu}\eta_{\mu\nu}x_2'^{\nu} = -2cv \neq 0 \tag{6.25}$$

说明式 (6.24) 方向与 $x_1'^{\mu}$ 不正交, 因此并非正确的空间方向. 正确的方向应该是

$$x_2'^{\mu} = (v, c, 0, 0) \tag{6.26}$$

Σ'' 的时间方向和空间方向的分析可以类似进行. 可以证明, 在时空图中, 时间轴和空间轴关于光的世界线对称. 这一现象和我们在欧几里得空间中所看到的现象有所不同, 这是由于闵可夫斯基度规和欧几里得空间的度规不同, 也是时空图所具有的一种“欺骗性”.

观察者自身世界线上两邻点 $\mathrm{d}x^{\mu}$ 间的**空间间隔**为 $\mathbf{0}$, 时间间隔为固有时 $\mathrm{d}\tau$. 则两点间的事件间隔 $\mathrm{d}s^2 = -c^2\mathrm{d}\tau^2 + \mathbf{0}^2$, 说明该观察者的固有时间隔为

$$\mathrm{d}\tau = \sqrt{\frac{|\mathrm{d}s^2|}{c^2}} \tag{6.27}$$

称 $\mathrm{d}l = \sqrt{|\mathrm{d}s^2|}$ 为线长. 因为 $\mathrm{d}s^2$ 绝对, 所以观察者世界线的线长等于其经历的固有时 $c\mathrm{d}\tau$. 因为线长是几何量, 所以, 不管用哪个参考系来计算都将得到同样的结果. 将式(6.27) 积分有

$$\Delta\tau = \int \mathrm{d}\tau = \int \sqrt{\frac{|\mathrm{d}s^2|}{c^2}} \tag{6.28}$$

因此, 观察者沿世界线经历的**固有时**等于其**世界线的线长** $\int \sqrt{|\mathrm{d}s^2|}$ 除以光速.

注意到, 洛伦兹变换是不同参考系之间的时空坐标的变换. 那么, 从时空图的角度来看, 如何理解这一点? 图6.8中展示了闵可夫斯基时空中事件 C 在不同参考系中的时空坐标. C 在 Σ、Σ'、Σ'' 中的坐标分别为 (ct,x)、(ct',x')、(ct'',x''). 这三组坐标之间的变换即为洛伦兹变换 (6.16). 这与欧几里得空间中同一几何对象在不同坐标系的变换（图 1.4）意义类似.

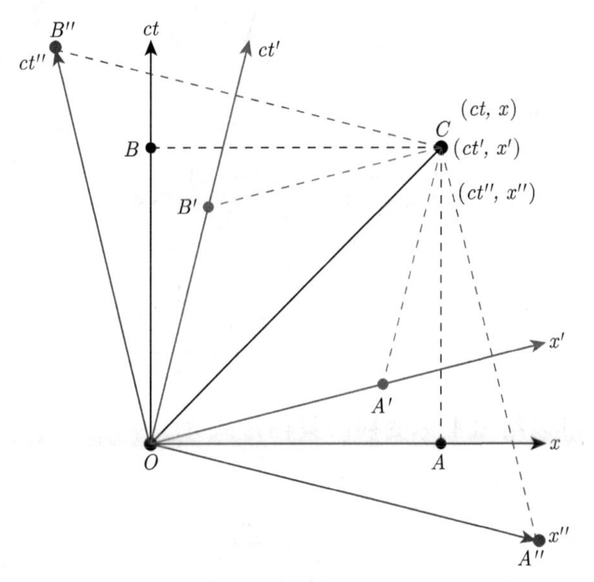

图 6.8　闵可夫斯基时空中的同一段线元在不同的参考系下的表达即是洛伦兹变换

我们接下来求解洛伦兹变换的具体表达式, 即确定 $R^{\mu}{}_{\nu}$ 的具体形式. 在 Σ 系中, 事件 C 的坐标为

$$(ct,x)=(l_{OB},l_{OA}) \tag{6.29}$$

而在 Σ' 系中, 事件 C 点的坐标为

$$(ct',x')=(l_{OB'},l_{OA'}) \tag{6.30}$$

求解洛伦兹变换关系就变成求解 $l_{OB'}$、$l_{OA'}$ 与 l_{OB}、l_{OA} 之间的关系. 这些量都是某些线长, 因此都是绝对的几何量. 不管用哪个参考系来计算, 这些线长之间的关系都是一样的. 我们以 Σ 系为例, 设 B' 的坐标为 (a,b), 直线 OB' 在 Σ 坐标系中是通过原点的斜率为 c/v 的直线. 直线 $B'C$ 与 OA' 平行, 故其斜

率为 v/c. 又因为 $B'C$ 经过 C 点, 我们可以通过以下计算求出 B' 点的坐标

$$\left(\frac{c\left(c^2t-vx\right)}{c^2-v^2},\frac{v\left(vx-c^2t\right)}{v^2-c^2},0,0\right) \tag{6.31}$$

因此, $l_{OB'}$ 的长度表示为

$$ct'=l_{OB'}=\sqrt{\left|\mathrm{d}s^2_{OB'}\right|}=\sqrt{\frac{1}{1-\dfrac{v^2}{c^2}}}\left(ct-\frac{v}{c}x\right) \tag{6.32}$$

同理, 可以求出 A' 的坐标为

$$\left(\frac{cv(x-vt)}{c^2-v^2},\frac{c^2(x-vt)}{c^2-v^2},0,0\right) \tag{6.33}$$

$$x'=l_{OA'}=\sqrt{\left|\mathrm{d}s^2_{OA'}\right|}=\sqrt{\frac{1}{1-\dfrac{v^2}{c^2}}}(x-tv) \tag{6.34}$$

整理以上公式, 可以给出坐标变换的具体形式为

$$\begin{aligned}
t'&=\frac{t-\dfrac{vx}{c^2}}{\sqrt{1-\dfrac{v^2}{c^2}}}\\
x'&=\frac{x-vt}{\sqrt{1-\dfrac{v^2}{c^2}}}\\
y'&=y\\
z'&=z
\end{aligned} \tag{6.35}$$

通过以上过程, 我们可以证明

$$R^{-1}=\begin{pmatrix}\gamma & -\beta\gamma & 0 & 0\\ -\beta\gamma & \gamma & 0 & 0\\ 0 & 0 & 1 & 0\\ 0 & 0 & 0 & 1\end{pmatrix} \tag{6.36}$$

其中, $\beta = \dfrac{v}{c}$, $\gamma = \left(1 - \dfrac{v^2}{c^2}\right)^{-1/2}$. 其逆变换为

$$R = \begin{pmatrix} \gamma & \beta\gamma & 0 & 0 \\ \beta\gamma & \gamma & 0 & 0 \\ 0 & 0 & 1 & 0 \\ 0 & 0 & 0 & 1 \end{pmatrix} \tag{6.37}$$

若显式写为坐标变换形式, 有

$$\begin{aligned} t &= \frac{t' + \dfrac{vx'}{c^2}}{\sqrt{1 - \dfrac{v^2}{c^2}}} \\ x &= \frac{x' + vt'}{\sqrt{1 - \dfrac{v^2}{c^2}}} \\ y &= y' \\ z &= z' \end{aligned} \tag{6.38}$$

接下来, 我们讨论闵可夫斯基时空中的典型效应.

6.6 闵可夫斯基时空的典型效应

6.6.1 狭义相对论下的速度变换公式

在绝对时空观下, 速度的变换关系由伽利略变换给出. 然而, 在狭义相对论新时空观下, 速度变换公式不再是简单的伽利略变换. 假设一个物体相对于参考系 Σ 以速度 $\boldsymbol{u} = \dfrac{\mathrm{d}\boldsymbol{x}}{\mathrm{d}t}$ 运动. 在参考系 Σ' 中来看, 存在以下坐标变换关系:

$$\begin{aligned} x' &= \frac{x - vt}{\sqrt{1 - \dfrac{v^2}{c^2}}} \\ t' &= \frac{t - vx/c^2}{\sqrt{1 - \dfrac{v^2}{c^2}}} \end{aligned} \tag{6.39}$$

因此, $\mathrm{d}x'$ 与 $\mathrm{d}t'$ 满足

$$
\begin{aligned}
\mathrm{d}x' &= \frac{\mathrm{d}x - v\mathrm{d}t}{\sqrt{1-\dfrac{v^2}{c^2}}} = \frac{u_x - v}{\sqrt{1-\dfrac{v^2}{c^2}}}\mathrm{d}t \\
\mathrm{d}t' &= \frac{\mathrm{d}t - v\mathrm{d}x/c^2}{\sqrt{1-\dfrac{v^2}{c^2}}} = \frac{1 - vu_x/c^2}{\sqrt{1-\dfrac{v^2}{c^2}}}\mathrm{d}t
\end{aligned}
\tag{6.40}
$$

于是, 在 Σ' 参考系中, 观察到沿 x' 轴的速度可以表达为

$$
u_x' = \frac{\mathrm{d}x'}{\mathrm{d}t'} = \frac{u_x - v}{1 - \dfrac{vu_x}{c^2}}
\tag{6.41}
$$

同理, 我们可以得到沿 y、z 方向的速度变换关系

$$
\begin{aligned}
u_y' &= \frac{\mathrm{d}y'}{\mathrm{d}t'} = \frac{u_y\sqrt{1-\dfrac{v^2}{c^2}}}{1 - \dfrac{vu_x}{c^2}} \\
u_z' &= \frac{\mathrm{d}z'}{\mathrm{d}t'} = \frac{u_z\sqrt{1-\dfrac{v^2}{c^2}}}{1 - \dfrac{vu_x}{c^2}}
\end{aligned}
\tag{6.42}
$$

上述速度变换关系也可以通过几何方法直接推导得出. 请读者完成练习题以加深理解.

6.6.2 同时的相对性

根据时空图6.7, 我们可以观察到不同参考系中的同时面是不同的, 这表明在新时空观下, 同时的概念是相对的. 我们通过一个例子来进一步解释这个现象: 一个地面观察者打开铁路信号灯并观察到灯光在同一时刻照到车头和车尾, 那么对于车上的乘客来说, 这个灯光是否仍然同时照射到车头和车尾?

图6.9是在地面视角下的时空图. 从图中我们可以看到, 信号灯光在同一时间照到车头和车尾, 在这个参考系中, 车头和车尾被照亮的事件发生在同一同时面上, 即 x 轴. 但是, 对于车内的观察者来看, 车尾被照亮的同时面（x' 轴）会在车头被照亮之后才与车头的世界线相交. 这就意味着, 对于车内的观察者

来说是车头先被照亮的. 反过来看, 很容易推导出如果火车是沿着 $-x$ 轴方向运动的, 那么车尾会先被照亮.

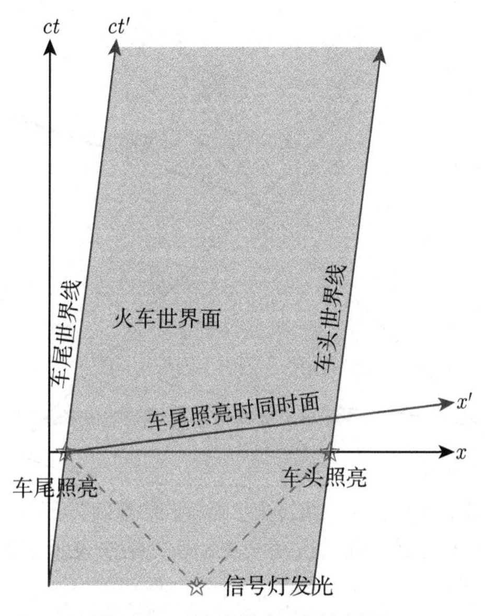

图 6.9　同时的相对性例子

通过上面的例子, 我们可以看出**同时是相对的**. 在某个参考系中同时发生的两个事件, 在其他参考系中可能不同时发生, 并且它们的先后顺序与观察者有关.

6.6.3 因果性

在物理学中, 因果律（也称为因果原理或因果关系）主要用于描述在给定系统中, 特定事件（因）如何导致另一事件（果）. 因果律强调原因必须在其效果**之前**发生. 闵可夫斯基时空不同于绝对时空, 不同的参考系看到的事件发生的先后顺序可能与观察者有关. 那么, 如何理解狭义相对论中的因果律问题? 答案仍然蕴含在间隔不变性之上.

如图6.10所示, 时空中经过某点 p 的所有光线构成一个曲面, 称为**光锥**. 通过间隔的大小可定义如下与 p 事件之间的三种间隔.

(1) **类时间隔**: $\mathrm{d}s^2 < 0$. 与 p 点有类时间隔的点都位于光锥内部.

(2) **类空间隔**: $\mathrm{d}s^2 > 0$. 与 p 点有类空间隔的点都位于光锥外部.

(3) **类光间隔**: $\mathrm{d}s^2 = 0$. 与 p 点有类光间隔的点都位于光锥表面.

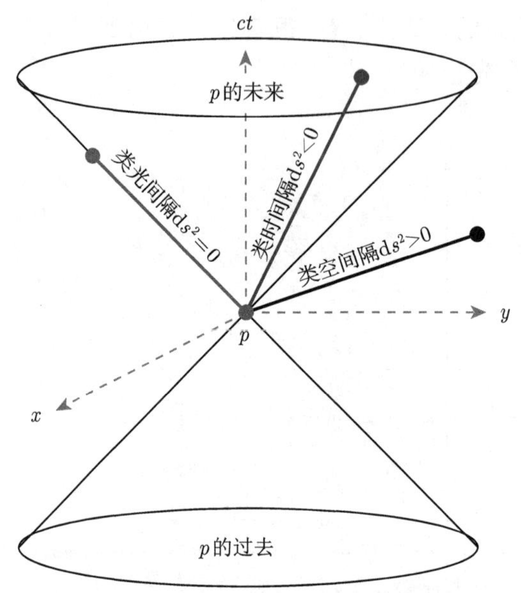

图 6.10　时空结构示意图; 竖直方向为时间方向, 平面方向为三维空间方向; 因为图示最多只有三维, 所以压缩一维, 用二维来表示三维

间隔的绝对性保证上述划分是绝对的. 从时空图可以看出, 只要物体的运动速度小于光速 c, 类时间隔中两个事件的先后顺序是绝对的. 这便是因果律的具体体现. 反之, 如果物体的运动速度超过光速, 两个事件的先后顺序将随参考系的变化而变化, 因果律便无法成立. 所以, 如果要维持因果律, 我们必须假设在自然界中, 不存在超过光速的运动. 上半光锥面及其内部的区域是点 p 可以影响的时空区域, 称之为 p 的**未来**. 而位于下半光锥面及其内部的区域则可以影响到点 p, 称之为 p 的**过去**. 著名作家刘慈欣在其小说《三体》中曾写道 "光锥之内就是命运", 这实际上表达了所有物理过程都必须发生在光锥内部.

6.6.4　尺缩效应

新时空观下运动的物体尺寸会缩小, 称为**尺缩效应**. 图 6.11 给出直观展示.

图6.11展示了在尺子的参考系下绘制的时空图像, 其中的绿色阴影部分表示由尺上各点的世界线形成的世界面, 其边缘是尺子两端的世界线. ct' 表示的是相对于尺子沿 x 轴方向运动的观察者, 其空间面为 x' 轴.

在某个参考系中测量尺子长度时, 实际是在该参考系的空间面上量取尺子两端展开的长度. 因此, 在尺子的参考系中, 尺子的长度为 l_{OB}, 但在 ct' 的参考系里, 尺子的长度则为 l_{OA}.

注意到, 从原点 O 出发, 时空间隔 l_{OB}^2 的点构成了一条双曲线

$$s^2 = l_{OB}^2 = x^2 - c^2t^2 \tag{6.43}$$

式(6.43) 对应的双曲线为图 6.11 中的与 B 点相交的曲线, 也称为校准曲线. 校准曲线上所有的线段都和原点 O 有同样的 l_{OB}^2 的时空间隔, 因此它可以作为标准距离, 帮助我们校准时空间隔.

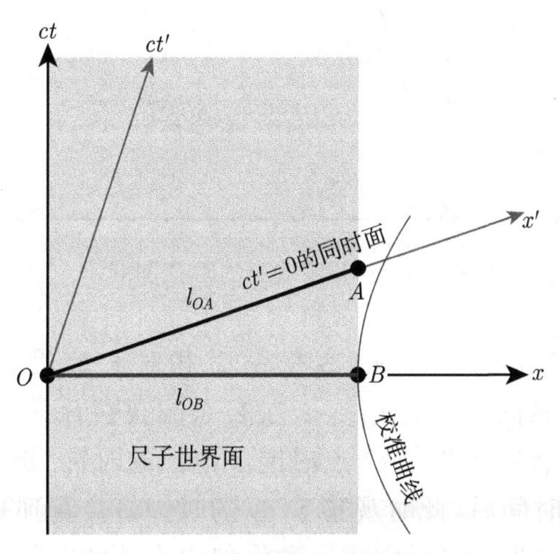

图 6.11　尺缩效应的时空图展示

校准曲线的辅助下, 我们可以更清晰地看出, $l_{OA} < l_{OB}$, 这就是尺缩效应. 它告诉我们, 在运动的观察者看来, 尺子的长度小于其静止时候的长度.

通过进一步的计算, 我们可以得出

$$l_{OA}^2 = l_{OB}^2 - l_{AB}^2 \tag{6.44}$$

因为线段 OA 的斜率为 β, 可以计算得到 $l_{AB} = \beta l_{OB}$. 根据这些信息, 我们可以得出

$$l_{OB} = \gamma l_{OA} \tag{6.45}$$

6.6.5　钟慢效应

钟慢效应是指闵可夫斯基时空中运动的物体时钟会变慢. 钟慢效应在本质上与尺缩效应很相似. 尺缩效应描述的是空间方向的尺寸收缩, 而钟慢效应则是对应着时间方向的 “收缩”. 图 6.12 以时空图方法来直观展示.

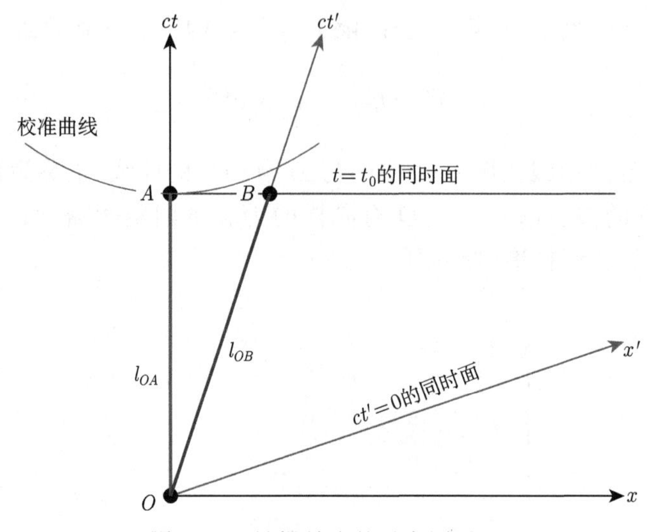

图 6.12　钟慢效应的时空图展示

图6.12为钟慢效应的示意图. 参考系 Σ' 相对于 Σ 沿 x 轴运动. 当观察者自 O 运动至 B 时, 其固有时为 l_{OB}/c. 在 Σ 系的观察者看 B 事件位于 $ct=l_{OA}$ 的同时面上. 若两个观察者在 O 点时同步他们的时钟, 那么在 Σ 系的观察者经过 l_{OA}/c 的固有时间后, 此时观察 Σ' 系的时钟将会看到其已经流逝了 l_{OB}/c 的时间. 为了确定这两种情况中哪一种将包含更长的时间, 我们可以引入校准曲线（图6.12中的与 A 点相交的曲线）, 它表示离 O 点的时空间隔为 $-l_{OA}^2$ 的点. 此校准曲线清楚地表明, $l_{OA}>l_{OB}$. 同样, 根据类似于式 (6.45) 的推导可以得出图6.12中的线长关系为

$$l_{OA}=\gamma l_{OB} \tag{6.46}$$

因此, 运动时钟上的间隔 $\Delta\tau$ 与相对运动观察者观察到的时间间隔 Δt 之间的关系为

$$\Delta t=\gamma\Delta\tau \tag{6.47}$$

进而可知

$$\frac{\mathrm{d}t}{\mathrm{d}\tau}=\gamma \tag{6.48}$$

根据钟慢效应, 运动的时钟比静止的时钟走时慢. 考虑到运动是相对的, 两个相对运动的观察者都会观察到对方的时钟走得比自己慢. 到底谁的时钟走得更慢? 这引出了有趣的**双生子佯谬**.

6.6.6 双生子佯谬

有一对双胞胎, 我们称她们为团团和圆圆. 圆圆坐上宇宙飞船, 并以接近光速的速度旅行一年, 然后回到地球. 当她再次与团团相遇时, 我们可能面临以下两个情况.

(1) 圆圆比团团年轻: 因为团团留守地球, 圆圆相对于团团高速运动. 根据动钟变慢, 圆圆回来时比团团更年轻.

(2) 团团比圆圆年轻: 圆圆相对于宇宙飞船静止, 在她看来地球始终是在做高速运动. 根据动钟变慢, 圆圆回来时比团团更年长.

这两个相互矛盾的结论称为双生子问题, 早期有人借此质疑相对论. 然而, 这个问题可以在相对论的框架内得到解决, 因此它也被称为双生子佯谬. 其解决方案是什么呢?

物理上看, 团团和圆圆的情况并不完全等同. 圆圆的旅行涉及加速离开地球、减速并进行返航, 以及在到达地球后再次减速的这些非惯性运动. 早期有不少教材中写道, 非惯性运动超出了狭义相对论适用的惯性系的范畴, 需要用广义相对论才能解决非惯性系的问题. 事实上, 这一问题完全属于狭义相对论范畴, 而且只需要一个非常简单的时空图就能说明**圆圆更年轻**. 图 6.13 是在团团的参考系中画出的时空图. 双生子两次相遇的过程可以近似用折线构成的图 (b) 表示, 根据动钟变慢可以明显看出, 圆圆更年轻. 图 (a) 是更严格的曲线表示, 通过计算仍然可以得出圆圆更年轻的结论. 读者可自行尝试.

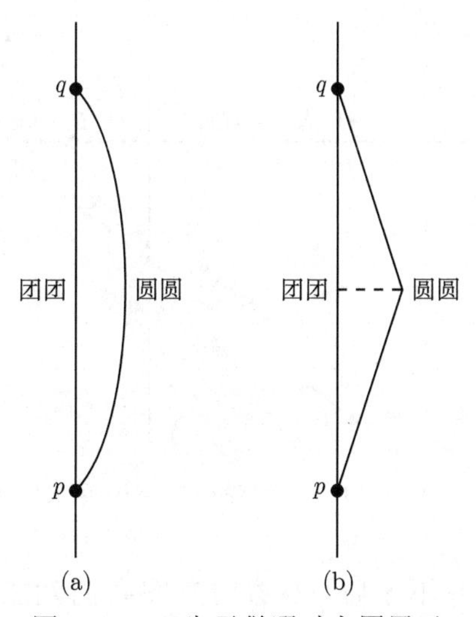

图 6.13 双生子佯谬时空图展示

双生子佯谬问题中涉及非惯性参考系与惯性参考系的比较. 如果两个参考系均为惯性系, 那么究竟谁快谁慢? 此外, 如果从圆圆的参考系来观察这个问题, 又会得出怎样的结论? 我们鼓励读者深入思考这两个问题.

6.6.7 车库佯谬

动钟变慢催生了双生子佯谬, 动尺缩短效应也可以用以制造类似的有趣佯谬, 比如车库佯谬. 这个案例包含了一个静止的车库和一个高速运动的车辆, 它们静止时的长度相等. 如果车辆以高速驶入车库, 就有了一个疑问: 车库是否能容纳下这辆车?

(1) 看门大爷: 动尺缩短说明车库长于车, 可以装下.

(2) 司机: 动尺缩短说明车库短于车, 装不下.

究竟是装得下还是装不下? 下面, 我们通过图6.14来解析这个问题. 在看门大爷的参考系中, 车辆的长度为 l_{OB}, 这明显小于车库, 故车能装进车库; 在司机的参考系中, 车辆的长度为 l_{OC}, 这明显大于车库, 故车装不进车库. 因此, 两者的意见都是正确的. 那么, 同样的问题, 为何会得到两个完全矛盾的答案呢?

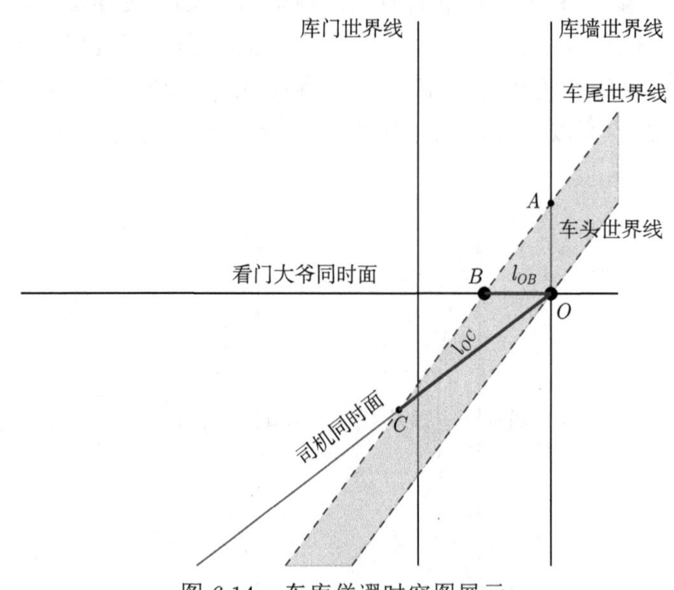

图 6.14　车库佯谬时空图展示

其实, 这两个答案并不矛盾. 观察时空图我们就能明显看出, 看门大爷比较的是 l_{OB} 与车库的静止长度, 而司机比较的是车辆的静止长度 l_{OC} 与车库在其同时面上的交接线长度. 换句话说, 他们比较的其实是两个不同的对象, 因此得到不同的结果丝毫不奇怪.

从上面的例子中可以看出, 通过可视化方法, 时空图能够将抽象的概念和复杂的现象转化为直观的形式, 使问题更加具体和明确. 这有助于我们更好地定义问题, 只有当问题被明确界定后, 我们才能更好地解决它们. 相对论涉及的坐标变换和不同参考系之间的转换通常非常烦琐. 使用时空图工具, 一旦问题在时空图中被界定, 我们可以将与时空观相关的问题转化为几何问题, 从而简化计算过程.

思考题

1. 双生子佯谬的时空图中, 团团作为惯性参考系, 其比旅行回来的圆圆要年老. 但在圆圆参考系看, 其自己的世界线是直线, 而团团是曲线. 为何团团并未更年轻?
2. 动尺缩短效应中说到运动的尺子会缩短. 假设 A、B 各有一把静止长度相同的尺子, 当它们尺长方向相同且相向运动的时候, A 和 B 都会觉得对方的尺子比自己的尺子短, 究竟哪个更长, 哪个更短?
3. 若 Σ' 相对 Σ 系有速度 $\boldsymbol{v} = (v_x, v_y, v_z)$, 两系之间的洛伦兹变换矩阵应该是怎样的?
4. 观测表明, 宇观尺度上相隔越远的星体间相互远离速度越快, 说明宇宙在加速膨胀. 存在足够远的天体, 其相对于地球的退行速度大于光速, 这是否违反因果律?

练习题

1. 根据时空图推导洛伦兹变换.
2. 根据四速 U_μ 在不同参考系的变换, 推导相对论下的速度变换公式.
3. 写出沿 y、z 方向洛伦兹变换的矩阵.
4. 地球人发现一艘以 $0.8c$ 的速率运动的飞船将在 10s 内撞击迎面飞来的彗星, 则飞船上的宇航员还有多少时间可以改变航向?
5. 两静长均为 l 的尺子沿尺子长度方向相向运动, 且相对某一参考系的速率均为 v. 求尺上观察者测量另一尺子的长度.
6. 在相对于地面速度为 $\boldsymbol{v}$ 的车上, 小明在车中央点起蜡烛, 并发现 Δt 时间后灯光同时照亮车的前、后壁. 此时站在地上的小华看来, 光先到达车的前壁还是后壁? 相差时间为多少?

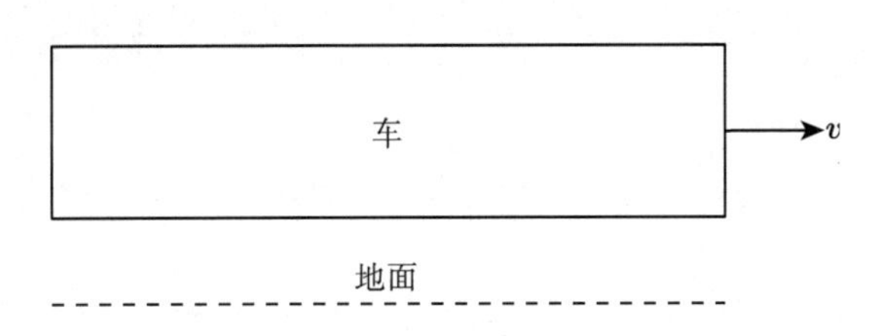

7. 一逃犯驾车以 $3c/4$ 的速度逃跑, 警察驾车以 $c/2$ 的速度追击并开枪, 子弹出膛速度（相对于警车）为 $c/3$, 试在以下两种框架下分析子弹能否击中目标.

   (1) 伽利略速度变换;

   (2) 洛伦兹速度变换.

   在上述的情形中, 请分别在警车、逃犯、子弹的参考系计算各相对速度并填写下表.

参考系	地面	警车	逃犯	子弹	击中否?
地面	0	$c/2$	$3c/4$		
警车				$c/3$	
逃犯					
子弹					

8. 火箭以 $3c/5$ 的速度离开地球. 当火箭上的时钟过去 1h 时, 火箭向地球发出一个光信号.

   (1) 根据地球上的时钟, 这个光信号是何时发出的?

   (2) 根据地球上的时钟, 火箭离开后多久这个光信号到达地球?

   (3) 以火箭参考系来看, 火箭离开后多久光信号到达地球?

第 7 章　狭义相对论——新时空观下的物理学

本章的思维导图如图 7.1 所示.

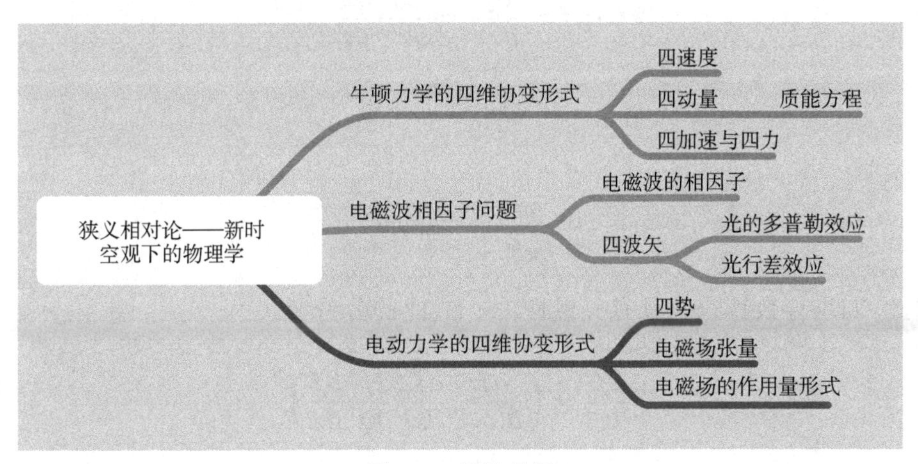

图 7.1　思维导图

第 6 章详细讲述了狭义相对论的新时空观. 本章开始介绍狭义相对论中的第二部分内容——新时空观下的物理学规律. 根据相对性原理, 物理学规律在任何惯性参考系都有相同形式. 为满足相对性原理, 最简便的方法之一是将物理学规律表达成闵可夫斯基时空中的张量等式.

考虑如下张量等式:

$$G_\mu = A_\mu + T_{\mu\nu} C^\nu \tag{7.1}$$

变换坐标系时（洛伦兹变换 $x'^\mu = (R^{-1})^\mu{}_\nu x^\nu$ ）有

$$\begin{aligned} G'_\mu &= G_\nu R^\nu{}_\mu = \left(A_\nu + T_{\nu\beta} C^\beta\right) R^\nu{}_\mu \\ &= A'_\mu + R^\nu{}_\mu T_{\nu\beta} R^\beta{}_\tau C'^\tau \\ &= A'_\mu + T'_{\mu\tau} C'^\tau \end{aligned} \tag{7.2}$$

上式表明, 任何张量表达式的分量在不同坐标系下具有同样的形式, 说明**物理学规律表达为张量等式可以满足相对性原理**. 据此, 我们接下来的目标就是将已有的物理学改写为闵可夫斯基空间中的张量形式.

物理学定律通常都表达为连续体的微分方程. 在三维的欧几里得空间中, 我们已证明 ∇ 算符同时具有矢量性和导数性. 在四维的闵可夫斯基空间中, 将 ∇ 算符推广, 可构建四维矢量导数算符及其衍生张量. 相应的四维导数算符也同时具有矢量性和导数性.

类比梯度 ∇f, 四维导数算符 ∂_μ 在标量场 f 上的作用相当于**四维空间中的梯度**

$$\begin{aligned}\partial_\mu f &= \frac{\partial f}{\partial x^\mu} = \frac{\partial f}{\partial x'^\nu}\frac{\partial x'^\nu}{\partial x^\mu} \\ &= \frac{\partial f}{\partial x'^\nu}(R^{-1})^\nu{}_\mu\end{aligned} \tag{7.3}$$

这说明

$$\frac{\partial f}{\partial x'^\nu} = \frac{\partial f}{\partial x^\mu}R^\mu{}_\nu \tag{7.4}$$

因此, 四维导数算符也具有矢量性. 式 (7.4) 的分量形式为

$$\frac{\partial f}{\partial x^\mu} = \left(\frac{\partial f}{\partial (ct)}, \frac{\partial f}{\partial x}, \frac{\partial f}{\partial y}, \frac{\partial f}{\partial z}\right) \tag{7.5}$$

类比散度定义 $\nabla \cdot \boldsymbol{A}$, 四维时空上可以定义**四维空间中的散度**

$$\partial_\mu A^\mu = \eta^{\mu\nu}\partial_\mu A_\nu \tag{7.6}$$

其中, $\partial_\mu A^\mu$ 是标量, 具体展开形式为

$$\begin{aligned}\partial_\mu A^\mu &= \frac{\partial A^0}{\partial (ct)} + \frac{\partial A^x}{\partial x} + \frac{\partial A^y}{\partial y} + \frac{\partial A^z}{\partial z} \\ &= \frac{1}{c}\frac{\partial A^0}{\partial t} + \nabla \cdot \boldsymbol{A}\end{aligned} \tag{7.7}$$

三维拉普拉斯算子 ∇^2 是标量二阶导数算符, 可以推广为**四维空间中标量二阶导数算符**

$$\partial^\mu \partial_\mu = \eta^{\mu\nu}\partial_\mu\partial_\nu \tag{7.8}$$

写成分量形式为

$$\begin{aligned}\partial^\mu\partial_\mu &= -\frac{1}{c^2}\frac{\partial^2}{\partial t^2}+\frac{\partial^2}{\partial x^2}+\frac{\partial^2}{\partial y^2}+\frac{\partial^2}{\partial z^2}\\ &= -\frac{1}{c^2}\frac{\partial^2}{\partial t^2}+\nabla^2\end{aligned} \tag{7.9}$$

定义四维导数后, 接下来展示如何构造四维协变的物理学规律. 内容包括牛顿力学、电动力学的四维协变形式.

构造四维协变的基础物理理论应该遵循两条原则.

(1) 协变性要求: 将三维空间上的理论推广为四维闵可夫斯基空间中的协变理论.

(2) 回归要求: 在非相对论极限①下, 物理规律的四维协变形式要能退化为熟知的三维形式.

从绝对时空观下的物理理论出发, 通常可以自然地推广到其四维协变的理论形式. 进一步用非相对论极限来检验其合理性, 便可得到合理的四维协变理论.

除牛顿力学、电动力学外, 经典物理规律中还有**万有引力理论**. 然而, 万有引力本身是超距的, 即引力相互作用的传递是瞬时的. 这与狭义相对论中不允许超光速的要求矛盾, 因而万有引力无法直接写成协变形式. 构建协变引力理论的困难以及引力本身的特殊性, 促使爱因斯坦开始深入思考引力的本质, 并发现广义相对论. 广义相对论指出, 引力不是力, 而是时空弯曲的一种体现. 限于篇幅, 本书仅介绍狭义相对论. 对广义相对论有兴趣的读者可参阅文献 [3].

7.1 牛顿力学的四维协变形式

牛顿力学的核心概念之一是牛顿第二定律

$$\boldsymbol{F}=m\boldsymbol{a}=\frac{\mathrm{d}\boldsymbol{p}}{\mathrm{d}t} \tag{7.10}$$

其中, 动量定义为

$$\boldsymbol{p}=m\boldsymbol{v} \tag{7.11}$$

在牛顿力学中, 力和动量的概念都与速度有关, 因此我们可以首先尝试构建一个四维协变的速度: 将原始的三维空间速度 $\boldsymbol{v}$ 扩展到四维空间的速度 U^μ.

---

① 非相对论极限为 $v \ll c$, 相对论极限为 $v \simeq c$.

7.1.1 四速

三维空间中的速度定义为

$$v^i = \frac{\mathrm{d}x^i}{\mathrm{d}t} \tag{7.12}$$

速度的意义是指在某参考系中 $\mathrm{d}t$ 时间内质点位移的改变量为 $\mathrm{d}x^i$. 所以绝对时空观中 $\mathrm{d}x^i$ 为矢量, 而 $\mathrm{d}t$ 是绝对的, 所以 v^i 与 $\mathrm{d}x^i$ 同为矢量. 要得到四维协变的速度, 一种自然的推广方法是先将 $\mathrm{d}x^i$ 替换为 $\mathrm{d}x^\mu$, 这是四维空间中质点运动产生的**时空位移**, 显然它是一个矢量. 然而, 分母中的 $\mathrm{d}t$ 作为**时间位移**, 如果以某参考系的时间 t 为标准, 则其定义明显依赖于坐标系的选取, 这样 $\dfrac{\mathrm{d}x^\mu}{\mathrm{d}t}$ 就失去了四维矢量不依赖于参考系的性质. 为了保持四维速度的矢量性质, 应该寻求一个**绝对的时间位移**, 最自然的候选者是固有时位移 $\mathrm{d}\tau$. 我们可以将**四速**定义为

$$U^\mu := \frac{\mathrm{d}x^\mu}{\mathrm{d}\tau} \tag{7.13}$$

其分量形式为

$$\begin{aligned} U^\mu &= \left(\frac{c\mathrm{d}t}{\mathrm{d}\tau}, \frac{\mathrm{d}\boldsymbol{x}}{\mathrm{d}\tau}\right) \\ &= \gamma(c, \boldsymbol{v}) \end{aligned} \tag{7.14}$$

上式利用了式 (6.48). 四速的意义便是质点在固有时 $\mathrm{d}\tau$ 内发生了时空位移 $\mathrm{d}x^\mu$. 式(7.13) 定义的四速是四维矢量, 因而满足协变性要求. 那么, 四速可否在非相对论极限下回到三维空间中的速度的概念呢? 即回归要求能否得到满足呢?

解答这个问题之前, 我们需要先理解闵可夫斯基时空中的观察者如何测量质点的运动. 观察者会在其自己的参考系内使用自己的时间和空间长度, 也就是选择惯性坐标系 x^μ 来度量质点的运动过程. 两个相邻事件之间的时空位移是一个矢量, 它可以直接在观察者的坐标系中被展开为 $\mathrm{d}x^\mu$ 来分析. 因此, 观察者实际上能观察到两个事件之间的空间位移和时间位移分别为 $\mathrm{d}x^i$ 和 $\mathrm{d}t$. 基于这些观测, 观察者会得出结论, 即质点是以速度 $v^i = \dfrac{\mathrm{d}x^i}{\mathrm{d}t}$ 运动的. 这种速度的定义和我们在三维空间中理解速度的方式是完全一致的. 更进一步地说, 四速 U^μ 的空间分量 $U^i = \gamma v^i$ 实际上与 v^i 之间存在着 γ 的倍数差异. 在非相对论极限下, 也就是在 $v \ll c$ 的情况下, 我们会发现 $U^i \simeq v^i$. 这说明四速是一个四

维矢量, 但是其空间部分还能回归到我们熟知的三维空间中对速度的理解. 这就解释了为什么四速定义 (7.13) 满足回归要求.

至此, 我们成功地构建了满足协变性要求和回归要求的四速. 四速作为矢量, 其与自身的点积的性质如何? 通过计算可知

$$
\begin{aligned}
U^\mu U_\mu = U^\mu \eta_{\mu\nu} U^\nu &= \eta_{\mu\nu} \frac{\mathrm{d}x^\mu}{\mathrm{d}\tau} \frac{\mathrm{d}x^\nu}{\mathrm{d}\tau} \\
&= \frac{\eta_{\mu\nu} \mathrm{d}x^\mu \mathrm{d}x^\nu}{d\tau^2} \\
&= -c^2
\end{aligned} \tag{7.15}
$$

上式最后一步应用了固有时定义 $c^2\mathrm{d}\tau^2 = -\eta_{\mu\nu}\mathrm{d}x^\mu\mathrm{d}x^\nu$. 可以发现, 四速和自身的点积恒等于 $-c^2$, 此性质与我们在三维空间里的速度完全不同. 这实际上说明了四速的四个分量并不完全独立. 我们可以从公式 (7.14) 中更明显地看到这一点. 从 $U^i = \gamma v^i$ 出发, 我们可以求解出 γ, 进而推导出 $U^0 = \gamma c$. 接下来, 基于四速的定义, 我们将构建四维动量.

7.1.2 四动量

在三维空间中, 粒子的动量定义为其质量与速度的乘积, 即 $\boldsymbol{p} = m\boldsymbol{v}$. 其中 m 是质量, $\boldsymbol{v}$ 是三速度. 然而, 在四维时空中, 我们需要使用四速 U^μ 代替 $\boldsymbol{v}$. 从这个概念出发, 我们可以自然地定义四维时空中粒子的**四动量**

$$
p^\mu = mU^\mu \tag{7.16}
$$

因为 U^μ 本身就是一个矢量, 所以式 (7.16) 中的 p^μ 也是矢量, 这意味着四动量满足协变性要求. 又由于四速的空间分量 U^i 在非相对论极限下可以回到我们熟知的速度定义, 因而, 四动量的三分量 $p^i = \gamma m v^i$ 也可以回到我们熟知的三维动量. 所以, 四动量的定义也满足回归要求.

接下来我们给出四动量的具体展开形式, 根据式 (7.14) 有

$$
p^\mu = m'(c, \boldsymbol{v}) = \gamma m(c, \boldsymbol{v}) \tag{7.17}
$$

其中, $m' \equiv \gamma m$. 下面具体讨论四动量分量的物理意义.

四动量 p^μ 空间部分为 $\boldsymbol{p} = m'\boldsymbol{v}$. 当粒子静止不动, 即 $\boldsymbol{v} = 0$ 时, $m' = m$, 我们称 m 为**静质量**. 而当粒子运动, 即 $\boldsymbol{v} \neq 0$ 时, 动质量 m' 会大于静质量 m. 显然, 参与动量定义的动质量和静质量均为**惯性质量**, 它表征物体保持运动状

态的能力. 对于一个静质量非零的物体, 其动质量随着速度的增大而增大, 从而越来越难以加速. 当它的运动速度接近光速时, 动质量 m' 会趋于无穷大. 所以, 现实中静质量非零的粒子不仅不能超光速, 甚至不能达到光速.

当然, 光子是个特例. 光子始终处于光速运动状态, 如果它具有非零静质量, 其动质量也将无穷大. 所以, 光子的静质量必须为 0. 然而这并不意味着光子的四动量是零矢量. 光子四动量的含义稍后会详细解释.

讨论了四动量的空间部分后, 我们从守恒的角度来进一步思考. 在牛顿力学中, 能量和动量在封闭系统内均是守恒的. 然而, 当我们进入更复杂的四维时空时, 这些原则依然适用吗? 首先, 三动量的守恒可以自然地扩展到四动量的守恒. 但是, 如何处理能量守恒在四维时空中的表示呢? 一个可能的做法是将能量看成是一个标量, 然而这显然不行, 因为能量是参考系依赖的, 因此不能以标量的形式引入.

面对这个问题, 我们可以看看如果四动量守恒将会产生什么结果. 考虑两个粒子 A 和 B 相碰撞生成粒子 $\tilde{A}$ 和 $\tilde{B}$ 的过程. 如果这种碰撞满足四动量的守恒原则, 那么有

$$p^{\mu}_{\tilde{A}} + p^{\mu}_{\tilde{B}} = p^{\mu}_{A} + p^{\mu}_{B} \tag{7.18}$$

其中, $p^{\mu}_{\tilde{A}}$ 和 $p^{\mu}_{\tilde{B}}$ 分别为碰撞后的 $\tilde{A}$ 和 $\tilde{B}$ 的四动量; p^{μ}_{A} 和 p^{μ}_{B} 分别为碰撞前 A 和 B 的四动量. 守恒公式(7.18)的空间部分代表的就是四动量的空间部分的守恒. 容易验证, 在非相对论极限下, 空间部分的守恒就回到了我们熟知的三空间的动量守恒. 那么, 守恒公式(7.18)的时间分量有什么意义?

四动量守恒公式 (7.18) 的时间分量可以写为

$$p^{0}_{\tilde{A}} + p^{0}_{\tilde{B}} = p^{0}_{A} + p^{0}_{B} \tag{7.19}$$

这个公式初看并没有很明显的物理意义. 不妨看看其在非相对论极限下的性质. 将 p^0 在非相对论极限下展开到高阶可得

$$m'c = \gamma mc = \frac{mc}{\sqrt{1-\dfrac{v^2}{c^2}}} = \frac{mc^2 + \dfrac{1}{2}mv^2 + \cdots}{c} \tag{7.20}$$

根据式 (7.19), 我们将得到

$$\frac{m'_{\tilde{A}}c^2}{c} + \frac{m'_{\tilde{B}}c^2}{c} = \frac{m'_{A}c^2}{c} + \frac{m'_{B}c^2}{c} \tag{7.21}$$

若碰撞前后粒子的种类不变, 即碰撞前后静质量守恒时, 将式 (7.20) 代入式 (7.21), 我们可以消去静质量贡献的能量项, 其结果为

$$\frac{1}{2}m_A v_A^2 + \frac{1}{2}m_B v_B^2 = \frac{1}{2}m_{\tilde{A}} v_{\tilde{A}}^2 + \frac{1}{2}m_{\tilde{B}} v_{\tilde{B}}^2 + \cdots \tag{7.22}$$

其中, $\cdots$ 项代表更高阶的影响, 但它们在非相对论极限下可以被忽略. 也就是说, 非相对论极限下从四动量守恒的时间分量可以导出能量守恒定律. 这说明式 (7.20) 中的分子项与能量有关. 将该项定义为四维时空中质点的能量, 则有

$$E = m'c^2 \tag{7.23}$$

此即著名的**质能方程**. 超出静质量对应的能量 mc^2 部分称为**动能**

$$E_{\mathrm{k}} = m'c^2 - mc^2 \tag{7.24}$$

这是由粒子运动而赋予的能量. 所以, 基于协变性, 四动量的时间分量自然地包含了能量的内容. 也就是说, 四动量的协变性要求物体的能量与质量的关系满足质能方程. 以往我们熟知的三维空间中的动量和能量, 在狭义相对论的框架下统一在四动量之中.

质能方程首次将物体的惯性质量与能量联系起来, 这一发现为核能的发现与利用奠定了重要的基础. 利用质能方程可以计算广岛原子弹爆炸对应的质量亏损.

例 7.1 广岛原子弹的当量约 15000t TNT, 1g TNT 释放的能量为 4184J, 对应的质量亏损是多少?

解 根据原子弹的当量和 TNT 爆炸的能量释放效率, 可以计算出原子弹爆炸释放的总能量. 再根据质能方程就可以计算出对应的质量亏损

$$\begin{aligned}\Delta M &= \frac{\Delta E}{c^2} \\ &= \frac{15 \times 10^4 \times 10^6 \times 4184}{(3 \times 10^8)^2}\,\mathrm{kg} \\ &= 0.0006975\,\mathrm{kg} = 0.6975\,\mathrm{g}\end{aligned}$$

如果收集原子弹爆炸后的碎片, 则其质量相比于爆炸前轻 0.6975 g, 这一部分亏损的质量转化为了能量.

四动量与自身的点积是一个标量

$$
\begin{aligned}
p_\mu p^\mu &= m^2\frac{\eta_{\mu\nu}\mathrm{d}x^\mu\mathrm{d}x^\nu}{d\tau^2} = m^2\frac{\mathrm{d}s^2}{\mathrm{d}\tau^2} = -m^2c^2 \\
&= \boldsymbol{p}^2 - \frac{E^2}{c^2}
\end{aligned}
\tag{7.25}
$$

上式应用了四速与自身的点积 (7.15). 从式(7.25) 可以得到能量与动量之间的关系为

$$
E^2 = \boldsymbol{p}^2c^2 + m^2c^4 \tag{7.26}
$$

这说明, 四动量的空间部分和时间部分并不完全独立.

下面讨论光速运动的粒子的四动量. 光运动过程中有 $\mathrm{d}s^2 = 0$, 根据式(7.25)可知, 光速运动的粒子满足

$$
p_\mu p^\mu = 0 = -mc^2 \tag{7.27}
$$

因此, **光速运动粒子的静质量为零**. 因此, 光子的能量和动量之间满足

$$
E = |\boldsymbol{p}|c \tag{7.28}
$$

对于光子而言, 其能量与频率成正比

$$
E = \hbar\omega \tag{7.29}
$$

因此, 该光子的动量为

$$
|\boldsymbol{p}| = \hbar\omega/c \tag{7.30}
$$

最后, 我们通过一个例子来具体展示四动量守恒的应用.

例7.2 A 粒子衰变为 B 粒子和 C 粒子的过程, 其中各粒子静止质量为

$$
m_\mathrm{A} = 139.57\,\mathrm{MeV}/c^2, \quad m_\mathrm{B} = 105.66\,\mathrm{MeV}/c^2, \quad m_\mathrm{C} = 0
$$

试求 A 粒子的质心系中 B 粒子的三动量的大小 $|\boldsymbol{p}_\mathrm{B}|$、能量 E_B 和速度 v_B.

解 在 A 粒子质心系中 A 粒子静止, 因此总四动量为

$$
p_\mathrm{A}^\mu = (m_\mathrm{A}c, \boldsymbol{0}) = p_\mathrm{B}^\mu + p_\mathrm{C}^\mu \tag{7.31}
$$

将时间分量和空间分量展开有

$$\begin{aligned} p_{\mathrm{B}}^{0}+p_{\mathrm{C}}^{0}&=m_{\mathrm{A}}c \\ p_{\mathrm{B}}^{i}+p_{\mathrm{C}}^{i}&=0 \end{aligned} \tag{7.32}$$

根据能量动量关系式(7.26) 和式(7.28) 可解得

$$\begin{aligned} |\boldsymbol{p}_{\mathrm{B}}|=|\boldsymbol{p}_{\mathrm{C}}|&=\frac{m_{\mathrm{A}}^{2}-m_{\mathrm{B}}^{2}}{2m_{\mathrm{A}}}c \\ E_{\mathrm{B}}=m_{\mathrm{A}}c^{2}-|p_{\mathrm{B}}|c&=\frac{m_{\mathrm{A}}^{2}+m_{\mathrm{B}}^{2}}{2m_{\mathrm{A}}}c^{2} \end{aligned} \tag{7.33}$$

进一步, B 粒子的速度 v_{B} 可以根据式(7.23), 代入能量 E_{B} 与静质量 m_{B} 推导而得.

讨论了狭义相对论中的动量问题之后, 我们进一步讨论狭义相对论中力的问题.

7.1.3 四加速与四力

首先, 加速度的定义为

$$\boldsymbol{a}=\frac{\mathrm{d}\boldsymbol{v}}{\mathrm{d}t} \tag{7.34}$$

于是, 仿照四速的定义, **四加速**可以自然地定义为

$$a^{\mu}=\frac{\mathrm{d}U^{\mu}}{\mathrm{d}\tau} \tag{7.35}$$

力的定义为

$$\boldsymbol{F}\equiv\frac{\mathrm{d}\boldsymbol{p}}{\mathrm{d}t} \tag{7.36}$$

于是**四力**的定义为

$$K^{\mu}\equiv\frac{\mathrm{d}p^{\mu}}{\mathrm{d}\tau} \tag{7.37}$$

上述四加速 (7.35) 和四力 (7.37) 的定义显然都满足协变性要求. 那么, 它们可否在非相对论极限下回到三维空间中的加速度和力的概念呢? 即回归要求能否得到满足呢? 要回答这个问题, 我们以四力 K^{μ} 为例来讨论其物理意义.

为简单起见, 我们假设粒子静质量不变, 即 $K^\mu = \dfrac{\mathrm{d}p^\mu}{d\tau} = m\dfrac{\mathrm{d}U^\mu}{\mathrm{d}\tau}$. 四力 K^μ 空间分量为

$$
\begin{aligned}
K^i = \frac{\mathrm{d}p^i}{\mathrm{d}\tau} &= \gamma\frac{\mathrm{d}\left(m\gamma v^i\right)}{\mathrm{d}t} = \gamma^2 m\frac{\mathrm{d}v^i}{\mathrm{d}t} + p^i\frac{\mathrm{d}\gamma}{\mathrm{d}t} \\
&= \gamma^2 m\frac{\mathrm{d}v^i}{\mathrm{d}t} + mv^i\gamma^4\frac{v_j\dfrac{\mathrm{d}v^j}{\mathrm{d}t}}{c^2} \\
&= m\gamma^2\left(\frac{\mathrm{d}v^i}{\mathrm{d}t} + \gamma^2\frac{v^i v_j\dfrac{\mathrm{d}v^j}{\mathrm{d}t}}{c^2}\right)
\end{aligned}
\tag{7.38}
$$

在非相对论极限下, 我们有

$$
K^i \simeq m\frac{\mathrm{d}v^i}{\mathrm{d}t} = F^i \tag{7.39}
$$

说明, 四力的空间分量在非相对论极限下能回到牛顿力学中的力的定义. 显然, 四加速的空间分量在非相对论极限下也能回到牛顿力学中的力的定义. 所以, 四加速 (7.35) 和四力 (7.37) 的定义均满足回归要求.

接下来, 我们讨论时间分量的意义. 四力 K^μ 的时间分量由下式给出:

$$
K^0 = \frac{\mathrm{d}\left(\gamma mc\right)}{\mathrm{d}\tau} = \frac{K^i v_i}{c} \tag{7.40}
$$

上式中的最后一步留作练习题. 由于四动量的时间分量代表能量, 因此它的时间导数 K_0 自然对应为功率.

7.1.4 四维牛顿力学中矢量的变换关系

至此, 四速、四动量、四加速、四力等概念全部被表达成四维空间中的矢量. 在参考系变换的时候, 矢量**分量**按照与坐标变换同样的规律变化.

$$
\begin{aligned}
U'^\mu &= (R^{-1})^\mu{}_\nu U^\nu \\
p'^\mu &= (R^{-1})^\mu{}_\nu p^\nu \\
a'^\mu &= (R^{-1})^\mu{}_\nu a^\nu \\
K'^\mu &= (R^{-1})^\mu{}_\nu K^\nu
\end{aligned}
\tag{7.41}
$$

请读者根据矢量变换关系给出相对论下的速度变换公式 (6.41)和公式(6.42).

7.2 电磁波的相因子

电磁波的相位表达了电场、磁场振动在振荡周期中的位置信息, 这是一个客观事实. 比如, 在时空点 x^μ 处电场强度 $\boldsymbol{E}$ 处于最大值, 这在任何观察者看来都一样. 所以, 电磁波的相位应当是四维时空中的**标量**. 因此, 相因子 ϕ 表达式在不同的参考系看来是相同的, 可以表示为

$$\phi = \boldsymbol{k} \cdot \boldsymbol{r} - \omega t = \boldsymbol{k}' \cdot \boldsymbol{r}' - \omega' t' \tag{7.42}$$

上式中出现了时空坐标 $(t, \boldsymbol{r})$, 还出现了频率 ω 和波矢 $\boldsymbol{k}$. 尽管频率和波矢分开来看并不是张量, 但是时空坐标本身是位矢（逆变矢量）, 而且 ϕ 是标量, 这意味着我们可以从中构造出一个协变矢量, 它与位矢的缩并构成了标量 ϕ. 这一协变矢量即是**四波矢**, 定义为

$$k_\mu \equiv \left(-\frac{\omega}{c}, \boldsymbol{k}\right) \tag{7.43}$$

则表达式(7.42)可以写成显式的标量:

$$\phi = k_\mu x^\mu = k'_\mu x'^\mu \tag{7.44}$$

上式说明, 三维的波矢和时间维度上的频率, 在四维时空中统一为四波矢. 在 Σ 系中频率为 ω、三维波矢为 $\boldsymbol{k}$ 的电磁波, 在另一参考系看来其频率和三维波矢分别是多少? 注意到, 当我们在惯性系之间进行变换的时候, k_μ 应当遵循协变矢量的变换关系, 即

$$k'_\mu = k_\nu R^\nu{}_\mu = \left(-\frac{\omega}{c}, k_x, k_y, k_z\right) \begin{pmatrix} \gamma & \beta\gamma & 0 & 0 \\ \beta\gamma & \gamma & 0 & 0 \\ 0 & 0 & 1 & 0 \\ 0 & 0 & 0 & 1 \end{pmatrix} \tag{7.45}$$

将矩阵乘法展开计算可得

$$\begin{aligned} \omega' &= \gamma\left(\omega - v k_x\right) \\ k'_x &= \gamma\left(k_x - \frac{v\omega}{c^2}\right) \\ k'_y &= k_y \\ k'_z &= k_z \end{aligned} \tag{7.46}$$

设 $\boldsymbol{k}$ 与 x 轴的夹角为 θ, $\boldsymbol{k}'$ 与 x 轴的夹角为 θ', 则有

$$k_x = \frac{\omega}{c}\cos\theta, \quad k'_x = \frac{\omega'}{c}\cos\theta' \tag{7.47}$$

接着, 我们可以推出下列公式

$$\omega' = \omega\gamma\left(1 - \frac{v}{c}\cos\theta\right) \tag{7.48}$$

$$\tan\theta' = \frac{\sin\theta}{\gamma\left(\cos\theta - \dfrac{v}{c}\right)} \tag{7.49}$$

观察者观察到波的频率随波源和观察者的运动状态的变化的效应称为多普勒效应. 与此类似, 运动的观测者观察到的光的方向与同一时间同一地点静止的观测者观察到的方向有偏差的现象称为光行差现象. 公式 (7.48) 和公式 (7.49) 分别为相对论情形下的**光的多普勒效应**与**光行差**现象. 下面具体分析其物理意义.

7.2.1 光的多普勒效应

设 Σ' 为与源相对静止的参考系, 且其测得的频率 $\omega' = \omega_0$. 因此, 相对于源沿 x 方向以速度 $-v$ 运动的观察者观测到的频率为①

$$\omega = \frac{\omega_0}{\gamma\left(1 - \dfrac{v}{c}\cos\theta\right)} \tag{7.50}$$

上式说明, 观察者朝向（背离）源运动时观察到的频率大于（小于）光源本身的频率. 其中 γ 是相对论修正. 若 $v \ll c$, 有

$$\omega \approx \frac{\omega_0}{\left(1 - \dfrac{v}{c}\cos\theta\right)}$$

若以 Σ 系为与源相对静止的参考系, 并重新计算式 (7.50)

$$\omega = \omega_0\gamma\left(1 - \frac{v}{c}\cos\theta\right) \tag{7.51}$$

这一结果与式 (7.50) 不同. 这个结果是否有问题? 这个问题留给读者思考.

---

① 请注意, 这里观察者确实是相对于源沿 x 方向以速度 $-v$ 运动. 因为式 (7.45) 中讨论的是 Σ' 相对于 Σ 系沿 x 轴的正方向以速度 v 运动, 所以 Σ 系相对于 Σ' 系沿 x 轴的正方向以速度 $-v$ 运动.

考虑垂直于辐射源的观察者观察到的频率. 在非相对论极限条件下, 我们有

$$\omega = \omega_0 \tag{7.52}$$

这说明, 在非相对论极限下, 垂直于辐射源观察到的频率与源本身的频率一致. 若在相对论情形下, 则有

$$\omega = \omega_0/\gamma = \omega_0\sqrt{1-\frac{v^2}{c^2}} \tag{7.53}$$

观测到的频率则低于源本身的频率, 这个结果称作**横向多普勒效应**.

7.2.2 光行差现象

光行差现象, 也称为天文光行差或恒星光行差, 是指处于运动状态的观察者所观察到的光的方向与在相同的时间和地点、静止状态下的观察者所观察到的光的方向相比, 存在偏差. 光行差现象在天文观测上表现得尤为明显. 由于地球的公转和自转等现象, 地球上观察天体的位置时总是存在光行差. 这个差异的大小与观察者的速度以及天体方向和观察者运动方向之间的夹角有关, 并且在不断变化（图7.2）[10]

$$\tan\theta' = \frac{\sin\theta}{\gamma\left(\cos\theta - \dfrac{v}{c}\right)} \tag{7.54}$$

式 (7.54) 给出了相对论情形下的不同观察者观察到的光行差现象.

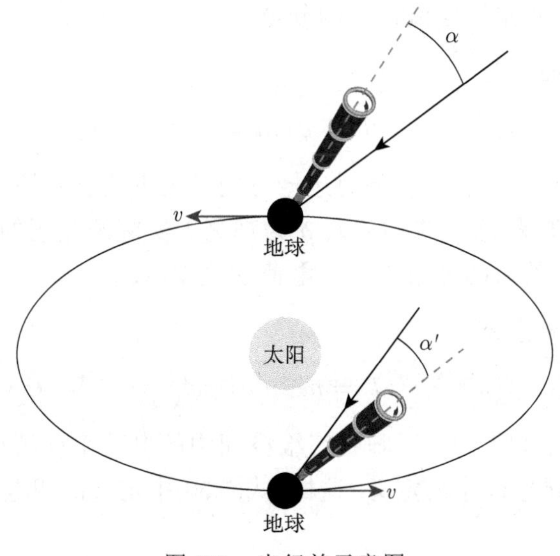

图 7.2　光行差示意图

接下来, 我们讨论电动力学的四维协变形式.

7.3 电动力学的四维协变形式

7.3.1 电荷守恒

在电动力学中, 电荷守恒是一个基本的规律. 那么, 这个规律在四维协变形式中是如何表示的呢? 为了解决这个问题, 我们首先需要将电荷密度方程 (2.27) 中的电流密度推广为四维形式.

三维空间中电流密度的定义为

$$J^i = nev^i \tag{7.55}$$

其中, $n = N/V$ 是电荷数密度; e 是单个电荷的带电量; v^i 是电荷的漂移速度. 一种自然的推广是将速度 v^i 替换为四速 U^μ, 因此可以推测**四电流密度**为

$$J^\mu = neU^\mu \tag{7.56}$$

注意, n 作为数密度在绝对时空观下意义明确. 然而, 根据尺缩效应, 体积 V 会与观察者有关, 因此数密度与观察者有关. 类比定义四动量时采用静止质量 m 与四速的乘积 (7.16) , 此处用相对静止参考系观测到的数密度 n 来定义四电流密度. 由 U^μ 为矢量可知, 式(7.56)中定义的四电流密度满足协变性要求.

接下来, 我们考察四电流密度的分量.

1. 时间方向的分量

$$J^0 = ce\gamma n = c\rho \tag{7.57}$$

其中, $\rho \equiv \gamma ne$. 根据尺缩效应, 相对运动方向的尺度将会收缩为原来的 $1/\gamma$, 因而密度会膨胀为原来的 γ 倍. 所以, ρ 为观测者实际测量到的电荷密度. 也即是说, 四电流密度的时间分量正比于电荷密度本身.

2. 空间方向的分量

$$J^i = ne\gamma v^i = \rho v^i \tag{7.58}$$

显然, 在非相对论极限下 ρ 回归到三维空间中的电荷密度的意义, 因而 J^i 电流可以回归到三维空间中的定义. 这样, 式(7.56)中定义的四电流密度满足回归要求.

现在, 仔细观察电荷守恒的表达式

$$\frac{\partial \rho}{\partial t} + \nabla \cdot \boldsymbol{J} = 0$$

上式中包含了电荷密度 ρ 随时间的导数以及三维的电流密度 $\boldsymbol{J}$ 的空间散度. 注意到, ρ 和 $\boldsymbol{J}$ 是四电流密度的 J^μ 的分量, 电荷守恒可以表达为简洁的四维形式

$$\partial_\mu J^\mu = 0 \tag{7.59}$$

很明显, 上式中 $\partial_\mu J^\mu$ 是标量, 所以**电荷守恒规律是协变的**.

将电荷守恒规律改写为协变形式之后, 接下来我们进一步讨论麦克斯韦方程的协变性.

7.3.2 麦克斯韦方程

在第 5 章中我们讨论了麦克斯韦方程的势形式, 相比于麦克斯韦方程的电磁场形式而言, 势形式的方程更为简洁. 所以, 我们先讨论势形式下的麦克斯韦方程的协变性问题. 洛伦茨规范 (5.12) 下

$$\nabla \cdot \boldsymbol{A} + \frac{1}{c^2}\frac{\partial \varphi}{\partial t} = 0$$

麦克斯韦方程势形式的表达式 (5.14) 和式 (5.10) 为

$$\nabla^2 \varphi - \frac{1}{c^2}\frac{\partial^2 \varphi}{\partial t^2} = -\frac{\rho}{\varepsilon_0}$$

$$\nabla^2 \boldsymbol{A} - \frac{1}{c^2}\frac{\partial^2 \boldsymbol{A}}{\partial t^2} = -\mu_0 \boldsymbol{J}$$

上式具有非常对称的形式. 进一步精简可以得到

$$\left(\nabla^2 - \frac{1}{c^2}\frac{\partial^2}{\partial t^2}\right)\begin{pmatrix} \varphi \\ \boldsymbol{A} \end{pmatrix} = \begin{pmatrix} -\dfrac{\rho}{\varepsilon_0} \\ -\mu_0 \boldsymbol{J} \end{pmatrix} \tag{7.60}$$

其中, 算子 $\left(\nabla^2 - \dfrac{1}{c^2}\dfrac{\partial^2}{\partial t^2}\right)$ 就是四维标量导数算子 (7.9) . 等式右边包含了 ρ 和 $\boldsymbol{J}$, 与四电流密度 J^μ 有关. 简单改写之后可得

$$\left(\nabla^2 - \frac{1}{c^2}\frac{\partial^2}{\partial t^2}\right)\begin{pmatrix} \dfrac{\varphi}{c} \\ \boldsymbol{A} \end{pmatrix} = -\mu_0 \begin{pmatrix} \rho c \\ \boldsymbol{J} \end{pmatrix} \tag{7.61}$$

引入四矢量**四势**

$$A^\mu \equiv \left(\frac{\varphi}{c}, \boldsymbol{A}\right) \tag{7.62}$$

则势的方程 (7.61) 变成非常简洁的形式

$$\partial_\mu \partial^\mu A^\nu = -\mu_0 J^\nu \tag{7.63}$$

所以, 只需要求四势 A^μ 为四维时空中的矢量, 就可以将麦克斯韦方程的势形式写为协变形式. 注意到, 势形式方程的前提是洛伦茨规范. 所以, 洛伦茨规范也必须同时协变, 才能保证整个的麦克斯韦方程的协变性. 经过计算可知, 洛伦茨规范条件可以表达成四维协变形式

$$\partial_\mu A^\mu = 0 \tag{7.64}$$

这说明方程 (7.63) 与洛伦茨规范 (7.64) 可以同时写为协变的形式. 对比库仑规范 $\nabla \cdot \boldsymbol{A} = 0$, 我们可以发现, 洛伦茨规范在结构上与库仑规范是一致的. 我们可以认为, 洛伦茨规范是库仑规范在四维时空中的直接推广. 类似于静磁问题中的库仑规范存在规范自由度, 四维势形式同样存在规范自由度. 规范变换式 (5.6) 和式 (5.8) 要求标势 φ 和矢势 $\boldsymbol{A}$ 必须同时变换才能保证规范不变性. 规范变换写为四维形式时非常简洁

$$\left.\begin{aligned} \varphi' = \varphi - \frac{\partial \psi}{\partial t} \\ \boldsymbol{A} \to \boldsymbol{A}' = \boldsymbol{A} + \nabla \psi \end{aligned}\right\} \xrightarrow{\text{四维协变形式}} A'^\mu = A^\mu + \partial^\mu \psi \tag{7.65}$$

这说明, 三维空间中的标势和矢势同时进行规范变换, 其实对应于四维时空中四势增加一个标量场的四维梯度的变换. 在四维形式中, 麦克斯韦方程势的形式、洛伦茨规范、规范变换都协变且更为简洁. 四势形式的麦克斯韦方程显然是协变的, 而且可以轻易回归到三维空间中的标势和矢势方程. 因而, 四势形式的麦克斯韦方程满足协变性要求和回归要求.

到此, 我们将麦克斯韦方程势形式完全地表达成四维协变的形式. 电动力学本质上是研究电场和磁场运动规律的, 那么麦克斯韦方程的电场和磁场表达式可否写成四维协变的形式? 答案是肯定的.

首先, 类比之前对四速、四动量、四电流密度的处理方法, 构建四维协变的电磁场方程可以先尝试构建电场和磁场的四维协变形式. 然而, 这是办不到的. 原因在于电场和磁场不能各自单独地写为四维协变的矢量. 我们可以从四

势的角度理解这一点. 单独的四势矢量场 A^μ 就可以完整地描述电磁场, 说明电场和磁场都可以由 A^μ 推导出来. 这说明了电场和磁场属于同一个整体, 而不是独立的两个矢量场. 进一步, 根据势的形式可以写出电场和磁场的表达式

$$\boldsymbol{B} = \boldsymbol{\nabla} \times \boldsymbol{A}$$

$$\boldsymbol{E} = -\boldsymbol{\nabla}\varphi - \frac{\partial \boldsymbol{A}}{\partial t}$$

将其以指标形式表达, 我们有

$$B_i = \varepsilon_{ijk}\partial^j A^k$$

$$E^i = c\left(\partial^0 A^i - \partial^i A^0\right)$$

在这个表达式中, 指标的反对称性说明, 电场和磁场实际上属于某一个二阶反对称张量的分量, 我们用 $F^{\mu\nu}$ 来表示这个反对称张量, 即

$$F^{\mu\nu} = \partial^\mu A^\nu - \partial^\nu A^\mu \tag{7.66}$$

具体的张量分量可以写成如下的矩阵形式:

$$F^{\mu\nu} = \begin{pmatrix} 0 & \frac{E^1}{c} & \frac{E^2}{c} & \frac{E^3}{c} \\ -\frac{E^1}{c} & 0 & B_3 & -B_2 \\ -\frac{E^2}{c} & -B_3 & 0 & B_1 \\ -\frac{E^3}{c} & B_2 & -B_1 & 0 \end{pmatrix} \tag{7.67}$$

反对称张量 $F^{\mu\nu}$ 称为**电磁场张量**. 它说明, 电场和磁场不能独立地构成四维矢量场, 而是二阶的电磁场张量的分量.

接下来, 我们从电磁场张量出发, 构建麦克斯韦方程的四维协变形式. 已知麦克斯韦方程中关于电场和磁场的运动方程为

$$\nabla \cdot \boldsymbol{E} = \frac{\rho}{\varepsilon_0}$$

$$\boldsymbol{\nabla} \times \boldsymbol{B} = \mu_0\varepsilon_0\frac{\partial \boldsymbol{E}}{\partial t} + \mu_0\boldsymbol{J}$$

我们可以将它们改写为一个极为简洁的形式

$$\partial_\nu F^{\mu\nu} = \mu_0 J^\mu \tag{7.68}$$

麦克斯韦方程中的另外两个方程

$$\nabla \cdot \boldsymbol{B} = 0$$

$$\nabla \times \boldsymbol{E} = -\frac{\partial \boldsymbol{B}}{\partial t}$$

在四维形式下的表达为

$$\partial^\alpha F^{\mu\nu} + \partial^\mu F^{\nu\alpha} + \partial^\nu F^{\alpha\mu} = 0 \tag{7.69}$$

式(7.69) 实质上是微分几何中两次外微分为零的必然结果, 因此数学上它自动满足[1]. 所以, 关于电磁场的四个麦克斯韦方程就可以极其简洁优雅地表达为一个公式 (7.68) . 四维电磁场张量形式的麦克斯韦方程显然是协变的, 而且可以回归到三维空间中的标势和矢势方程. 因而, 四维电磁场张量形式的麦克斯韦方程满足协变性要求和回归要求.

变换惯性参考系时, 二阶张量 $F^{\mu\nu}$ 分量的变换满足

$$\begin{aligned} F'^{\mu\nu} &= (R^{-1})^\mu{}_\alpha (R^{-1})^\nu{}_\tau F^{\alpha\tau} \\ &= (R^{-1})^\mu{}_\alpha F^{\alpha\tau} \left[(R^{-1})^{\mathrm{T}}\right]_\tau{}^\nu \\ &= R^{-1} F (R^{-1})^{\mathrm{T}} \end{aligned} \tag{7.70}$$

用矩阵形式具体表达出来为

$$\begin{aligned} F'^{\mu\nu} &= \begin{pmatrix} 0 & \dfrac{E'^1}{c} & \dfrac{E'^2}{c} & \dfrac{E'^3}{c} \\ -\dfrac{E'^1}{c} & 0 & B'_3 & -B'_2 \\ -\dfrac{E'^2}{c} & -B'_3 & 0 & B'_1 \\ -\dfrac{E'^3}{c} & B'_2 & -B'_1 & 0 \end{pmatrix} \\ &= \begin{pmatrix} \gamma & -\beta\gamma & 0 & 0 \\ -\beta\gamma & \gamma & 0 & 0 \\ 0 & 0 & 1 & 0 \\ 0 & 0 & 0 & 1 \end{pmatrix} \begin{pmatrix} 0 & \dfrac{E^1}{c} & \dfrac{E^2}{c} & \dfrac{E^3}{c} \\ -\dfrac{E^1}{c} & 0 & B_3 & -B_2 \\ -\dfrac{E^2}{c} & -B_3 & 0 & B_1 \\ -\dfrac{E^3}{c} & B_2 & -B_1 & 0 \end{pmatrix} \begin{pmatrix} \gamma & -\beta\gamma & 0 & 0 \\ -\beta\gamma & \gamma & 0 & 0 \\ 0 & 0 & 1 & 0 \\ 0 & 0 & 0 & 1 \end{pmatrix} \end{aligned} \tag{7.71}$$

计算其矩阵分量可以给出

$$\begin{aligned} E_1' &= E_1, & B_1' &= B_1 \\ E_2' &= \gamma\left(E_2 - vB_3\right), & B_2' &= \gamma\left(B_2 + \frac{v}{c^2}E_3\right) \\ E_3' &= \gamma\left(E_3 + vB_2\right), & B_3' &= \gamma\left(B_3 - \frac{v}{c^2}E_2\right) \end{aligned} \tag{7.72}$$

取 x 为平行方向, y、z 方向为垂直方向. 于是上式可以表达为

$$\begin{aligned} \boldsymbol{E}_{/\!/}' &= \boldsymbol{E}_{/\!/}, & \boldsymbol{B}_{/\!/}' &= \boldsymbol{B}_{/\!/} \\ \boldsymbol{E}_{\perp}' &= \gamma\left(\boldsymbol{E} + \boldsymbol{v}\times\boldsymbol{B}\right)_{\perp}, & \boldsymbol{B}_{\perp}' &= \gamma\left(\boldsymbol{B} - \frac{\boldsymbol{v}}{c^2}\times\boldsymbol{E}\right)_{\perp} \end{aligned} \tag{7.73}$$

在非相对论极限下, 上式可以回到非相对论表达式

$$\begin{aligned} \boldsymbol{E}' &= \boldsymbol{E} + \boldsymbol{v}\times\boldsymbol{B} \\ \boldsymbol{B}' &= \boldsymbol{B} - \frac{\boldsymbol{v}}{c^2}\times\boldsymbol{E} \end{aligned} \tag{7.74}$$

7.3.3 洛伦兹力

电动力学规律除麦克斯韦方程组, 还有电磁场对带电物质的作用, 即洛伦兹力. 带电量为 e 的带电粒子在电磁场中所受的洛伦兹力为

$$\boldsymbol{F} = e\left(\boldsymbol{E} + \boldsymbol{v}\times\boldsymbol{B}\right) \tag{7.75}$$

注意到, 我们已经将三维空间中的力推广为四力. 所以, 洛伦兹力也应改写为四力形式. 以式(7.75)以及电磁场和速度的相关性为出发点, 我们可以借助电磁场张量 $F^{\mu\nu}$ 和四速 U^{μ} 来构造四维洛伦兹力的表达式. 最简单的形式为

$$K^{\mu} = eF^{\mu\nu}U_{\nu} \tag{7.76}$$

上式显然是协变的, 因而满足协变性要求. 考察其空间分量的形式

$$\boldsymbol{K} = \gamma e\left(\boldsymbol{E} + \boldsymbol{v}\times\boldsymbol{B}\right) \tag{7.77}$$

对上式做非相对论极限展开, 会发现它可以回到三维时空的洛伦兹力表达式 (7.75), 因而满足回归要求. 多个带电粒子在电磁场中受力时, 则可以用力密度来描述受力

$$f^{\mu} = neF^{\mu\nu}U_{\nu} = F^{\mu\nu}J_{\nu} \tag{7.78}$$

接下来通过两个例子来了解电动力学的狭义相对论的效应.

例 7.3 求以匀速 $\boldsymbol{v}$ 运动的带电粒子 e 激发的电磁场.

解 首先, 在粒子的共动系 Σ' 中, 粒子静止, 因此它产生的电磁场为静电场

$$\boldsymbol{E}' = \frac{e\boldsymbol{r}'}{4\pi\varepsilon_0 r'^3}, \quad \boldsymbol{B}' = 0 \tag{7.79}$$

在 Σ 系看来, 粒子沿 x 以速度 $\boldsymbol{v}$ 运动, Σ 系中观察者观察到电子产生的电磁场与式 (7.79) 有以下的变换关系

$$\begin{aligned}
E_x &= \frac{ex'}{4\pi\varepsilon_0 r'^3}, \quad B_x = 0 \\
E_y &= \gamma\frac{ey'}{4\pi\varepsilon_0 r'^3}, \quad B_y = -\gamma\frac{v}{c^2}\frac{ez'}{4\pi\varepsilon_0 r'^3} \\
E_z &= \gamma\frac{ez'}{4\pi\varepsilon_0 r'^3}, \quad B_z = \gamma\frac{v}{c^2}\frac{ey'}{4\pi\varepsilon_0 r'^3}
\end{aligned} \tag{7.80}$$

以上 $E_i(\boldsymbol{r}')$、$B_i(\boldsymbol{r}')$ 为运动系中的电磁场关于静止系空间的函数. 其中 $\boldsymbol{r}$ 与 $\boldsymbol{r}'$ 之间的关系为

$$x' = \gamma x, \quad y' = y, \quad z' = z \tag{7.81}$$

接下来, 我们将式(7.80)的结果变换为以 $\boldsymbol{r}$ 为变量的表达式

$$\begin{aligned}
\boldsymbol{E} &= \left(1 - \frac{v^2}{c^2}\right)\frac{e\boldsymbol{r}}{4\pi\varepsilon_0\left[\left(1-\frac{v^2}{c^2}\right)r^2 + \left(\frac{\boldsymbol{v}\cdot\boldsymbol{r}}{c}\right)^2\right]^{3/2}} \\
\boldsymbol{B} &= \frac{\boldsymbol{v}}{c^2}\times\boldsymbol{E}
\end{aligned} \tag{7.82}$$

下面讨论非相对论极限和相对论极限.

(1) 在非相对论极限条件下, $v \ll c$, 我们有以下结果:

$$\begin{aligned}
\boldsymbol{E} &= \frac{e\boldsymbol{r}}{4\pi\varepsilon_0 r^3} = \boldsymbol{E}_0 \\
\boldsymbol{B} &= \frac{\boldsymbol{v}}{c^2}\times\boldsymbol{E}_0 = \frac{\mu_0 e\boldsymbol{v}\times\boldsymbol{r}}{4\pi r^3}
\end{aligned} \tag{7.83}$$

这一结果与电磁学中的结果一致.

(2) 在相对论极限条件下, $v \simeq c$, 我们有以下结果:

$$\begin{aligned}
&\text{方向垂直于}\boldsymbol{v}: \quad \boldsymbol{E} = \gamma\frac{e\boldsymbol{r}}{4\pi\varepsilon_0 r^3} \gg \boldsymbol{E}_0 \\
&\text{方向平行于}\boldsymbol{v}: \quad \boldsymbol{E} = \gamma^{-2}\frac{e\boldsymbol{r}}{4\pi\varepsilon_0 r^3} \ll \boldsymbol{E}_0
\end{aligned} \tag{7.84}$$

例 7.4 在实验室中有一静磁场，磁场中有一线圈和停放在线圈上的一根金属棒，并在电路中接入灯泡. 对于相对实验室静止和运动的两个参考系，请问灯泡亮不亮?

解 对于静止参考系，由于导体中的电子静止，因此它们受的洛伦兹力为

$$\boldsymbol{f}=q(\boldsymbol{E}+\boldsymbol{v}\times\boldsymbol{B})=0$$

因此，在静止参考系看来，灯泡不亮.

然而，从相对实验室以 $\boldsymbol{v}$ 速度运动的参考系中看，导体中的电子向 $-\boldsymbol{v}$ 移动，受到的洛伦兹力为

$$\boldsymbol{f}=q(\boldsymbol{E}-\boldsymbol{v}\times\boldsymbol{B})\neq 0$$

所以，从运动参考系看去，灯泡应该会亮.

灯泡到底会亮还是不亮? 对于相对论实验室运动的参考系看来，其真实的电磁场为

$$\begin{aligned}\boldsymbol{E}'&=\gamma(\boldsymbol{E}+\boldsymbol{v}\times\boldsymbol{B})\\ \boldsymbol{B}'&=\gamma\left(\boldsymbol{B}-\frac{\boldsymbol{v}}{c^2}\times\boldsymbol{E}\right)\end{aligned}$$

由此，运动系中电荷受力为

$$\begin{aligned}\boldsymbol{f}'&=q(\boldsymbol{E}'-\boldsymbol{v}\times\boldsymbol{B}')\\ &=\gamma q\boldsymbol{v}\times\boldsymbol{B}-q\boldsymbol{v}\times\gamma\boldsymbol{B}\\ &=0\end{aligned}$$

因此，灯泡并不会亮.

7.4 电磁场的作用量形式

几乎所有的物理学基本规律都可以用作用量形式来表达，电磁场也不例外. 在不考虑带电物质的情况下，我们只研究电磁场本身，其运动方程由无源的麦克斯韦方程给出

$$\partial_\mu F^{\mu\nu}=0 \tag{7.85}$$

正确的电磁场作用量应该通过变分能够得到上述的麦克斯韦方程 (7.85).

注意, 作用量本身应该是拉格朗日密度（标量场）的积分形式[①]. 因此, 我们首先讨论从电磁场张量可以构建哪些标量场. 首先, 我们可以直接将电磁场张量 $F^{\mu\nu}$ 与自身缩并

$$F^{\mu\nu}F_{\mu\nu} = 2B^2 - \frac{2}{c^2}E^2 \tag{7.86}$$

其次, 我们引入四阶反对称张量 $\varepsilon_{\mu\nu\sigma\tau}$（也称为四维莱维–齐维塔符号）, 可以构造如下形式的标量场:

$$\varepsilon_{\mu\nu\sigma\tau}F^{\mu\nu}F^{\sigma\tau} = \frac{8}{c}\boldsymbol{E}\cdot\boldsymbol{B} \tag{7.87}$$

我们首先考虑拉格朗日密度为 $\mathcal{L}_{\mathrm{EM}} = F^{\mu\nu}F_{\mu\nu}$ 的情况, 显然 $\mathcal{L}_{\mathrm{EM}}$ 是四势 A^μ 的函数, 对应的作用量为

$$I_{\mathrm{EM}} = \int \mathcal{L}_{\mathrm{EM}}\mathrm{d}^4x \tag{7.88}$$

其中, 变量为 A^μ. 对作用量 I 关于 A^μ 进行变分, 我们可以得到

$$\begin{aligned} \delta I_{\mathrm{EM}} &= \int \delta\mathcal{L}_{\mathrm{EM}}\mathrm{d}^4x \\ &= \int \delta\left(F^{\mu\nu}F_{\mu\nu}\right)\mathrm{d}^4x \\ &= -\int 4\left(\partial^\mu F_{\mu\nu}\right)\delta A^\nu\mathrm{d}^4x \\ &= 0 \end{aligned} \tag{7.89}$$

因此, 我们得到了正确的方程 (7.85). 因此, 方程 (7.88) 就是正确的电磁场作用量.

考虑电磁场与带电物质的相互作用, 我们可以将电磁场的作用量写为

$$I = \int \left(\mathcal{L}_{\mathrm{EM}} + \mathcal{L}_{\mathrm{matter}} + \mathcal{L}_{\mathrm{int}}\right)\mathrm{d}^4x \tag{7.90}$$

其中, $\mathcal{L}_{\mathrm{EM}}$ 是电磁场的拉格朗日密度; $\mathcal{L}_{\mathrm{matter}}$ 是带电物质的拉格朗日密度; $\mathcal{L}_{\mathrm{int}}$ 是电磁场与带电物质的相互作用项.

为了得到正确的耦合形式, 我们需要选择适当的相互作用项 $\mathcal{L}_{\mathrm{int}}$. 根据洛伦兹不变性和规范不变性的要求, 我们可以选择以下形式的相互作用项

$$\mathcal{L}_{\mathrm{int}} = 4\mu_0 A_\mu J^\mu \tag{7.91}$$

其中, A_μ 是电磁四势; J^μ 是带电物质的四维电流密度.

---

① 本节中应用到的拉格朗日密度和场的变分等知识, 请参阅文献 [11].

现在, 对作用量 (7.90) 进行关于 δA^μ 的变分, 我们有

$$\begin{aligned}\delta I &= \int (\delta\mathcal{L}_{\mathrm{EM}} + \delta\mathcal{L}_{\mathrm{matter}} + \delta\mathcal{L}_{\mathrm{int}})\,\mathrm{d}^4x \\ &= \int (\delta\mathcal{L}_{\mathrm{EM}} + \delta L_{\mathrm{int}})\,\mathrm{d}^4x\end{aligned} \tag{7.92}$$

这当中, $\delta\mathcal{L}_{\mathrm{matter}} = 0$, 因为带电物质的作用量中不包含电磁场. $\delta\mathcal{L}_{\mathrm{EM}}$ 的计算已经在式(7.89) 中给出. 对于 $\delta\mathcal{L}_{\mathrm{int}}$, 我们有

$$\begin{aligned}\delta\mathcal{L}_{\mathrm{int}} &= 4\mu_0\delta(A_\mu J^\mu) \\ &= 4\mu_0 J_\mu \delta A^\mu\end{aligned} \tag{7.93}$$

最后, 我们可以得到正确的有源的麦克斯韦方程

$$\partial_\mu F^{\mu\nu} = \mu_0 J^\nu \tag{7.94}$$

其中, μ_0 是真空中的磁导率; J^ν 是带电物质的四维电流密度.

思考题

1. 引力为何不能简单地改写为闵可夫斯基时空适配的理论?
2. 将 Σ' 作为光源参考系可以得到式 (7.50) , 而将 Σ 作为光源参考系可以得到式 (7.51). 这二者明显是有差别的, 这里面是否存在着矛盾?

练习题

1. 静止质量为 m 的粒子衰变为两个静止质量分别为 m_1 和 m_2 的粒子, 求静质量为 1 的粒子的能量和动量.
2. 如果一个粒子的动能是它静止能量的 n 倍 ($n > 1$), 那么它的速度是多少?
3. 有一组均沿 x 方向运动的粒子, 其能量分别为 $E_1, E_2, \cdots$, 动量分别为 $p_1, p_2, \cdots$, 求动量中心参考系的速度 (在这个参考系中总动量为零).
4. 证明: 麦克斯韦方程组中的两个方程

$$\nabla\cdot\boldsymbol{B} = 0$$

$$\nabla\times\boldsymbol{E} = -\frac{\partial\boldsymbol{B}}{\partial t}$$

可由循环关系

$$\partial^\alpha F^{\mu\nu} + \partial^\mu F^{\nu\alpha} + \partial^\nu F^{\alpha\mu} = 0$$

给出.

5. 请证明式 (7.40).

第 8 章　运动电荷的辐射场

本章的思维导图如图 8.1 所示.

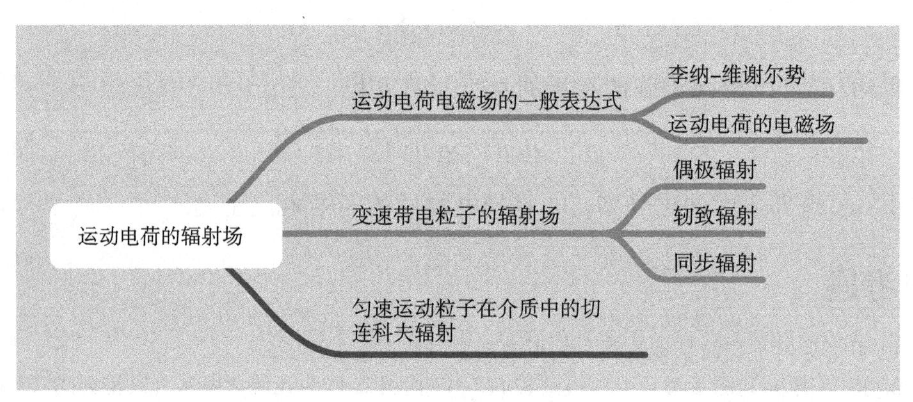

图 8.1　思维导图

匀速运动的电荷会激发静场, 静场的基本特点是分布稳定, 不会发生传播. 当电荷做非匀速运动时, 例如在第 5 章中看到的电偶极子的振荡, 则会向外辐射电磁场, 引起电磁场的传播. 如果电荷做高速的变速运动, 则需要考虑相对论效应, 在协变的电磁理论的框架下讨论辐射场问题. 本章首先推导出协变的电磁势——李纳–维谢尔势; 然后在这个统一的框架下, 先验证低速近似下电荷的偶极辐射场, 再讨论高速运动电荷的韧致辐射（直线加速运动）、同步辐射（匀速圆周运动）和运动电荷在介质中的切连科夫辐射.

8.1　运动电荷的电磁场

8.1.1　李纳–维谢尔势

如图8.2所示, 考虑一个电荷量为 q, 在真空中运动的点电荷为电磁场的源, 其运动方程为 $\boldsymbol{r}' = \boldsymbol{x}'(t)$. 在第 5 章中我们讨论过电磁场传播的推迟效应: t 时刻, 场点 P 处的电磁场是源在 $t'=t-r/c$ 时刻所激发的, r 是电磁场传播到场点 P 走过的距离

$$r=|\boldsymbol{x}-\boldsymbol{x}'(t')|=c(t-t') \tag{8.1}$$

其中, $\boldsymbol{x}$ 是场点 P 的坐标. 运动电荷的电荷密度为 $\rho(\boldsymbol{r}',t)=q\delta[\boldsymbol{r}'-\boldsymbol{x}'(t)]$. 将电荷密度中“此时”的 t 换成“辐射”时的 t', 代入推迟势的表达式 (5.23), 可得

$$\varphi(\boldsymbol{x},t)=\frac{q}{4\pi\varepsilon_0}\int_{V'}\frac{\delta[\boldsymbol{r}'-\boldsymbol{x}'(t')]}{r}\mathrm{d}V'=\frac{q}{4\pi\varepsilon_0}\int_{V'}\frac{\delta[\boldsymbol{r}'-\boldsymbol{x}'(t-r/c)]}{r}\mathrm{d}V' \tag{8.2}$$

注意到 δ 函数中, $\boldsymbol{x}'(t')$ 又通过 r 间接与 $\boldsymbol{x}'$ 相关, 所以被积函数是 δ 函数的复合函数. 在一维情况下, 这种类型的积分

$$\int f(x)\delta[g(x)]\mathrm{d}x=\sum_i\frac{f(x_i)}{|g'(x_i)|}$$

其中, x_i 表示 $g(x)=0$ 的根. 推广到三维,

$$\int f(\boldsymbol{x})\delta[\boldsymbol{g}(\boldsymbol{x})]\mathrm{d}^3\boldsymbol{x}=\sum_i\frac{f(\boldsymbol{x}_i)}{|\nabla\boldsymbol{g}(\boldsymbol{x}_i)|} \tag{8.3}$$

其中, $\boldsymbol{x}_i$ 是方程 $\boldsymbol{g}(\boldsymbol{x})=0$ 的解, $|\nabla\boldsymbol{g}(\boldsymbol{x}_i)|$ 为矩阵的行列式, 且偏微分算符 ∇ 只针对 $\boldsymbol{x}$ 求导. 用式 (8.3) 可完成式 (8.2) 的积分. 注意到由于粒子的运动方程已知, 式 (8.2) 中 δ 函数宗量为 0 的方程 $\boldsymbol{r}'-\boldsymbol{x}'(t-r/c)=0$, 其解就是 t' 时刻粒子的位置 $\boldsymbol{r}'=\boldsymbol{x}'(t')$, 这个位置确定且唯一, 对应的 r 取值也唯一且确定. 由此式 (8.2) 可变为

$$\varphi(\boldsymbol{x},t)=\frac{q}{4\pi\varepsilon_0 r}\frac{1}{|\nabla'[\boldsymbol{r}'-\boldsymbol{x}'(t')]|} \tag{8.4}$$

这里 ∇' 是保持 $\boldsymbol{x}$、t 不变的偏微分. 容易看到

$$\nabla'[\boldsymbol{r}'-\boldsymbol{x}'(t')]=\nabla'\boldsymbol{r}'-\nabla'\boldsymbol{x}'(t')=\overleftrightarrow{I}-\boldsymbol{v}\nabla't'$$

其中, $\boldsymbol{v}=\dfrac{\mathrm{d}\boldsymbol{x}'}{\mathrm{d}t'}$ 是粒子在辐射时刻 t' 时的速度. 再利用式 (8.1) 可知

$$\nabla't'=\nabla'\left(t-\frac{r}{c}\right)=-\frac{1}{c}\nabla'r=\frac{\boldsymbol{r}}{cr}$$

利用数学公式 $|\overleftrightarrow{I}-\boldsymbol{AB}|=1-\boldsymbol{A}\cdot\boldsymbol{B}$（其中 $\boldsymbol{A}$ 和 $\boldsymbol{B}$ 是两个任意矢量）①，可得

$$|\nabla'[\boldsymbol{r}'-\boldsymbol{x}'(t')]|=1-\frac{\boldsymbol{v}\cdot\boldsymbol{r}}{cr} \tag{8.5}$$

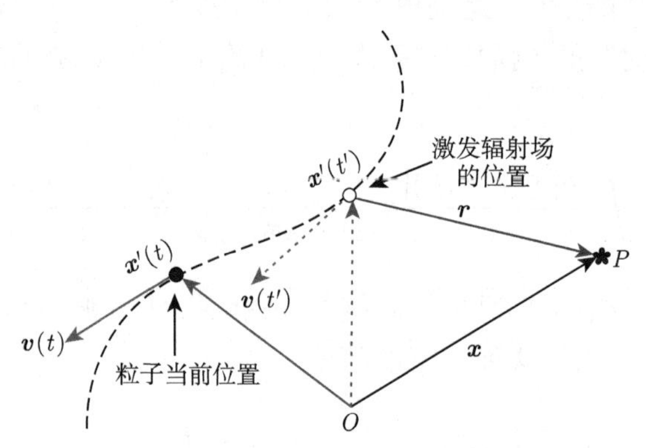

图 8.2　运动电荷在场点 P 处激发的电磁场

将式 (8.6) 代入式 (8.4), 可知运动电荷的推迟势为

$$\varphi(\boldsymbol{x},t)=\frac{q}{4\pi\varepsilon_0\left(r-\dfrac{\boldsymbol{v}}{c}\cdot\boldsymbol{r}\right)},\qquad \text{同理}\qquad \boldsymbol{A}(\boldsymbol{x},t)=\frac{q\boldsymbol{v}}{4\pi\varepsilon_0c^2\left(r-\dfrac{\boldsymbol{v}}{c}\cdot\boldsymbol{r}\right)} \tag{8.6}$$

上式称为**李纳-维谢尔势** (Lienard-Wiechert potential)②. 注意, 李纳–维谢尔势的表达式中, 等号左边的势是 t 时刻（现在）的, 等号右边的量是 t' 时刻的（辐射时）, 如 $\boldsymbol{r}=\boldsymbol{x}-\boldsymbol{x}'(t'),\quad \boldsymbol{v}=\boldsymbol{v}(t')$.

为了简洁起见, 也可以把李纳-维谢尔势写成更紧凑的形式

$$\varphi(\boldsymbol{x},t)=\frac{q}{4\pi\varepsilon_0 s},\qquad \boldsymbol{A}(\boldsymbol{x},t)=\frac{q\boldsymbol{v}}{4\pi\varepsilon_0c^2s} \tag{8.7}$$

---

① 这个公式的证明思路如下: 考虑到张量矩阵在正交基底变换下的行列式保持不变, 即 $\det(R^{\mathrm{T}}CR)=\det(RR^{\mathrm{T}}C)=\det C$, 可选择一个合适的基底使 $\boldsymbol{B}$ 恰在该基底方向上, $\boldsymbol{B}=B_1\hat{\boldsymbol{e}}_1$, 则

$$|\overleftrightarrow{I}-\boldsymbol{AB}|=\begin{vmatrix}1-A_1B_1 & 0 & 0\\ A_2B_1 & 1 & 0\\ A_3B_1 & 0 & 1\end{vmatrix}=1-A_1B_1=1-\boldsymbol{A}\cdot\boldsymbol{B}$$

② Alfred-Marie Lienard (1869—1958), 法国物理学家、工程师; Emil Wiechert (1861—1928), 德国物理学家, 世界首位地球物理学教授, 地震学家古登堡 (Beno Gutenberg) 的老师, 作为首批发现阴极射线是由带电粒子构成的科学家之一, 他成功测定了这种带电粒子的荷质比, 但没能进一步指出这种带电粒子就是一种新的基本粒子——电子. 这两位科学家分别于 1898 年和 1900 年, 独立地研究得到关于运动带电粒子的推迟势公式.

其中

$$s = r - \frac{\boldsymbol{v}}{c} \cdot \boldsymbol{r} = r(1 - \boldsymbol{\beta} \cdot \hat{\boldsymbol{e}}_r), \qquad \boldsymbol{\beta} = \boldsymbol{v}/c, \qquad \hat{\boldsymbol{e}}_r = \boldsymbol{r}/r \tag{8.8}$$

8.1.2 运动电荷的电磁场

从李纳–维谢尔势出发, 利用电磁势和电磁场的关系可得到运动电荷激发的电场和磁场. 注意到, φ 和 $\boldsymbol{A}$ 既是 $\boldsymbol{x}$ 和 t' 的直接函数, 又通过 $t' = t - |\boldsymbol{x} - \boldsymbol{x}'(t')|/c$ 这一关系间接依赖于 $\boldsymbol{x}$ 和 t, 即

$$\varphi = \varphi\left[\boldsymbol{x}, t'(\boldsymbol{x}, t)\right], \quad \boldsymbol{A} = \boldsymbol{A}\left[\boldsymbol{x}, t'(\boldsymbol{x}, t)\right] \tag{8.9}$$

所以从电磁势到电磁场的推导过程在数学上会比较烦琐. 我们先准备好一些数学上的结论, 然后再开始推导电磁场的表达式①.

$$\dot{\boldsymbol{r}} = \frac{\partial \boldsymbol{r}}{\partial t'} = -\boldsymbol{v} \tag{8.10}$$

(利用 $\boldsymbol{r} = \boldsymbol{x} - \boldsymbol{x}'(t')$, 并注意到$\boldsymbol{x}$ 与t' 无关)

$$\dot{r} = \frac{\partial r}{\partial t'} = -\hat{\boldsymbol{e}} \cdot \boldsymbol{v} \tag{8.11}$$

(利用 $r = \sqrt{\boldsymbol{r} \cdot \boldsymbol{r}}$, 并用到式 (8.10))

$$\dot{t} = \frac{\partial t}{\partial t'} = \frac{s}{r} \tag{8.12}$$

(利用 $t = t' + \dfrac{r}{c}$, 并用到式 (8.11) 和式 (8.8))

$$\dot{s} = \frac{\partial s}{\partial t'} = -c\hat{\boldsymbol{e}}_r \cdot \boldsymbol{\beta} - \dot{\boldsymbol{\beta}} \cdot \boldsymbol{r} + c\beta^2 \tag{8.13}$$

(利用式 (8.8), 并用到式 (8.10) 和式 (8.11))

$$\nabla t' = -\frac{\boldsymbol{r}}{cs} \tag{8.14}$$

(利用$t' = t - \dfrac{r}{c}$, 注意到t 和t' 是独立的, 且r 是$(\boldsymbol{x}, t')$ 的复合函数 $r = r[\boldsymbol{x}, t'(\boldsymbol{x}, t)]$, 可得$\nabla t' = -\dfrac{1}{c}\nabla r = -\left.\dfrac{1}{c}\nabla r\right|_{t'\text{不变}} - \dfrac{1}{c}\dot{r}\nabla t'$ 解出$\nabla t'$, 代入式 (8.11) 的结

① 式 (8.10)~(8.16) 下方括号内的楷体文字是对各公式证明过程的提示. 证明过程中会用到复合函数求导公式 $\dfrac{\partial}{\partial x} f\left(\boldsymbol{x}, t'(\boldsymbol{x}, t)\right) = \left.\dfrac{\partial f}{\partial x}\right|_{t'\text{不变}} + \dfrac{\partial f}{\partial t'}\dfrac{\partial t'}{\partial x}$.

果, 并注意到s 的定义 (8.8) 可证)

$$\nabla s|_{t'不变} = \hat{\boldsymbol{e}}_r - \boldsymbol{\beta} \tag{8.15}$$

(在t' 不变的条件下, 代入式 (8.8) 可知$\nabla s = \hat{\boldsymbol{e}}_r - \boldsymbol{\beta}\cdot\nabla \boldsymbol{r}$, 注意到 $\nabla \boldsymbol{r} = \overset{\leftrightarrow}{I}$ 就是单位并矢, 利用其性质 (1.46) 可证结论)

$$\nabla \left.\frac{1}{s}\right|_{t'不变} = -\frac{1}{s^2}\nabla s|_{t'不变} = -\frac{1}{s^2}(\hat{\boldsymbol{e}}_r - \boldsymbol{\beta}) \tag{8.16}$$

(注意到$s = s[\boldsymbol{x}, t'(\boldsymbol{x}, t)]$, 再代入式 (8.15))

下面将式 (8.10)~ 式 (8.16) 的结论代入李纳–维谢尔势 (8.7) 求电磁场, 可得

$$\begin{aligned}
\boldsymbol{E} &= -\nabla\varphi - \frac{\partial \boldsymbol{A}}{\partial t} = -\nabla\varphi|_{t'=不变} - \frac{\partial\varphi}{\partial t'}\nabla t' - \frac{\partial \boldsymbol{A}}{\partial t'}\frac{\partial t'}{\partial t} \\
&= \frac{q}{4\pi\varepsilon_0}\left[-\nabla\left.\frac{1}{s}\right|_{t'=不变} - \frac{\partial}{\partial t'}\left(\frac{1}{s}\right)\nabla t' - \frac{\partial}{\partial t'}\left(\frac{\boldsymbol{\beta}}{cs}\right)\frac{\partial t'}{\partial t}\right] \\
&= \frac{q}{4\pi\varepsilon_0}\left(\frac{\hat{\boldsymbol{e}}_r - \boldsymbol{\beta}}{s^2} - \frac{\boldsymbol{r}\dot{s}}{cs^3} - \frac{r\dot{\boldsymbol{\beta}}}{cs^2} + \frac{r\dot{s}\boldsymbol{\beta}}{cs^3}\right)
\end{aligned}$$

分别合并 s 和 $\dot{s}$ 项并代入式 (8.8) 和式 (8.13)

$$= \frac{qr}{4\pi\varepsilon_0 s^3}\left\{(\hat{\boldsymbol{e}}_r - \boldsymbol{\beta})\left(1-\beta^2\right) + \frac{1}{c}\boldsymbol{r}\times\left[(\hat{\boldsymbol{e}}_r - \boldsymbol{\beta})\times\dot{\boldsymbol{\beta}}\right]\right\} \tag{8.17}$$

同理可得

$$\boldsymbol{B} = \frac{1}{c}\hat{\boldsymbol{e}}_r \times \boldsymbol{E} \tag{8.18}$$

这就是考虑了相对论效应的运动电荷所激发的电磁场.

观察式 (8.17) 发现, 激发电场自然地分成了两项, 第一项只与速度 $\boldsymbol{\beta}$ 有关, 其大小反比于 r^2, 所以这一项与辐射无关, 称为自有场; 第二项与加速度 $\dot{\boldsymbol{\beta}}$ 有关, 其大小反比于 r, 可辐射能量, 称为辐射场.

作为例子, 考虑一个匀速运动的带电粒子, 其辐射场部分贡献为 0, 即带电粒子不向外辐射能量, 运动过程中粒子动能可以保持不变. 由式 (8.17) 可得, 匀速运动粒子激发的电磁场为

$$\boldsymbol{E} = \frac{q(1-\beta^2)\hat{\boldsymbol{e}}_r}{4\pi\varepsilon_0 r^2(1-\beta^2\sin^2\theta)^{3/2}}, \quad \boldsymbol{B} = \frac{1}{c^2}\boldsymbol{v}\times\boldsymbol{E} \tag{8.19}$$

与式 (7.82) 完全一致.

若带电粒子做非匀速运动, 如加（减）速直线运动、圆周运动等, 其辐射场就不再为 0, 即粒子会向外辐射能量, 因此粒子的动能也会发生改变. 一个典型的例子是, 如果把原子核外的电子运动视为圆周运动, 按照电磁理论, 电子会不断辐射能量, 导致自身动能减少, 最终落入原子核中. 但我们知道, 原子的稳定性否认了这一过程的存在, 所以电子运动的经典轨道说在原子内部是不成立的, 这直接导致人们进一步发现了微观粒子运动的量子规律, 开启了物理学发展的新篇章.

8.2 变速带电粒子的辐射场

8.2.1 变速运动电荷的辐射功率

运动电荷在 t 时刻辐射到场点 $\boldsymbol{x}$ 的能流密度为

$$\begin{aligned}\boldsymbol{S}(\boldsymbol{x},t)&=\boldsymbol{E}\times\boldsymbol{H}=\frac{1}{\mu_0 c}\boldsymbol{E}\times(\hat{\boldsymbol{e}}_r\times\boldsymbol{E})=\varepsilon_0 cE^2\hat{\boldsymbol{e}}_r\\&=\frac{q^2}{16\pi^2\varepsilon_0 c}\frac{\left\{\hat{\boldsymbol{e}}_r\times\left[(\hat{\boldsymbol{e}}_r-\boldsymbol{\beta})\times\dot{\boldsymbol{\beta}}\right]\right\}^2}{(1-\hat{\boldsymbol{e}}_r\cdot\boldsymbol{\beta})^6r^2}\hat{\boldsymbol{e}}_r\end{aligned}\tag{8.20}$$

注意, 这里 $\boldsymbol{\beta}=\boldsymbol{v}(t')/c$ 是粒子在 t' 时刻的瞬时速度.

在 $t\to t+\mathrm{d}t$ 时间内辐射到面元 $\mathrm{d}\boldsymbol{\sigma}$ 的电磁场能量为

$$\mathrm{d}W=\boldsymbol{S}\cdot\mathrm{d}\boldsymbol{\sigma}\mathrm{d}t=\boldsymbol{S}\cdot\hat{\boldsymbol{e}}_r\mathrm{d}\sigma\mathrm{d}t=S\mathrm{d}\sigma\mathrm{d}t\tag{8.21}$$

则 t 时刻粒子辐射到 $\mathrm{d}\sigma$ 上的功率为

$$P(t)=\frac{\mathrm{d}W}{\mathrm{d}t}=S\mathrm{d}\sigma\tag{8.22}$$

注意到, 计算辐射功率时以 t' 为标准更方便些, 因为可以更直接地看到粒子的运动与辐射能量的关系, 故在 t' 时刻粒子辐射的 $\mathrm{d}\boldsymbol{\sigma}$ 的功率为

$$P(t')=\frac{\mathrm{d}W}{\mathrm{d}t'}=\frac{\mathrm{d}W}{\mathrm{d}t}\frac{\mathrm{d}t}{\mathrm{d}t'}=S(1-\boldsymbol{\beta}\cdot\hat{\boldsymbol{e}}_r)\mathrm{d}\sigma\tag{8.23}$$

在 t' 时刻辐射到单位立体角内的功率为

$$\frac{\mathrm{d}P(t')}{\mathrm{d}\Omega}=S(1-\boldsymbol{\beta}\cdot\hat{\boldsymbol{e}}_r)\frac{\mathrm{d}\sigma}{\mathrm{d}\Omega}=S(1-\boldsymbol{\beta}\cdot\hat{\boldsymbol{e}}_r)r^2$$

$$= \frac{q^2}{16\pi^2\varepsilon_0 c}\frac{\left\{\hat{\boldsymbol{e}}_r \times \left[(\hat{\boldsymbol{e}}_r - \boldsymbol{\beta}) \times \dot{\boldsymbol{\beta}}\right]\right\}^2}{(1 - \hat{\boldsymbol{e}}_r \cdot \boldsymbol{\beta})^5} \tag{8.24}$$

8.2.2 低速粒子的偶极辐射

当粒子的运动速度远低于光速（一般称之为“非相对论性粒子”），即 $\beta \ll c$ 时, 将近似条件 $\beta \approx 0$ 代入式 (8.24) 中

$$\frac{\mathrm{d}P(t')}{\mathrm{d}\Omega} = \frac{q^2}{16\pi^2\varepsilon_0 c}\left[\hat{\boldsymbol{e}}_r \times \left(\hat{\boldsymbol{e}}_r \times \dot{\boldsymbol{\beta}}\right)\right]^2 = \frac{q^2\dot{\boldsymbol{v}}^2(l')}{16\pi^2\varepsilon_0 c^3}\sin^2\theta \tag{8.25}$$

这里, 取了粒子在 t' 时刻的瞬时运动速度方向为 z 轴. 对所有方向积分, 可得总辐射功率为

$$P(t') = \int \frac{\mathrm{d}P(t')}{\mathrm{d}\Omega}\mathrm{d}\Omega = \frac{q^2\dot{\boldsymbol{v}}^2(t')}{16\pi^2\varepsilon_0 c^2}2\pi\int_0^{\pi}\sin^3\theta\mathrm{d}\theta = \frac{q^2\dot{\boldsymbol{v}}^2(t')}{6\pi\varepsilon_0 c^3} \tag{8.26}$$

这就是低速运动带电粒子的瞬时辐射功率, 称为**拉莫尔公式**[①]. 对比振荡的电偶极子辐射, 只需定义偶极矩 $\boldsymbol{p}(t') = q\boldsymbol{x}'(t')$, 即可发现拉莫尔公式就是电偶极子的振荡功率, 所以低速运动带电粒子的辐射也就是偶极辐射.

8.2.3 高速粒子的韧致辐射

对于运动速度接近光速的带电粒子（一般称之为“相对论性粒子”），其电磁辐射的情况要复杂一些. 在高能加速器和天体现象中常见的是带电粒子的环形加/减速和直线加/减速运动, 所以下面就讨论这两种情况. 由环形高速带电粒子产生的辐射称为**同步辐射**（synchrotron radiation）, 这种辐射通常发生在高能环形加速器中[②]; 由直线变速运动粒子产生的辐射称为**韧致辐射**（又称刹车辐射、制动辐射, 英文 bremsstrahlung 或 braking radiation）, 在实验室中, 高速带电粒子打靶, 会辐射出高能 X 射线, 宇宙空间中, 带电粒子由碰撞或其他各种原因导致加速运动产生的辐射, 都属于韧致辐射.

---

① 约瑟夫·拉莫尔（Joseph Larmor, 1857—1942）, 英国物理学家, 代表性工作有变速带电粒子的辐射公式（拉莫尔公式）, 以及带电粒子在磁场中的拉莫尔进动. 拉莫尔是“以太”理论的坚定支持者, 他比同时代的洛伦兹、爱因斯坦和庞加莱等更早利用“以太”理论得到了高速运动的时空变换、时钟延缓、动尺缩短的正确结论, 但始终对相对论持反对态度.

② 同步辐射是产生高能量 X 射线的重要手段, 上海同步辐射光源（Shanghai Synchrotron Radiation Facility, SSRF）是目前我国最强的第三代同步辐射光源, 预计 2025 年东莞也将建成另一个新的高强度同步辐射光源.

韧致辐射的条件是 $\dot{\boldsymbol{v}}//\boldsymbol{v}$. 还是取 $\boldsymbol{v}(t')$ 的方向为 z 轴, 考虑韧致辐射条件, 其辐射功率的角分布可以写成

$$\frac{\mathrm{d}P(t')}{\mathrm{d}\Omega}=\frac{q^2}{16\pi^2\varepsilon_0 c}\frac{\left[\hat{\boldsymbol{e}}_r\times\left(\hat{\boldsymbol{e}}_r\times\dot{\boldsymbol{\beta}}\right)\right]^2}{(1-\hat{\boldsymbol{e}}_r\cdot\boldsymbol{\beta})^5}=\frac{q^2\dot{\boldsymbol{v}}^2(t')}{16\pi^2\varepsilon_0 c^3}\frac{\sin^2\theta}{(1-\frac{v}{c}\cos\theta)^5} \tag{8.27}$$

其辐射总功率为

$$P(t')=\int\frac{\mathrm{d}P(t')}{\mathrm{d}\Omega}\mathrm{d}\Omega=\frac{q^2\dot{\boldsymbol{v}}^2(t')}{8\pi\varepsilon_0 c^3}\int_0^\pi\frac{\sin^2\theta}{(1-\frac{v}{c}\cos\theta)^5}\mathrm{d}\theta=\frac{\gamma^6 q^2\dot{\boldsymbol{v}}^2(t')}{6\pi\varepsilon_0 c^3} \tag{8.28}$$

8.2.4 高速粒子的同步辐射

带电粒子在磁场的作用下会发生偏转, 这种由粒子运动有向心加速度的原因而发生的辐射称为同步辐射. 设带电粒子在 xOz 平面内做匀速圆周运动, 则其 $\dot{\boldsymbol{v}}\perp\boldsymbol{v}$. 设 t' 时刻, 粒子在原点处沿 z 轴正方向运动, 如图8.3所示. 注意到以下角度关系:

$$\boldsymbol{\beta}\cdot\dot{\boldsymbol{\beta}}=0,\quad \hat{\boldsymbol{e}}_r\cdot\boldsymbol{\beta}=\beta\cos\theta,\quad \hat{\boldsymbol{e}}_r\cdot\dot{\boldsymbol{\beta}}=\dot{\beta}\sin\theta\cos\varphi \tag{8.29}$$

可得

$$\left\{\hat{\boldsymbol{e}}_r\times\left[(\hat{\boldsymbol{e}}_r-\boldsymbol{\beta})\times\dot{\boldsymbol{\beta}}\right]\right\}^2=\dot{\beta}^2\left[(1-\beta\cos\theta)^2-(1-\beta^2)\sin^2\theta\cos^2\varphi\right] \tag{8.30}$$

代入式 (8.25) 可得同步辐射的功率角分布

$$\frac{\mathrm{d}P(t')}{\mathrm{d}\Omega}=\frac{q^2\dot{\boldsymbol{v}}^2(t')}{16\pi^2\varepsilon_0 c^3}\frac{(1-\beta\cos\theta)^2-(1-\beta^2)\sin^2\theta\cos^2\varphi}{(1-\beta\cos\theta)^5} \tag{8.31}$$

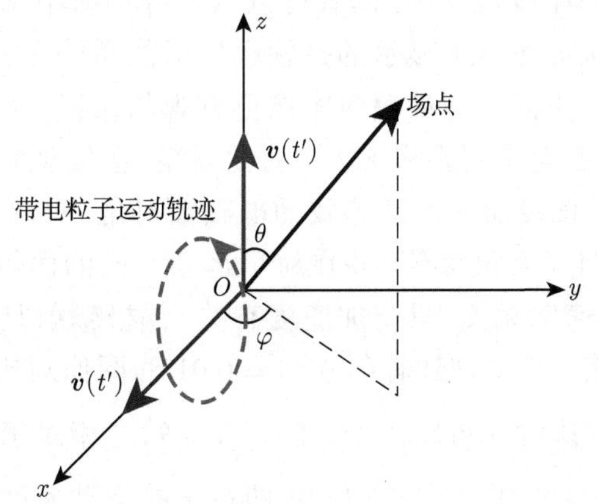

图 8.3　同步辐射角度定义

其总辐射功率为

$$P(t') = \frac{q^2\dot{\boldsymbol{v}}^2(t')}{16\pi^2\varepsilon_0 c^3}\int_0^{2\pi}\int_0^{\pi}\frac{(1-\beta\cos\theta)^2-(1-\beta^2)\sin^2\theta\cos^2\varphi}{(1-\beta\cos\theta)^5}\mathrm{d}\theta\mathrm{d}\varphi$$
$$= \frac{\gamma^4 q^2\dot{\boldsymbol{v}}^2(t')}{6\pi\varepsilon_0 c^3} \tag{8.32}$$

8.2.5 变速带电粒子的辐射图像

下面我们先对几种辐射做一下总结, 然后对比分析它们的物理图像. 表8.1中给出了三种辐射的角分布和总功率的表达式.

表 8.1　三种辐射的总结和对比

辐射种类	辐射角分布 $(\mathrm{d}P(t')/\mathrm{d}\Omega)/a$	辐射总功率 $P(t')/b$
偶极辐射	$\dot{\boldsymbol{v}}^2(t')\sin^2\theta$	$\dot{\boldsymbol{v}}^2(t')$
轫致辐射	$\dot{\boldsymbol{v}}^2(t')\frac{\sin^2\theta}{(1-\beta\cos\theta)^5}$	$\gamma^6\dot{\boldsymbol{v}}^2(t')$
同步辐射	$\dot{\boldsymbol{v}}^2(t')\frac{(1-\beta\cos\theta)^2-(1-\beta^2)\sin^2\theta\cos^2\varphi}{(1-\beta\cos\theta)^5}$	$\gamma^4\dot{\boldsymbol{v}}^2(t')$

注: 其中, 常数$a = \frac{q^2}{16\pi^2\varepsilon_0 c^3}$, $b = \frac{q^2}{6\pi\varepsilon_0 c^3}$.

先来看辐射总功率. 很显然, 三种辐射的总功率都正比于加速度的平方, 但相对论性粒子还与洛伦兹因子 γ 有关, 所以随着高速运动粒子的速度增大, 其辐射功率就会急剧增大; 但由于光速是极限速度, 所以当粒子速度接近光速时, 其加速度会迅速减小, 从而避免功率的发散.

再来看辐射角分布. 运行程序 “ch8_ 带电粒子的辐射角分布.nb”, 其运行界面如图 8.4 所示. 在该程序中, 读者可以从三种辐射中选择任意一种观察其角分布三维图像, 例如图 8.4 显示的是轫致辐射的角分布剖面图, 读者可以自行调节不同参数, 以获得对三种辐射图像更直观的认识. 将三种辐射角分布的三维图像及其二维截面排列在表 8.2 中对比观察, 会发现它们有以下特点.

(1) 偶极辐射. 直线加速运动导致的电磁辐射角分布在 $\theta = \pm\pi/2$(即与运动速度垂直的方向上) 有最大值, 并在粒子运动方向的两侧对称分布. 偶极辐射的角分布与粒子速度无关, 只与加速度有关. 偶极辐射是轫致辐射在低速运动条件下的近似, 表 8.2 中轫致辐射在 $\beta = 0.01$ 的图像对应的就是偶极辐射.

(2) 轫致辐射. 其角分布反比于 $\left(1-\frac{v}{c}\cos\theta\right)^5$, 相对于粒子的运动轨迹轴对称分布. 辐射最大的方向与 β 的大小, 即粒子的运动速度有关. 如表8.2所示,

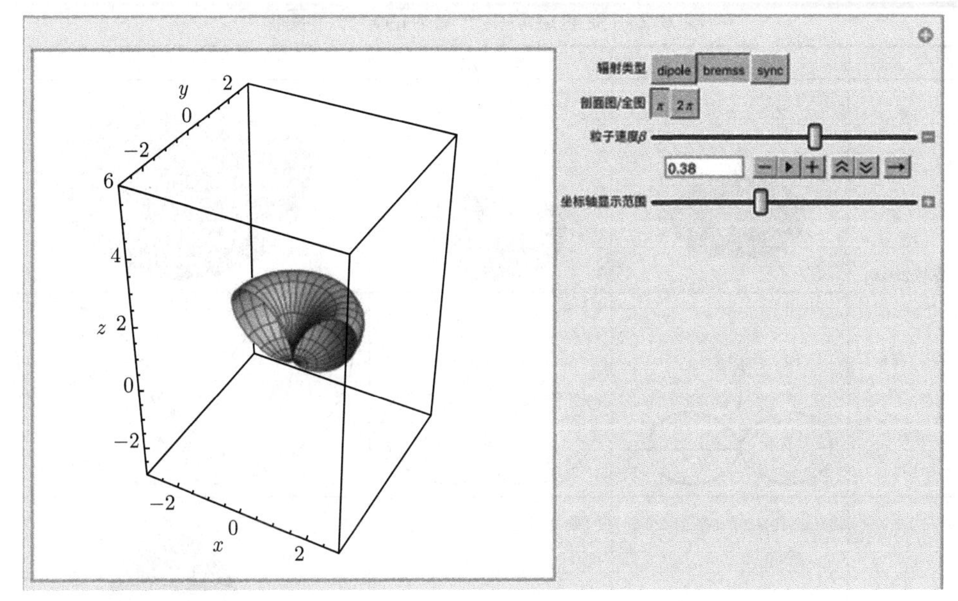

图 8.4 “ch8_ 带电粒子的辐射角分布.nb” 程序运行界面

当粒子低速运动时 ($\beta=0.01$), 辐射主要集中在 $\theta\sim\pi/2$, 即与运动垂直的方向上; 当粒子高速运动时 ($\beta=0.4$), 辐射主要集中于粒子运动方向有一定夹角的前方区域. 求角分布的极值, 可知在 $\theta_{\max}=\arccos\dfrac{\sqrt{1+15\beta^2}-1}{3\beta}$ 方向, 辐射强度最大. 当 $\beta\to1$ 时, $\theta_{\max}\to0$, 接近光速运动的粒子的轫致辐射, 集中在粒子运动的正前方.

(3) 同步辐射. 与轫致辐射不同, 同步辐射的辐射角分布还与方位角 φ 有关. 表 8.2 中有同步辐射的三维图像, 可以看到, 整个角分布类似一个不对称且向内凹陷的饼状, 凹陷点就是粒子在 t' 时刻的位置. 取 $\varphi=0$ 的一个切面 (即表中的 xOz 平面) 来看, 低速运动 ($\beta=0.01$) 时, 辐射电磁场在粒子运动的前、后方对称分布; 高速运动 ($\beta=0.4$) 时, 辐射几乎都集中在粒子运动轨迹切线向前的方向上. 其前方的辐射范围, 由 $\dfrac{\mathrm{d}P(t')}{\mathrm{d}\Omega}=0$ 决定. 将同步辐射的角分布式 (8.31) 代入, 可知, 当 $\cos\theta=\pm\beta$ 时, 满足上述条件. 若带电粒子做接近光速的运动, $\beta\approx1-\dfrac{1}{2\gamma^2}$, 此时 θ 也很小, $\cos\theta\approx1-\dfrac{\theta^2}{2}$. 比较后可知 $\theta=1/\gamma$,

$$\Delta\theta=2\theta=\frac{2}{\gamma}=\frac{2m_0c^2}{W} \tag{8.33}$$

表 8.2 变速运动粒子辐射的角分布图像

	$\beta=0.01$	$\beta=0.2$	$\beta=0.4$
轫致辐射	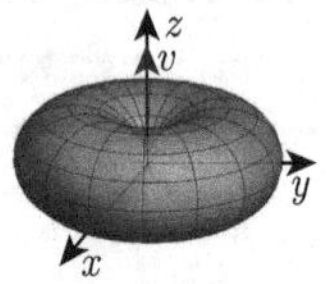	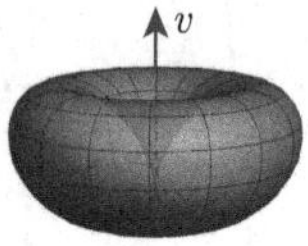	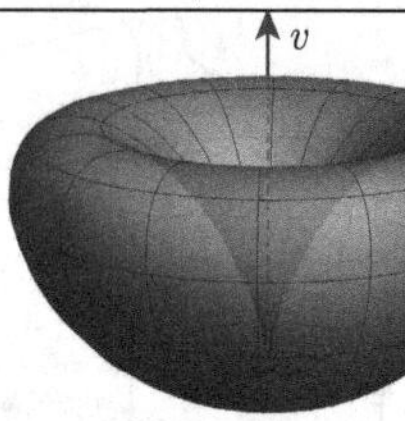
	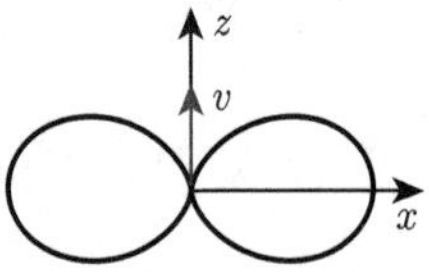	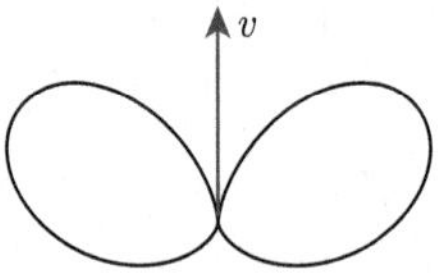	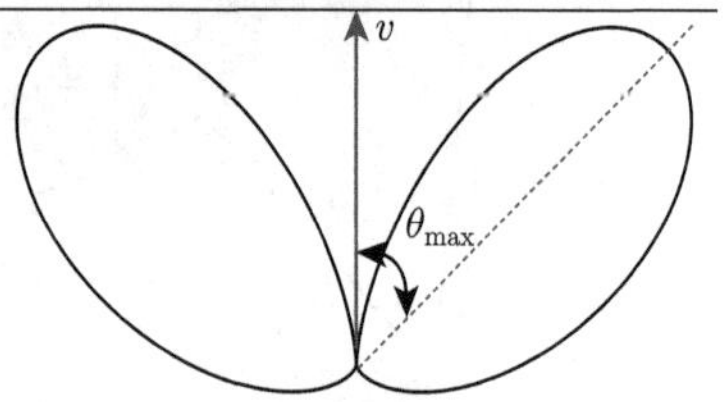
同步辐射	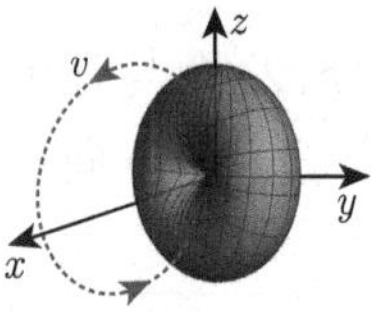	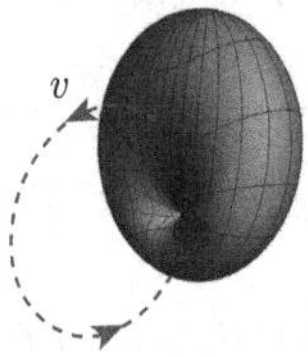	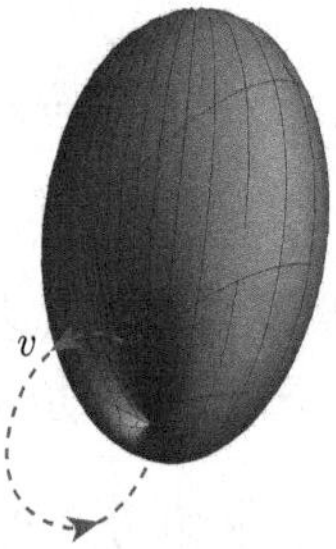
	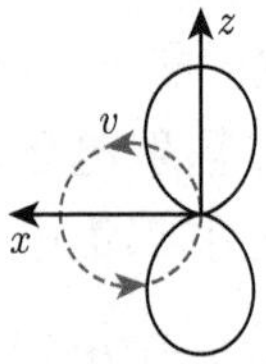	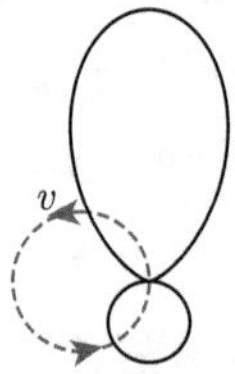	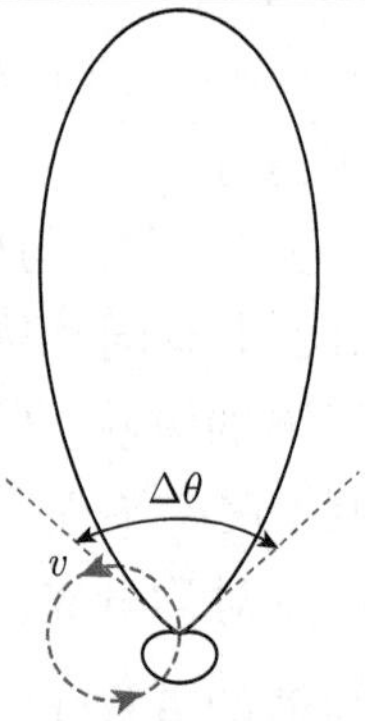

其中, W 是粒子的总能量. 由此可见, 在带电粒子的轨道平面内, 接近光速的电磁辐射主要集中在粒子运动前方且辐射能量非常集中. 粒子的能量 W 越高, 其辐射强度越强, 辐射张角 $\Delta\theta$ 也越小. 在上海同步辐射光源中, 加速器中的电子能量可以高达 3.5GeV, 根据式 (8.33) 可以算出, 辐射张角只有 2.9×10^{-4}rad, 可见同步辐射是准直性非常好的光源. 而同步辐射光源中的电子做圆周运动,

辐射方向沿运动轨迹的切线方向周期性变化, 因此可以在圆周的不同切线方向建立光束线站, 如图 8.5(a) 所示, 将脉冲辐射光引导出来加以利用, 这就是同步辐射光源的基本原理. 图 8.5(b) 是我国上海同步辐射光源的外观全貌, 光束线站就在螺线屋顶的下面.

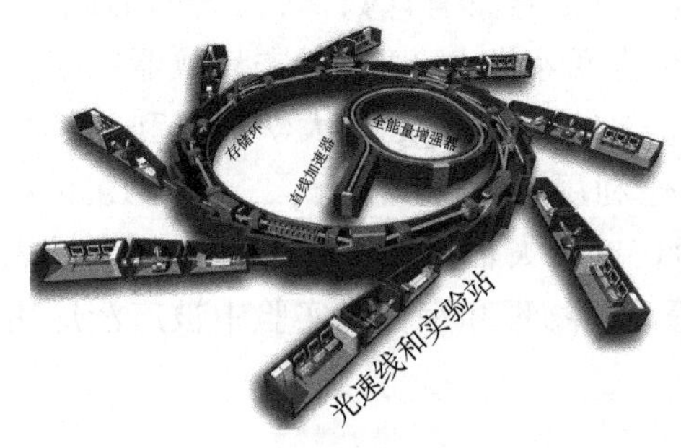

(a) 原理示意图

(b) 上海同步辐射光源

图 8.5　同步辐射光源

8.3　匀速运动粒子在介质中的切连科夫辐射

从前面的讨论中可以看到, 在真空中做匀速运动的带电粒子不会向外辐射能量, 即无辐射场, 只有加速运动中才会激发辐射场. 但是在介质中, 情况又有所不同, 由于介质中的光速小于 c, 故可能出现带电粒子的运动速度大于介质中光速的情况①, 此时, 即使带电粒子匀速运动, 亦能产生电磁辐射, 通常表现为蓝色辉光, 这种现象称为切连科夫辐射②.

事实上, 切连科夫辐射与机械波中的激波现象非常相似, 其基本物理图像都是波源的运动速度超过了介质中的波速, 导致波源突破波前, 形成锥形波阵面的情况. 如图8.6所示, 当电荷 q 的运动速度 v 超过了它所激发的电磁场在介质中的传播速度（相速）$v_{\mathrm{p}}=c/n$, 即 $v_{\mathrm{p}}<v<c$ 时, 电荷就会不断地穿过每个时刻辐射电磁波的波前, 成为辐射圆锥的顶点, 在其身后, 不同时刻的电磁波阵面发生交叠, 形成加强的干涉, 从而在圆锥面上形成辐射, 这就是切连科夫辐射的物理机制. 锥形波阵面的法线方向, 即图8.6中的 O_1P_1 方向即为切连科夫辐

---

① 在机械波的传播中类似的现象称为激波.

② 苏联物理学家切连科夫于 1934 年首次发现这一现象, 1937 年苏联物理学家弗兰克和塔姆提出相应的理论解释, 三位科学家因切连科夫辐射获得 1958 年诺贝尔物理学奖.

射的方向, 由切连科夫辐射角 θ_c 描述. 显然,

$$\cos\theta_c = \frac{v_p}{v} = \frac{c}{nv} \tag{8.34}$$

该结果得到了实验的检验. 通过测量 θ_c 也可以确定运动电荷的速度, 根据这个原理可以制作切连科夫辐射计数器, 这种计数器具有计数率高、分辨时间短、能避免低速粒子干扰、准确测定粒子运动速度等优点. 切连科夫计数器在核物理和粒子物理发展史上起过重要作用, 1955 年, 加利福尼亚大学伯克利分校物理学家埃米利奥 · 塞格雷和欧文 · 张伯伦利用它发现反质子, 二人于 1959 年获得诺贝尔物理学奖. 除计数器外, 利用切连科夫辐射的原理还可以制作量能器、粒子径迹探测器、粒子类别探测器等高能物理和宇宙线实验中被广泛应用的探测器.

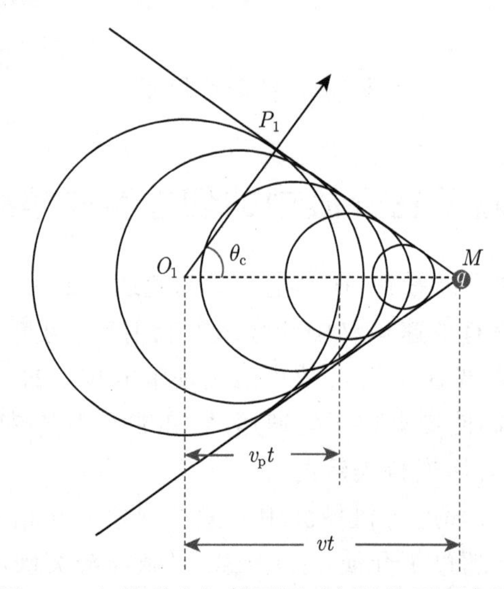

图 8.6　切连科夫辐射不同时刻波阵面示意图

从以上对切连科夫辐射的唯象解释中可以看到, 辐射角 θ_c 与介质的折射率 n 有关, 而 n 是频率 ω 的函数, 即 $n = n(\omega)$, 因此切连科夫的辐射角分布也与频率相关. 下面我们将通过计算频率空间的切连科夫辐射场来讨论辐射能量随角度的分布函数.

设电量为 q 的粒子以速度 $\boldsymbol{v} = v\hat{\boldsymbol{e}}_z$ 做匀速直线运动, 在 t 时刻, 其位矢为 $\boldsymbol{x}_q(t) = \boldsymbol{v}t$, 其电荷密度与电流密度分别为

$$\rho_f(\boldsymbol{x}, t) = q\delta^3(\boldsymbol{x} - \boldsymbol{x}_q(t)), \quad \boldsymbol{J}_f(\boldsymbol{x}, t) = q\boldsymbol{v}\delta^3(\boldsymbol{x} - \boldsymbol{x}_q(t)) \tag{8.35}$$

以下我们均考虑各向同性的线性介质, 即所有的介质响应都可以用介电常量 ε 和磁导率 μ 线性地描述. 但应注意到介质中的色散效应, 也就是说, 介质对不同频率的电磁波的响应不同. 更具体来说, $\varepsilon = \varepsilon(\omega)$, 因此需对电磁场的源做频域上的傅里叶展开

$$\boldsymbol{J}_{\mathrm{f}}(\boldsymbol{x}, t) = \int_{-\infty}^{\infty} \boldsymbol{J}_{\omega}(\boldsymbol{x}) \mathrm{e}^{-\mathrm{i}\omega t} \mathrm{d}\omega \tag{8.36}$$

其中, $\boldsymbol{J}_{\omega}(\boldsymbol{x})$ 是电流源的傅里叶分量

$$\boldsymbol{J}_{\omega}(\boldsymbol{x}) = \frac{1}{2\pi} \int_{-\infty}^{\infty} \boldsymbol{J}_{\mathrm{f}}(\boldsymbol{x}, t) \mathrm{e}^{-\mathrm{i}\omega t} \mathrm{d}t = \frac{q}{2\pi} \int_{-\infty}^{\infty} \boldsymbol{v} \delta^3(\boldsymbol{x} - \boldsymbol{x}_q(t)) \mathrm{e}^{-\mathrm{i}\omega t} \mathrm{d}t \tag{8.37}$$

介质中的推迟势的形式可以仿照真空中的形式 (5.28), 并做如下变化:

(1) 将自由电流密度 $\boldsymbol{J}_{\mathrm{f}}$ 做傅里叶分解后代入矢势 $\boldsymbol{A}$ 的推迟势表达式中;

(2) 场点“此时此刻”的 t' 的场, 是场源电荷在 $t - \dfrac{n\xi}{c}$ 时激发的, 其中 $\xi = |\boldsymbol{x} - \boldsymbol{x_q(t)}|$ 为场点到源点的距离, 故应利用此关系做替换 $t' \to t - \dfrac{n\xi}{c}$;

(3) 将真空中的介电常量 ε_0 和磁导率 μ_0 换成介质中的 ε 和 μ, 真空中的光速 c 替换为介质中的光速 $v_{\mathrm{p}} = c/n$;

(4) 考虑弱磁介质的情形, $\mu \approx \mu_0$, 即 $\mu_{\mathrm{r}} \approx 1$, 则折射率 $n = \sqrt{\mu_{\mathrm{r}}\varepsilon_{\mathrm{r}}} \approx \sqrt{\varepsilon_{\mathrm{r}}}$;

由此可得

$$\begin{aligned} \boldsymbol{A}(\boldsymbol{x}, t) &= \frac{\mu_0}{4\pi} \int_V \frac{\boldsymbol{J}_{\mathrm{f}}(\boldsymbol{x}', t')}{\xi} \mathrm{d}V' = \frac{\mu_0}{8\pi^2} \int_V \frac{\mathrm{d}V'}{\xi} \int_{-\infty}^{\infty} \boldsymbol{J}_{\omega}(\boldsymbol{x}') \mathrm{e}^{-\omega t'} \mathrm{d}t \\ &= \frac{\mu_0}{8\pi^2} \int_V \frac{\mathrm{d}V'}{\xi} \int_{-\infty}^{\infty} \boldsymbol{J}_{\omega}(\boldsymbol{x}') \mathrm{e}^{-\mathrm{i}\omega\left(t - \frac{n\xi}{c}\right)} \mathrm{d}t \end{aligned} \tag{8.38}$$

其中, $\xi = |\boldsymbol{x} - \boldsymbol{x}_q(t')|$ 为当前时刻的场与辐射时刻的源之间的距离. 将式 (8.38) 与场点的矢势 $\boldsymbol{A}(\boldsymbol{x}, t)$ 的傅里叶分解形式

$$\boldsymbol{A}(\boldsymbol{x}, t) = \int_{-\infty}^{\infty} \boldsymbol{A}_{\omega}(\boldsymbol{x}) \mathrm{e}^{-\mathrm{i}\omega t} \mathrm{d}\omega \tag{8.39}$$

作比较, 可得

$$\boldsymbol{A}_{\omega}(\boldsymbol{x}) = \frac{\mu_0}{8\pi^2} \int_V \frac{\boldsymbol{J}_{\omega}(\boldsymbol{x}') \mathrm{e}^{\mathrm{i}\omega n\xi/c}}{\xi} \mathrm{d}V' \tag{8.40}$$

将式 (8.37) 中所有不带撇的时空坐标都换成带撇的, 然后代入式 (8.40), 可得

$$\boldsymbol{A}_{\omega}(\boldsymbol{x}) = \frac{\mu_0}{8\pi^2} \int_{-\infty}^{\infty} \mathrm{d}t' \int_V \frac{q\boldsymbol{v}\delta^3(\boldsymbol{x}' - \boldsymbol{x}_q(t'))}{\xi} \mathrm{e}^{\mathrm{i}\omega\left(t' + \frac{n\xi}{c}\right)} \mathrm{d}V' \tag{8.41}$$

利用 δ 函数的积分性质, 将积分中所有宗量 $\boldsymbol{x}'$ 替换为 $\boldsymbol{x}_e(t')$, 则可得

$$\boldsymbol{A}_\omega(\boldsymbol{x}) = \frac{\mu_0 q}{8\pi^2}\int_{-\infty}^{\infty}\frac{\mathrm{e}^{\mathrm{i}\omega\left(t'+\frac{n\xi}{c}\right)}}{\xi}\boldsymbol{v}\mathrm{d}t' \tag{8.42}$$

考虑远场近似, 如图8.7所示, 当带电粒子沿 z 轴运动时, 场点 P 的位矢与粒子运动方向夹角为 θ, 此时粒子的位矢可记为 $\boldsymbol{x}_q(t') = z_q\hat{\boldsymbol{e}}_z$. 利用余弦定理写出 ξ 并做小量展开可得

$$\xi = |\boldsymbol{x} - z_q\hat{\boldsymbol{e}}_z| \approx R - z_q\cos\theta \tag{8.43}$$

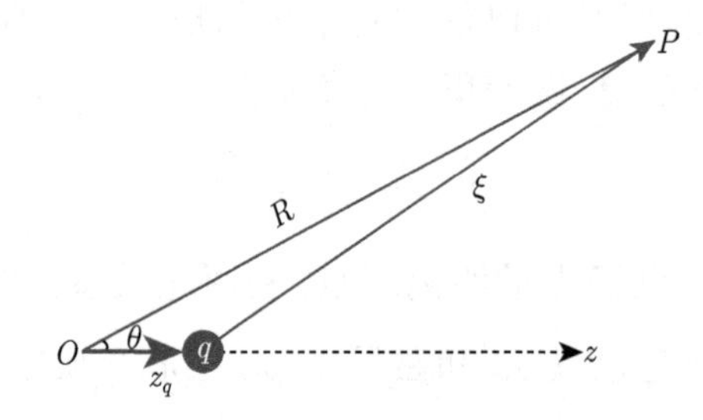

图 8.7 沿 z 轴运动的带电粒子的远场近似

其中, $R = |\boldsymbol{x}|$, 是场点到原点的距离. 将式 (8.43) 代入式 (8.42), 并只保留分母中的 ξ 的领头阶, 可得

$$\boldsymbol{A}_\omega(\boldsymbol{x}) = \frac{\mu_0 q}{8\pi^2}\frac{\mathrm{e}^{\mathrm{i}kR}}{R}\int_{-\infty}^{\infty}\mathrm{e}^{\mathrm{i}\omega\left(t'-\frac{nz_q}{c}\cos\theta\right)}\boldsymbol{v}\mathrm{d}t' \tag{8.44}$$

其中, $k = n\omega/c$ 为介质中的波数. 设该粒子做匀速直线运动, $z_q = vt'$, 则式 (8.44) 可以化为对 z_q 的积分

$$\boldsymbol{A}_\omega(\boldsymbol{x}) = \hat{\boldsymbol{e}}_z\frac{\mu_0 q}{8\pi^2}\frac{\mathrm{e}^{\mathrm{i}kR}}{R}\int_{-\infty}^{\infty}\mathrm{e}^{\mathrm{i}\omega\left(\frac{1}{v}-\frac{n}{c}\cos\theta\right)z_q}\mathrm{d}z_q \tag{8.45}$$

这正是 δ 函数的傅里叶积分形式. 由此可得

$$\boldsymbol{A}_\omega(\boldsymbol{x}) = \hat{\boldsymbol{e}}_z\frac{\mu_0 q}{4\pi}\frac{\mathrm{e}^{\mathrm{i}kR}}{R}\delta\left(\frac{\omega}{v} - \frac{n\omega}{c}\cos\theta\right) \tag{8.46}$$

利用电磁势的定义, 磁场的傅里叶分量为

$$\boldsymbol{B}_\omega = \mathrm{i}\boldsymbol{k}\times\boldsymbol{A}_\omega = \frac{\mathrm{i}\omega n}{c}\hat{\boldsymbol{e}}_k\times\boldsymbol{A}_\omega \tag{8.47}$$

其中, $\hat{\boldsymbol{e}}_k$ 是波矢 $\boldsymbol{k}$ 的单位矢量, 其方向就是电磁波的传播方向. 注意到, $\hat{\boldsymbol{e}}_k$ 的方向与 $\hat{\boldsymbol{e}}_z$ 夹 θ 角, 可以得到磁场的大小为

$$B_\omega = \frac{\mathrm{i}\mu_0 q\omega n}{4\pi c}\frac{\mathrm{e}^{\mathrm{i}kR}}{R}\sin\theta\ \delta\left(\frac{\omega}{v}-\frac{n\omega}{c}\cos\theta\right) \tag{8.48}$$

磁场分布 (8.48) 体现了切连科夫辐射的基本特征. 由 δ 函数的性质可知, 当 $\cos\theta = \dfrac{c}{nv}$ 时, 磁场 B_ω 才不为 0, 其他条件下辐射场均为 0. 若粒子速度 $v < c/n$, 即 $\dfrac{c}{nv} > 1$, 则 $\cos\theta < \dfrac{c}{nv}$, δ 函数的值为 0, 可知当带电粒子的运动速度小于介质中的光速时, 没有辐射. 若粒子速度 $v > c/n$, 即 $\dfrac{c}{nv} < 1$, 此时 $\cos\theta = \dfrac{c}{nv}$ 这个条件是可以被满足的, 故在 $\theta_\mathrm{c} = \arccos\dfrac{c}{nv}$ 方向上, 存在很强的辐射①, 这正是切连科夫辐射.

我们接着计算切连科夫辐射的能量随角度的分布. 沿波矢方向的能流

$$\boldsymbol{S}\cdot\hat{\boldsymbol{e}}_k = EH = \frac{c^3\varepsilon_0}{n}B^2 \tag{8.49}$$

$\mathrm{d}t$ 时间内通过面积元 $\mathrm{d}\sigma$ 的能量为

$$\mathrm{d}^2W = \boldsymbol{S}\cdot\hat{\boldsymbol{e}}_k\mathrm{d}t\mathrm{d}\sigma = \frac{c^3\varepsilon_0}{n}B^2\mathrm{d}t\mathrm{d}\sigma \tag{8.50}$$

两边除以立体角 $\mathrm{d}\Omega$ 并对 t 积分, 可得单位立体角内的辐射能量

$$\frac{\mathrm{d}W}{d\Omega} = \int_{-\infty}^{\infty}\frac{c^3\varepsilon_0}{n}B^2(\boldsymbol{x},t)\frac{\mathrm{d}\sigma}{\mathrm{d}\Omega}\mathrm{d}t = \frac{c^3\varepsilon_0 R^2}{n}\int_{-\infty}^{\infty}B^2(\boldsymbol{x},t)\mathrm{d}t \tag{8.51}$$

将磁场的傅里叶变换

$$B(\boldsymbol{x},t) = \int_{-\infty}^{\infty}B_\omega(\boldsymbol{x})\mathrm{e}^{-\mathrm{i}\omega t}\mathrm{d}\omega \tag{8.52}$$

代替式 (8.51) 中被积函数中的一个因子, 然后交换积分次序, 可知

$$\int_{-\infty}^{\infty}B^2(\boldsymbol{x},t)\mathrm{d}t = \int_{-\infty}^{\infty}B(\boldsymbol{x},t)\cdot\left[\int_{-\infty}^{\infty}B_\omega(\boldsymbol{x})\mathrm{e}^{-\mathrm{i}\omega\mathrm{t}}\ \mathrm{d}\omega\right]\mathrm{d}t$$

---

① 这里的 δ 函数看起来是个发散项, 但其实是因为我们做了简化的结果. 前面的推导中我们将折射率 n 看成是与 ω 无关的常数, 结果得到了一个确定的 θ_c, 但若考虑实际的色散效应, 当 ω 很大时, 折射率 $n\to 1$, 辐射场会在高频截断而不至于发散.

$$
\begin{aligned}
&= \int_{-\infty}^{\infty} \mathrm{d}\omega B_\omega(\boldsymbol{x}) \cdot \left[\int_{-\infty}^{\infty} B(\boldsymbol{x}, t) \mathrm{e}^{-\mathrm{i}\omega t}\ \mathrm{d}t\right] \\
&= \int_{-\infty}^{\infty} \mathrm{d}\omega B_\omega(\boldsymbol{x}) \cdot [2\pi B_\omega^*(\boldsymbol{x})] = 2\pi \int_{-\infty}^{\infty} |B_\omega(\boldsymbol{x})|^2\ \mathrm{d}\omega \\
&= 4\pi \int_0^{\infty} |B_\omega(\boldsymbol{x})|^2\ \mathrm{d}\omega
\end{aligned} \tag{8.53}
$$

由此可得

$$
\frac{\mathrm{d}W}{\mathrm{d}\Omega} = \frac{4\pi\varepsilon_0 c^3 R^2}{n} \int_0^{\infty} |B_\omega(\boldsymbol{x})|^2 \mathrm{d}\omega \tag{8.54}
$$

单位立体角内单位频率间隔的辐射能量为

$$
\frac{\mathrm{d}^2 W}{\mathrm{d}\Omega \mathrm{d}\omega} = \frac{\mathrm{d}W}{d\Omega} = \frac{4\pi\varepsilon_0 c^3 R^2}{n} |B_\omega(\boldsymbol{x})|^2 = \frac{nq^2\mu_0\omega^2 \sin^2\theta}{4\pi c} \left[\delta\left(\frac{\omega}{v} - \frac{n\omega}{c}\cos\theta\right)\right]^2 \tag{8.55}
$$

式 (8.55) 中的 δ 函数平方, 可以取出一个 δ 函数用其傅里叶积分的形式代替, 即写成

$$
\left[\delta\left(\frac{\omega}{v} - \frac{n\omega}{c}\cos\theta\right)\right]^2 = \delta\left(\frac{\omega}{v} - \frac{n\omega}{c}\cos\theta\right) \frac{1}{2\pi} \int_{-\infty}^{\infty} \mathrm{e}^{\mathrm{i}\omega\left(\frac{1}{v} - \frac{n}{c}\cos\theta\right) z_q} \mathrm{d}z_q \tag{8.56}
$$

由于积分号前的 δ 函数的存在, 式 (8.56) 中被积函数的指数只能取 0. 考虑到物理上对 z_q 的积分表示运动电荷从 $-\infty$ 跑到 $+\infty$, 这是一种理想化的假设, 实际情况中, 粒子走过的路程取 $-\Delta L/2$ 到 $\Delta L/2$ 即可, 因此

$$
\left[\delta\left(\frac{\omega}{v} - \frac{n\omega}{c}\cos\theta\right)\right]^2 = \delta\left(\frac{\omega}{v} - \frac{n\omega}{c}\cos\theta\right) \frac{1}{2\pi} \int_{-\frac{\Delta L}{2}}^{\frac{\Delta L}{2}}\ \mathrm{d}z_q = \frac{\Delta L}{2\pi} \delta\left(\frac{\omega}{v} - \frac{n\omega}{c}\cos\theta\right) \tag{8.57}
$$

考虑到 δ 函数已经限定了 $\cos\theta$ 的取值, 可将 $\sin^2\theta = 1 - \cos^2\theta = 1 - \dfrac{c^2}{n^2v^2}$ 代入, 得

$$
\frac{\mathrm{d}^3 W}{\mathrm{d}\Omega \mathrm{d}\omega \mathrm{d}L} = \frac{nq^2\mu_0\omega^2}{8\pi^2 c} \left(1 - \frac{c^2}{n^2v^2}\right) \delta\left(\frac{\omega}{v} - \frac{n\omega}{c}\cos\theta\right) \tag{8.58}
$$

对立体角积分①, 可得粒子走过单位路程时在单位频率间隔辐射的能量

$$\frac{\mathrm{d}^2W}{\mathrm{d}\omega\mathrm{d}L}=\frac{nq^2\mu_0\omega^2}{8\pi^2c}\left(1-\frac{c^2}{n^2v^2}\right)\oint\delta\left(\frac{\omega}{v}-\frac{n\omega}{c}\cos\theta\right)\mathrm{d}\Omega=\frac{q^2\mu_0\omega}{4\pi}\left(1-\frac{c^2}{n^2v^2}\right) \tag{8.59}$$

练习题

1. 证明式 (8.18).
2. 从式 (8.17) 出发证明式 (8.19).
3. 一个电子被 α 粒子捕获, 使之环绕 α 粒子做圆周运动, 初始半径为 $r_0=200a_0$($a_0=\dfrac{\varepsilon_0h^2}{\pi me^2}$, 是玻尔半径, 这里 h 是普朗克常量, m 是电子质量). 试用电磁经典理论计算, 需要经过多长时间, 电子会到达基态, 即轨道半径为 $r=a_0$ 的状态.
4. 真空中有一带电的谐振子, 无外场时粒子受回复力 $\boldsymbol{F}=-m\omega_0^2\boldsymbol{r}$. 现在谐振子运动区域施加一均匀外磁场 $B\hat{\boldsymbol{e}}_z$, 假设粒子速度 $v\ll c$, 辐射阻尼力可忽略, 求振子运动方程及其辐射场.

① 对全空间的立体角积分可化为 $\oint f(\theta)\mathrm{d}\Omega=\int_0^{2\pi}\int_0^{\pi}f(\theta)\sin\theta\mathrm{d}\theta\mathrm{d}\varphi=-2\pi\int_0^{\pi}f(\theta)\mathrm{d}\cos\theta$. 再利用 δ 函数的积分性质: 若 $a<x<b$, 则 $\int_a^b\delta(x-\xi)\mathrm{d}\xi=1$, 即可完成对立体角的积分.

参 考 文 献

[1] 梁灿彬, 周彬. 微分几何入门与广义相对论: 上册. 2 版. 北京: 科学出版社, 2006.

[2] 爱因斯坦, 英费尔德. 物理学的进化. 周肇威, 译. 长沙: 湖南教育出版社, 1999. (Einstein A, Infeld L. The Evolution of Physics. Cambridge: Cambridge University Press, 1938).

[3] 梁灿彬, 曹周键, 陈陟陶. 普通物理学教程　电磁学: 拓展篇. 北京: 高等教育出版社, 2018.

[4] Einstein A. Über einen die Erzeugung und Verwandlung des Lichtes betreffenden heuristischen Gesichtspunkt. Annalen der Physik, 1905, 322(6): 132-148.

[5] Joshi V. Was Einstein aware of the Michelson-Morley experiment? The Observatory, 1974, 94: 81, 82.

[6] 梁灿彬, 曹周键.《从零学相对论》连载①. 大学物理, 2012, 31(7):62-65.

[7] Minkowski H. Die Grundgleichungen für die elektromagnetischen Vorgänge in bewegten Körpern [The Fundamental Equations for Electromagnetic Processes in Moving Bodies]. Nachrichten von der Gesellschaft der Wissenschaften zu Göttingen, Mathematisch-Physikalische Klasse, 1907-1908: 53-111.

[8] Miller A I, Stone A D. Albert Einstein's Special Theory of Relativity : Emergence (1905) and Early Interpretation (1905-1911). New York: Springer, 1997.

[9] 郭硕鸿. 电动力学. 3 版. 北京: 高等教育出版社, 2008.

[10] https://en.wikipedia.org/wiki/Aberration-(astronomy). [2023-09-11].

[11] 梁灿彬, 周彬. 微分几何入门与广义相对论: 下册. 2 版. 北京: 科学出版社, 2009.